AF614107

ENCYCLOPÉDIE-RORET

CHANDELIER

ET

CIRIER

TOME PREMIER.

NOUVEAU MANUEL COMPET

DU

CHANDELIER

ET

DU CIRIER

TRAITANT

DE LA FONTE ET DE L'ÉPURATION DES SUIFS
DE LA FABRICATION ACTUELLE DES CHANDELLES
COULÉES OU TREMPÉES
ainsi que de celle
DES CIERGES ET DES BOUGIES DE CIRE

Par M. **L.-Séb. LENORMAND.**

NOUVELLE ÉDITION
Corrigée, refondue et augmentée
de la description des nouveaux Procédés et des nouvelles Machines
en usage dans l'industrie du Chandelier et du Cirier.

Par M. **F. MALEPEYRE.**

OUVRAGE ACCOMPAGNÉ DE NEUF PLANCHES
GRAVÉES EN TAILLE-DOUCE.

TOME PREMIER.

PARIS
LIBRAIRIE ENCYCLOPÉDIQUE DE RORET
RUE HAUTEFEUILLE, 12.
1870

AVIS

PRÉFACE

La nouvelle édition du *Manuel du Chandelier et du Cirier* se distingue des précédentes en ce qu'elle a été entièrement refondue, que chaque objet y a été classé à sa place et dans un ordre méthodique, et enfin parce qu'on a cherché à la mettre au courant de tous les travaux, de toutes les découvertes et de tous les perfectionnements qui ont pu surgir dans ces deux arts depuis la dernière édition. Un coup-d'œil rapide sur les matières renfermées dans nos deux volumes suffira pour faire juger des améliorations qui ont été introduites.

Dans un premier chapitre, on a cherché à réunir quelques notions précises sur les principes qui composent les corps gras d'origines animale et végétale, sur leur nature, leur caractère, le commerce dont ils sont l'objet, leur sophistication et les moyens de la constater.

On apprend, dans un second chapitre, au fabricant de chandelles quelles sont les matières auxquelles il doit donner la préférence dans la pratique de son art.

Le troisième chapitre, l'un des plus importants de l'ouvrage, contient le résumé de tous les procédés usités ou proposés jusqu'à ce jour pour la fonte des suifs. On y apprend quels sont les moyens physiques et chimiques, et les appareils qui ont été imaginés pour rendre cette opération moins insalubre et moins nuisible pour les ouvriers. Constatons ici avec bonheur que l'industrie, tout en faisant sans cesse des efforts pour perfectionner à son profit ses procédés, cherche constamment aussi à les améliorer sous le point de vue de l'hygiène publique.

Les mèches, les appareils et les machines qui servent à les préparer et à les couper, font l'objet du chapitre quatrième. Les diverses espèces de mèches dont on a fait l'essai, y sont passées en revue.

Dans le chapitre cinquième, qui est fort étendu, on décrit tous les procédés qui ont été mis en usage pour fabriquer les chandelles, soit à la baguette, soit au moule. C'est dans ce chapitre qu'on trouve la description des belles et ingénieuses machines qui ont été proposées par plusieurs inventeurs pour procéder, suivant l'un ou l'autre de ces modes, à la fabrication des chandelles. Dans ce groupe, les plus remarquables sont les machines dites américaines, ou celles basées sur le même principe, machines qui constituent une des plus précieuses acquisitions qu'ait pu faire l'art du Chandelier dans ces derniers temps, et qui, à elles seules, ont peut-être suffi à soutenir cette industrie menacée dans son existence par des concurrences redoutables.

On a proposé à diverses époques des procédés différents de ceux usuels pour fabriquer les chandelles, soit en modifiant la nature des matières qui entrent dans leur composition, soit en leur faisant acquérir certaines propriétés ou en les fabriquant par des moyens nouveaux. Comme il importait que le Chandelier soit informé de ces tentatives, on en a réuni, dans un septième chapitre, la description sommaire.

Vient ensuite le *Manuel du Cirier*, seconde partie de l'ouvrage, dans lequel on a suivi à peu près le même ordre logique que dans le Manuel du Chandelier. On s'est d'abord occupé, dans un premier chapitre, de la nature de la cire d'abeille, de ses espèces diverses, de ses propriétés, de sa composition et de sa sophistication.

Nous appellerons surtout l'attention du commerce sur les diverses cires que produisent un grand nombre de végétaux des pays chauds, et qui pourraient faire l'objet d'un commerce d'une haute importance. Déjà quelques-unes d'entre elles sont entrées dans la fabrication des produits du Cirier, mais il en est beaucoup d'autres, qui ont été signalées dans ce Manuel, qui, d'après des autorités compétentes, pourraient recevoir d'utiles et nombreuses applications.

On trouve dans le chapitre deuxième la description des procédés variés pour opérer le blanchiment et la fonte de la cire. Dans le chapitre troisième, celle de la fabrication des bougies coulées ou moulées, des bougies jetées, des bougies roulées, celle des cierges à la cuillère et à la main, etc.

Les chapitre quatrième et suivants s'occupent des différentes espèces de bougies et de cierges, ou des bougies et des cierges en matières diverses. Enfin un dernier chapitre est consacré à faire connaître différents objets qu'on fabrique communément avec la cire.

Le lecteur comprendra, d'après ce coup-d'œil rapide sur l'ensemble de l'ouvrage, qu'on a embrassé dans cette nouvelle édition du *Manuel du Chandelier et du Cirier*, tous les travaux, toutes les branches principales et secondaires des deux arts qui en font l'objet. Il verra qu'on s'est surtout appliqué à développer celles de ces branches qui, aux yeux des industriels et de l'auteur lui-même, paraissent avoir une plus haute importance ou être d'une utilité plus générale.

C'est en effet le but vers lequel doit tendre surtout un manuel méthodique, simple et cependant complet, qui s'adresse autant aux industriels qu'aux commerçants et aux gens du monde. L'auteur ne l'a pas un seul instant perdu de vue dans cette nouvelle édition; aussi espère-t-il avoir été utile et compte-t-il sur l'approbation du lecteur comme dédommagement de longues recherches qu'il a dû faire avant de publier son ouvrage.

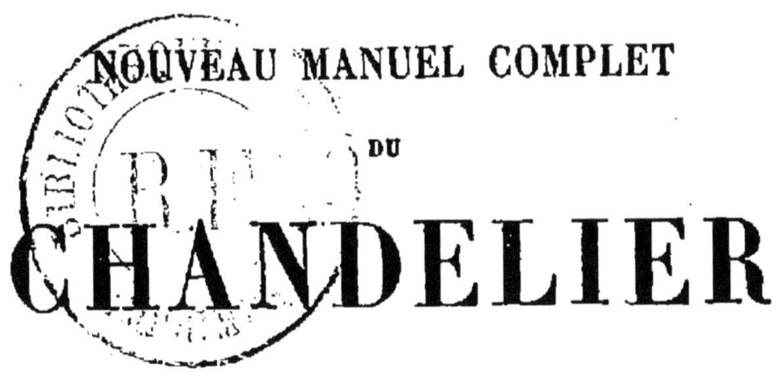

NOUVEAU MANUEL COMPLET DU CHANDELIER

INTRODUCTION.

Nous croyons devoir placer en tête de ce Manuel quelques considérations générales et succinctes sur l'industrie de la chandelle de suif. Son usage est tellement répandu que tout le monde la connaît, quoique les bougies stéariques l'aient aujourd'hui remplacée en grande partie dans la vie confortable des villes et des villages qui les environnent.

On désigne communément par le nom de *chandelle*, un cylindre plus ou moins long, composé de suif, dont l'axe est formé d'un faisceau de fils de coton qu'on nomme *mèche*. Les chandelles, comme personne ne l'ignore, servent à éclairer. L'on allume la mèche; au fur et à mesure de la combustion, le suif fond; attiré par la flamme, il monte à l'état liquide dans la mèche qu'il alimente continuellement, et la combustion continue jusqu'à ce que le suif soit entièrement consumé.

L'ouvrier qui fabrique la chandelle se nomme *Chandelier;* l'ustensile dans lequel on la place pour la brûler porte également ce nom. Cette confusion, consacrée par l'usage, est due à la pauvreté de notre langue.

Les chandelles se fabriquent ou *à la plonge* ou *au moule*. La graisse des animaux qu'on emploie à cette fabrication ne prend le nom de *suif* que lorsqu'elle est fondue et clarifiée ou épurée.

L'art du chandelier a perdu un peu de son importance depuis le commencement de ce siècle. Deux inventions capitales ont contribué à lui porter atteinte, à savoir : l'invention des lampes à double courant d'air, et celle de bougies stéariques; néanmoins, la chandelle de suif est restée et restera encore longtemps la matière d'éclairage ou le luminaire du plus grand nombre. Sa fabrication fleurit encore dans beaucoup de nos départements ainsi qu'à l'étranger, et l'on n'a pas même cessé d'apporter à l'industrie de la chandelle de suif des améliorations que nous avons eu soin de décrire dans cette nouvelle édition.

Nous y parlerons d'abord des graisses et de la manière de reconnaître leurs qualités; nous ferons connaître ensuite les divers moyens qu'on a employés pour travailler les diverses graisses, en vue de rendre les chandelles plus solides et de les faire durer plus longtemps; nous exposerons les diverses tentatives qu'on a faites pour obtenir de bonnes mèches, et nous indiquerons la meilleure manipulation.

Nous y décrirons les procédés utiles pour la fabrication des chandelles, soit à la plonge, soit au moule, et nous ferons connaître les perfectionnements qu'on a successivement apportés dans ce genre de fabrication. Nous entrerons dans tous les détails nécessaires pour que le lecteur puisse concevoir avec facilité toutes les manipulations usitées dans cet art.

CHAPITRE PREMIER.

COMPOSITION, CARACTÈRES, COMMERCE ET SOPHISTICATION DES SUIFS.

Depuis le moment où l'homme s'est arrogé le droit d'ôter la vie aux animaux, soit pour sa propre défense, soit pour en consacrer les dépouilles à son usage, il a connu les matières grasses qui sont contenues dans l'intérieur de leur corps sous forme de masses, dans quelques cavités, ou interposées entre les couches musculaires ou les muscles et la peau.

Il est présumable que ces matières grasses lui ont servi, à l'origine, d'aliment, ou bien qu'il s'en est enduit le corps pour résister plus efficacement à l'influence des phénomènes atmosphériques ou pour se garantir contre la piqûre d'animaux malfaisants. Quoi qu'il en soit, ce n'est que bien postérieurement qu'il a eu l'idée de mettre à profit la combustibilité de ces matières pour servir à l'éclairage.

La connaissance des principes immédiats des matières grasses a été à peu près nulle jusqu'au commencement du siècle actuel, mais à cette époque Braconnot ouvrit la voie dans laquelle M. Chevreul a fait, depuis, des découvertes si brillantes et si profondes, qu'elles servent encore aujourd'hui de base à tous les travaux qui ont été entrepris plus récemment, sur ces matières, par MM. Dumas, Péligot, Berzelius, Pelouze et Gelis, Berthelot, etc.

Il importe beaucoup que le fabricant de chandelles apprenne à connaître les principes des matières qu'il met en œuvre, et cette connaissance lui est utile dans une foule de circonstances, soit pour perfectionner ses moyens de fabrication, soit pour s'ouvrir de nouvelles voies dans son industrie. Nous allons donc entrer dans quelques explications sommaires sur ce sujet.

Les matières grasses sont composées de principes immédiats neutres, qui, eux-mêmes, sous l'influence des alcalis et des oxydes métalliques, se dédoublent en acides et en une substance basique.

Les principes neutres sont la stéarine, la margarine et l'oléine. Les acides, les acides stéarique, margarique et oléique, et la substance basique la glycérine. Nous parlerons d'abord des premiers.

ARTICLE Ier. — **Composition immédiate.**

Section I. — PRINCIPES NEUTRES.

§ 1. *Stéarine.*

La stéarine est une matière qui entre en assez forte proportion dans les graisses solides et les huiles et qui détermine, en général, suivant sa proportion, leur consistance plus ou moins considérable.

Pour préparer la stéarine avec le suif de mouton ou de bœuf, dans les laboratoires, on chauffe ces matières avec 8 à 10 fois leur poids ou leur volume d'essence de térébenthine et d'éther, et on filtre. La stéarine se dépose en cristaux nacrés, tandis que la margarine et l'oléine, qui sont les deux autres principes immédiats principaux du suif, restent en dissolution. On comprime ces cristaux dans du papier sans colle, on les redissout dans l'éther jusqu'à ce qu'ils atteignent un point de fusion constant.

La stéarine est une matière blanche inodore, sans saveur, insoluble dans l'eau, mais soluble dans l'alcool et l'éther et très-combustible, dont le point de fusion varie de 54° à 66° 5, et la densité de 0,986 à 1,017. La chaleur la décompose en acide margarine, margarone et plusieurs hydrocarbures. Quand on la brûle, elle ne laisse qu'un résidu très-léger de charbon. Les alcalis et la chaux, en présence de l'eau et en prolongeant l'ébullition, la dédoublent en acide stéarique qui forme un sel avec la chaux ou l'alcali, et en glycérine hydratée qui reste dissoute. Le chlore, le brome attaquent la stéarine et donnent naissance à des dérivés par voie de substitution.

§ 2. *Margarine.*

La margarine fait aussi partie de la plupart des matières grasses, et on peut l'extraire de la graisse humaine, de l'axonge, de la graisse d'oie, du beurre et de différentes huiles. On se sert pour cet objet de l'alcool bouillant, ou bien on soumet l'huile d'olive à une basse température qui la coagule, et en soumettant ensuite à la pression qui en chasse l'oléine, et il reste de la margarine qu'on purifie en répétant l'opération.

Dans cet état, la margarine se présente sous la forme de paillettes ou d'aiguilles qui fondent à 47°, solubles dans l'alcool anhydre et pouvant se saponifier, comme la stéarine, sous l'influence de la chaux et des alcalis et se dédoublant comme cette dernière, mais donnant de l'acide margarine et de la glycérine.

Suivant M. Heintz, la margarine serait un mélange de stéarine, de palmitine et d'oléine.

§ 3. *Oléine.*

L'oléine entre également dans la composition de la plupart des matières grasses, et c'est son abondance ou sa faible proportion qui détermine, en grande partie leur fluidité. On a recours, pour extraire l'oléine, à plusieurs procédés qui, toutefois, ne la donnent pas dans un état parfait de pureté, de manière que ses propriétés ne sont pas entièrement fixes.

En général, c'est un liquide, plus ou moins jaunâtre, qui est dépourvu de saveur et d'odeur, qui est insoluble dans l'eau, blanchit à la lumière solaire, et est encore liquide à 0°; absorbant l'oxygène de l'air en dégageant de l'acide carbonique, et passant à un état qui ressemble à de la résine. Si on la soumet à la distillation, elle fournit des produits gazeux, des hydrocarbures liquides, de l'acide sébacique et de l'acroléine. L'acide nitreux la convertit en une matière appelée élaïdine. Le chlore et le brome attaquent l'oléine en donnant naissance à des produits de substitution colorés. De même que la stéarine et la margarine, elle est saponifiée par la chaux et les alcalis qui la dédoublent en acide oléique et en glycérine.

Les divers corps gras ne renferment pas les mêmes proportions de stéarine, de margarine et d'oléine. C'est un fait qui a été démontré par MM. Chevreul et Braconnot, qui ont constaté que le suif de mouton contient 80 pour 100 de margarine et 20 pour 100 d'oléine; tandis que le suif de bœuf renferme 70 pour 100 de margarine et 30 pour 100 d'oléine. Le suif de mouton paraît donc plus propre à la fabrication de chandelles fermes et se ramollissant moins à une température élevée de l'atmosphère.

Section II. — PRINCIPES ACIDES.

Nous venons de voir que lorsqu'on traite les corps gras tels que le suif de bœuf ou de mouton par les alcalis, les terres alcalines ou par des oxydes métalliques, ces corps se dédoublent pour former des sels en se combinant avec ces alcalis ou la chaux, et en mettant en liberté la glycérine. On parvient ensuite à séparer l'acide en combinant la base avec un autre acide ayant plus d'affinité pour celle-ci que les acides gras.

§ 1. *Acide stéarique.*

L'acide stéarique qu'on obtient en décomposant le stéarate alcalin qui s'est formé lors de la saponification des corps gras, est une substance insoluble dans l'eau, qu'on purifie par des cristallisations dans l'alcool.

Cet acide, à l'état pur, est blanc, sans odeur ni saveur, gras au toucher et pouvant se dissoudre en toute proportion dans l'alcool et dans l'éther. Après qu'on l'a fait fondre, il cristallise en aiguilles blanches et brillantes. Ses propriétés acides sont peu prononcées, et il ne rougit que bien faiblement le tournesol.

L'acide stéarique est combustible et brûle avec une flamme blanche et brillante. Son point de fusion est 75°, mais il se solidifie à 70°.

Lorsqu'on chauffe l'acide stéarique, il manifeste peu de disposition à se volatiliser, mais on peut, toutefois, le distiller à une haute température à laquelle il se décompose en acide margarique, margarone, acide carbonique et hydrocarbures.

On peut le combiner aux bases avec lesquelles il forme des sels connus sous le nom de stéarates.

Plusieurs acides énergiques, entre autres l'acide azotique, exercent sur lui une action marquée, et ce dernier acide le transforme en acides margarique, succinique et subérique.

Tout le monde sait que cet acide entre dans la fabrication des bougies stéariques. Sa formule chimique est $C^{36} H^{36} O^{4} = C^{36} H^{35} O^{3}, HO$.

§ 2. *Acide margarique.*

On peut préparer l'acide margarique par plusieurs procédés, par exemple, au moyen du margarate de plomb, par l'action de l'acide azotique sur l'acide stéarique, par la distillation sèche de ce dernier et la décomposition des bimargarates alcalins.

L'acide margarique solide est blanc, sans saveur ni odeur, présentant l'aspect d'aiguilles nacrées fondant à 60°, soluble dans l'alcool et l'éther, mais insoluble dans l'eau, rougissant faiblement le papier de tournesol, se décomposant, par la distillation, en margarone, corps neutre qui est également sous la forme d'aiguilles nacrées, et en acide carbonique. L'acide azotique le transforme en acide succinique et en acide subérique.

L'acide margarique est appliqué aux mêmes usages que l'acide stéarique auquel il ressemble sous plus d'un rapport.

M. Heintz a cru pouvoir conclure d'expériences étendues qu'il a faites, que l'acide margarique n'existe pas, et que ce qu'on a appelé ainsi jusqu'à lui est un mélange de 11 parties d'acide stéarique et 90 parties d'acide palmitique, mélange qui fond en effet à 60°. Mais cette assertion n'a pas été confirmée.

La formule chimique de l'acide margarique est

$$C^{32} H^{32} O^{4} = C^{32} H^{31} O^{3}, OH.$$

§ 3. *Acide oléique.*

On obtient en général l'acide oléique comme produit secondaire dans la fabrication des bougies stéariques ; mais sous cet état, il est impur et on le purifie par divers procédés.

A l'état pur, l'acide oléique est, au-dessus de 14°, un liquide incolore et limpide plus léger que l'eau, présentant l'aspect d'une huile sans saveur ni odeur, incapable de rougir le papier de tournesol, se concrétant à + 4° en une masse dure et cristalline. Au sein de l'alcool, et par un abaissement de la température, il se dépose sous la forme d'aiguilles fines que l'oxygène n'attaque pas, tandis que l'acide impur rougit le papier de tournesol, a une saveur âcre, une odeur un peu rance, et s'oxyde promptement à l'air sans dégager d'eau ni d'acide carbonique. Si on le distille, il donne des acides acétique, caprique, caprylique et de l'acide carbonique, une huile empyreumatique chargée d'acide sébacique et un résidu charbonneux, L'acide azoteux le transforme en acide élaidique, et l'acide azotique en un grand nombre de produits divers, la plupart acides.

L'acide oléique du commerce, qu'on appelle huile de suif, est un liquide brun ou jaune rougeâtre qui se prend à — 6° ou — 7° en une masse cristalline. A 15°, sa densité est 0,9003, et on en fait usage dans l'ensimage des laines, la fabrication des savons, etc,

La formule chimique de l'acide oléique est

$$C^{36} H^{34} O^{4} = C^{36} H^{33} O^{3}, OH.$$

Section III. — GLYCÉRINE.

La glycérine, à laquelle on donnait autrefois le nom de principe doux des huiles, joue, comme nous l'avons vu, le rôle de base avec les acides gras pour former les principes neutres des matières grasses, stéarine, margarine et oléine, ou stéarates, margarates et oléates de glycérine.

Berzelius a considéré la base des corps gras comme l'oxyde d'un radical hypothétique auquel il a assigné le nom de *lipyle*, et qui par conséquent serait combiné à un acide gras dans les graisses.

Mais, en 1823, M. Chevreul a montré que la glycérine était une base organique combinée à l'acide gras et que les corps gras étaient des sels.

Depuis, les travaux de MM. Pelouze, Berthelot, Wurtz, Hofmann et Cahours sur la glycérine, ont eu pour effet de confirmer une hypothèse de M. Chevreul, à savoir que les corps gras ont une constitution analogue aux éthers, et que ces corps se composent des éléments de la glycérine et des acides gras, moins les éléments de l'eau, tout comme l'éther composé des éléments de l'alcool et d'un acide, moins les éléments de l'eau. La glycérine serait donc un corps analogue à l'alcool ordinaire.

La glycérine est un liquide ressemblant à un sirop un peu jaunâtre quand elle n'est pas pure, mais limpide et incolore quand elle est à l'état de pureté; elle est inodore et a une saveur sucrée, un peu brûlante et alcoolique. A + 15° C., elle a une densité de 1,28, celle de l'eau étant l'unité, et elle se dissout en toute proportion dans ce dernier liquide. Elle est aussi soluble dans l'alcool et insoluble dans l'éther. Exposée à l'air, elle en absorbe assez rapidement l'humidité.

La chaleur décompose la glycérine qui donne à la distillation des gaz combustibles, de l'acide acétique et de l'acroléine; avec les précautions convenables, et prise en petite quantité, on parvient toutefois à la distiller.

Presque tous les acides forment avec la glycérine des combinaisons appelées glycérides qui sont des sels de glycérine et des acides composés, tels que les acides sulfoglycérique, tartroglycérique, phosphoglycérique, etc. L'acide azotique la transforme en acide oxalique et acide carbonique, et en opérant d'une certaine manière en nitroglycérine ou glycérine trinitrée.

On obtient la glycérine dans les fabriques d'acides gras, en évaporant les eaux dont on a séparé le savon calcaire jusqu'à la consistance de sirop, puis en traitant le liquide brun qu'on obtient par l'alcool à 90°. On agite dans un flacon bouché, l'alcool sépare les sulfates et les carbonates que la glycérine contenait encore, on laisse déposer, on filtre et on chasse l'alcool par une distillation au bain-marie. La glycérine encore brune est traitée par l'hydrate de protoxyde de plomb, filtrée, puis on y fait passer un courant d'hydrogène sulfuré qui précipite le plomb ; on fait bouillir pour chasser l'excès de ce gaz, on décolore par le charbon d'os et on concentre dans le vide.

ARTICLE II. — Composition élémentaire des corps gras.

Les corps gras, quelle que soit leur origine, et les acides qui les composent, présentent à peu près tous la même composition élémentaire. Ils sont très-riches en carbone et en hydrogène, renferment aussi de l'oxygène et sont totalement dépourvus d'azote.

Nous présenterons d'abord la composition élémentaire du suif de mouton qui a été analysé par M. Chevreul, puis par Théodore de Saussure.

Carbone.	79.0
Hydrogène.	11.7
Oxygène.	9.3
	100.0

Quant aux acides gras, voici quelle est leur composition élémentaire :

	Acide stéarique.	Acide margarique ou palmitique.	Acide oléique.
Carbone. . .	75.00	75.00	76 60
Hydrogène. .	12.70	12.50	12.06
Oxygène. . .	12.30	12.50	11.34
	100.00	100.00	100.00

ARTICLE III. — Caractères des matières grasses.

On a vu dans ce qui précède que les matières grasses, surtout celles qui sont du ressort de l'art du chandelier, ont à peu près la même composition immédiate et la même composition élémentaire; mais elles ont de plus en commun certains caractères qu'il est nécessaire de bien connaître.

Les suifs qui nous intéressent particulièrement sont des matières plus ou moins molles à la température ordinaire qu'on trouve dans les cavités du corps des animaux où ils constituent le tissu adipeux qui environne les intestins, les reins, s'insère entre les muscles et entre ceux-ci et la peau, et dans quelques autres parties de leur corps.

Les suifs sont tous plus légers que l'eau sur laquelle ils flottent. A l'état frais, leur odeur est douce et particulière, et à l'état ancien, forte et désagréable. Leur saveur est de même faible à l'état de fraîcheur, mais repoussante après un certain temps d'exposition à l'air.

Les suifs fondent entre 25° et 30°, et quand on en approche un corps en ignition, ils brûlent en donnant une flamme assez éclairante et en répandant beaucoup de fumée et une odeur assez sensible. Quant à leur consistance à la température ordinaire, nous avons vu qu'elle dépend de la proportion de l'oléine qui entre dans leur composition immédiate, et que le suif de mouton renferme moins d'oléine que celui de bœuf qui est plus riche en cette substance. Leur fusibilité dépend aussi en partie de cette proportion de l'oléine.

Dans tous les cas, la consistance des suifs varie suivant les parties du corps où on les extrait. Dans les parties profondes où elles servent principalement de coussins aux viscères, ils sont plus doux et plus moelleux, tandis que sous la peau et dans les parties les plus exposées aux chocs extérieurs, ils ont une plus grande fermeté.

Le suif de mouton à l'état de pureté est généralement blanc, celui de bœuf et de vache est également blanc et souvent jaunâtre. Plus les suifs sont colorés, plus il y a indication qu'ils sont altérés, soit par une longue exposition à l'air, soit par un mélange avec des matières étrangères. L'altération par un contact prolongé de l'air, leur fait éprouver un changement d'état qu'on appelle rancidité, et qui résulte de leur oxydation et du développement de quelques acides gras d'une odeur forte et repoussante.

Les suifs sont en partie solubles dans l'alcool ; mais ce sont l'éther et les huiles essentielles, et surtout le bisulfure de carbone, qui sont leurs principaux dissolvants.

Les suifs auxquels le chandelier doit donner la préférence sont ceux de mouton, puis viennent ensuite ceux de bœuf.

Les meilleurs suifs proviennent des mâles adultes bien nourris et convenablement engraissés. Ce sont ceux qui donnent les rendements les plus considérables.

On s'est servi de diverses méthodes pour mesurer le point de fusion des corps gras et celui où ils reprennent l'état solide. On constate la température à laquelle le corps gras est dans un état complet de fluidité et devient translucide, et l'on obtient dans la plupart des cas des résultats d'accord entre eux. Mais, suivant M. Th. Wimmel, beaucoup de ces corps se comportent d'une manière différente ; ainsi l'axonge, le suif de bœuf et de mouton deviennent translucides à une température qui ne diffère en plus ou en moins de quelques degrés que celle à laquelle ils sont d'une fluidité parfaite, et la cire du Japon se comporte d'une manière inverse. Quelques corps gras, après avoir été mis en fusion, ne reprennent tout leur état solide qu'avec lenteur et pendant qu'ils sont encore mous se fondent bien plus aisément. Le point de figement ne correspond point en général pour les graisses avec celui de fusion. Tous les corps gras proprement dits (qui donnent de la glycérine par la saponification) se figent dans les circonstances ordinaires, à une température plus ou moins éloignée au-dessous du point de fusion et se distinguent ainsi nettement, par exemple, de la cire d'abeilles et du blanc de baleine, chez lesquels le figement a lieu immédiatement au-dessous de la température de fusion. Dans ce figement il y a toujours une élévation de température qui parfois est assez considérable pour être presque aussi élevée que celle du point de fusion. Mais les corps gras peuvent aussi se figer sans élévation de température. Si, par exemple, on chauffe du suif pendant longtemps au-delà du point de fusion (48° C.), de manière à ce qu'il soit dans un état complet de fluidité, mais sans être encore tout à fait limpide (expérience qui réussit très-bien avec le suif qui vient de se figer et encore mou), il se fige de nouveau entre 45 et 46° sans développement de chaleur.

Pour chaque corps gras en particulier, voici les résultats que M. Wimmel a obtenus dans de nombreuses expériences.

	POINT de fusion.	POINT de figement.	ÉLÉVATION de la température lors du figement.
Suif de bœuf frais. .	43° C.	33° C.	36 à 37° C.
Id. vieux. . . .	42.5	34.0	38
Suif de mouton frais.	47.0	36.0	40 à 41
Id. vieux. . . .	50.5	39.5	44 à 45
Axonge.	41.5 à 42	30.0	32
Beurre frais.	31 à 31.5	19 à 20	19.5 à 20.5
Beurre conservé. . .	32.5	24	25.5
Cire du Japon.	52.5 à 54.5	40.5 à 41	45 5 à 46
Beurre de cacao . . .	33.5 à 34	20.5	27 à 29.5
Huile de coco.	24.5	20 à 20.5	22 à 23
Huile de palme fraîche, molle.	30	21	21.5
Huile de palme fraîche, dure.	36	24	25
Huile de palme vieille	42	38	39.5
Beurre de muscade. .	43.5 à 44	33	41.5 à 42
Cire d'abeille jaune. .	62 à 62.5	Se figent immédiatement au-dessous du point de fusion sans élévation de température.	
Id. blanche. . .	63 à 63.5		
Blanc de baleine. . .	44 à 44.5		

MM. Clément et Lassaigne ont fait, en 1836, des expériences sur la graisse du bœuf et du porc qui démontrent que la graisse varie de densité, de degré de fusion, et dans sa richesse en stéarine, suivant la partie du corps dans laquelle elle a été recueillie. Voici le tableau de ces expériences.

ESPÈCE ET RACE D'ANIMAUX.		DENSITÉ de la graisse.	DEGRÉ de fusion de la graisse.	STÉARINE pour 100 dans la graisse.
Bœuf choletais de 7 ans, du poids net de 325 kilog., abattu le 6 juillet 1855.	Abords.	0.9259	23°6 C.	8.16
	Flancs.	0.9156	28.0	9.32
	Paleron.	0.9239	27 5	10.08
	Grasset.	0.9275	28.0	16.88
	Avant-cœur.	0.8344	34.5	19.20
	Scrotum.	0 8428	33.5	29 84
	Oreillette.	0 8597	36 5	36.20
	Mésentère.	0.8546	35.5	38.88
	Reins.	0.9143	38.0	45 04
	Bases du cœur.	0.9250	39.0	43 20
Taureau de 2 ans.	Reins.	»	41.0	32.00
	Epaule.	»	36.1	13.50
	Mésentère.	»	34.0	18.00
Bœuf choletais de 7 ans.	Reins.	»	35.5	10.00
	Croupe.	»	21 5	2 00
	Mésentère.	»	39.5	4.80
Porc breton de 1 an.	Reins.	»	27 1	4.50
	Lard sous la peau.	»	23.5	2.00

ARTICLE IV. — **Commerce des suifs.**

La France fait une consommation si considérable de suifs, que celui qu'elle produit et qui est connu sous le nom de suif de pays, suif indigène, ne suffit pas à sa consommation, tant pour la fabrication des chandelles que pour celle des bougies stéariques et de certains savons; elle est donc obligée d'en importer annuellement des millions de kilogrammes qu'elle tire principalement de la Russie, de l'Italie, de l'Angleterre, des Etats-Unis et de l'Amérique du Sud. Voici à cet égard les renseignements que nous puisons dans le *Dictionnaire du commerce et de la navigation*.

Le suif de Russie est très-estimé, il est expédié principalement par les ports de la mer Baltique, de la mer Noire et de la mer d'Azof; il arrive en fûts ou en tines de 300 à 400 kilogrammes.

La Russie a été pendant longtemps le pays qui fournissait la plus grande partie des suifs aux fabricants français, mais depuis 1856, lors de la guerre de Crimée, le commerce a cherché à s'approvisionner dans l'Amérique du Sud et en Australie, où d'immenses troupeaux de bestiaux fournissent cette matière première en abondance et à des prix modérés, en même temps que des améliorations introduites dans la fonte, ont donné aux produits des qualités supérieures à ceux que la Russie peut fournir.

Les suifs de l'Amérique du Sud (Buenos-Ayres, Rio-de-la-Plata, Caraque, Carthagène), quoique d'une couleur rousse, sont cependant d'une bonne qualité, et arrivent en France en surons de cuir.

Les suifs des Etats-Unis sont de qualité moyenne

et sont embarqués à New-York et à la Nouvelle-Orléans en tonneaux de divers poids.

Les suifs anglais et irlandais qui circulent en fûts sont généralement assez fermes et blancs, mais rares sur notre marché.

Les suifs du royaume d'Italie sont peu estimés, parce qu'ils sont souvent allongés avec des substances terreuses ou calcaires ou chargés de plâtras ou de pierres.

Quant aux habitudes commerciales relatives aux tares et aux paiements, voici les conditions adoptées sur les principaux marchés de la France.

PARIS. — *Suif de Paris;* tare nette livrable dans la huitaine. — *Suif des départements et de la Belgique;* tare nette (en pain ou en futailles), n'importe l'emballage qui reste à l'acheteur. — *Suif de Russie;* blanc ou jaune, 12 pour 100 pour barriques ou tines en bois blanc de 400 à 500 kilogr.; on alloue 14 cercles, dont 12 sur la pièce et 2 pour soutenir les fonds. Les surcharges et barres sont arbitrées ou s'enlèvent avant la pesée.

BORDEAUX et MARSEILLE. — *Suif de pays;* 1 pour 100 de trait, en futailles, tare nette. — *Suif du Nord;* 12 pour 100 de tare, en futailles. — *Suif d'Amérique;* 15 pour 100 de tare, en futailles, 4 pour 100 en surons de cuir. — *Suif d'Italie;* 13 pour 100 de tare, en futailles.

LE HAVRE. — *Suif de Russie;* en tines ou en futailles, tare 12 pour 100, barres déduites. — *Suif d'Islande;* 14 pour 100 tare, en futailles. — *Suif d'Amérique du Nord;* en caisses, fûts et surons, tare nette. — *Suif Caraque, Carthagène, Buenos-Ayres et suif du pays;* tare nette, emballage quelconque.

La tare pour saindoux est de 17 pour 100 en barils de 180 kilogr. et de 24 pour 100 en frequins.

Celle pour les huiles de palme et de coco, de 20 pour 100 par futailles au-dessous de 200 kilogr., de 17 pour 100 par futailles de 251 à 350 kilogr., la tare ne pouvant être inférieure à 50 kilog., de 15 pour 100 par futailles de 351 et au-dessus, la tare ne pouvant être inférieure à 60 kilogr.

Quant aux droits de douane, les suifs paient 25 centimes par 100 kilogr. à la sortie. Les droits d'importation sont de 8 fr. les 100 kilogr. par navires étrangers et par terre, de 2 fr. pour les graisses de l'Inde, et 5 fr. pour celles d'autres provenances sous pavillon français.

ARTICLE V. — **Sophistication des suifs.**

Les suifs sont souvent sophistiqués par diverses matières qui en abaissent le rendement et la qualité, et qu'il importe au chandelier de reconnaître et d'en constater la présence.

Commençons par dire qu'on allonge souvent les suifs avec des graisses de qualité inférieure, tels que des flambards, des graisses d'os ou petits suifs qui, sans être une fraude proprement dite, en altèrent la qualité et doivent en abaisser le prix. Dans ce cas, l'odeur, l'aspect et l'expérience peuvent seuls servir de guide au négociant dans ses transactions.

On mélange aussi les suifs à des matières végétales, telles que la fécule, les pommes de terre cuites.

Pour découvrir la fécule introduite dans le suif, on le malaxe avec de l'eau dans laquelle on fait dissoudre un peu d'iode, et en ajoutant quelques gouttes d'acide sulfurique, on voit apparaître la couleur bleue qui caractérise l'iodure d'amidon.

Quant aux pommes de terre cuites, on profite de la solubilité des suifs dans le bisulfure de carbone pour le dissoudre; toute substance étrangère restée insoluble est ensuite dosée qualitativement et quantitativement pour en reconnaître la nature et la proportion.

Enfin on fraude souvent les suifs avec des matières minérales, tels que le sulfate de baryte, le kaolin, le sulfate de chaux, le marbre blanc pulvérisé, etc.

Le moyen pour constater la présence de ces corps est fort simple : il suffit de faire fondre le suif avec 10 pour 100 de son poids d'eau, sous l'action du feu le suif se liquéfie, et les matières minérales qui tombent au fond sont pesées pour en constater la proportion.

Ou bien on fait bouillir une partie de suif avec deux parties d'eau acidulée, et on laisse reposer sur un bain-marie qu'on a maintenu à environ 40°. Pendant ce repos, les impuretés ajoutées frauduleusement se déposent.

On bat aussi souvent les suifs avec de l'eau pour en augmenter le poids et la blancheur. En faisant sécher les suifs à l'étuve, on constate par la perte de poids l'eau qui a été ajoutée.

Un des chimistes qui a le plus contribué à étendre nos connaissances sur les moyens de constater la pureté des suifs est M. Th. Chateau qui, dans son *Traité complet des corps gras industriels*, a donné pour cela une méthode générale qui permet non-seulement d'établir ses caractères physiques et de reconnaître chimiquement un suif d'un autre, mais encore de distinguer un suif brut d'un suif fondu. Nous allons donc suivre cet excellent guide dans ce qui va suivre, mais en prévenant que M. Chateau a été obligé de préparer lui-même les suifs dont il a étudié les caractères et les réactions avec divers réactifs, parce que les fondeurs sont dans l'habitude de mélanger dans des proportions qui varient suivant les circonstances les suifs de bœufs, vaches, veaux et moutons, boucs et brebis, et qu'il est difficile de se les procurer, si ce n'est aux abattoirs, à l'état de pureté.

Les caractères des différents suifs sont établis par M. Chateau, dans son traité, d'abord sous le rapport physique, puis il passe aux réactions chimiques qu'ils développent avec certains réactifs. Ces réactifs sont l'acide sulfurique, l'acide azotique dilué, le chlorure de zinc, le pernitrate de mercure, le bichlorure d'étain fumant et l'acide phosphorique sirupeux, et voici les résultats de ses études.

Section I. — SUIF DE MOUTON.

Le suif de mouton, nom sous lequel on comprend les suifs de béliers et de brebis, ressemble extérieurement au suif de bœuf : il est blanc rosé, dur, opaque en couches minces ; il se pourrit vite et se recouvre de moisissures vertes. Fondu, il est blanc de lait et d'une apparence nacrée ; il est dur et translucide en couches minces. Exposé à l'air, il acquiert au bout de quelque temps une odeur particulière. Lorsqu'on le fait fondre, il commence quelquefois à se figer à 37° et la température monte alors à 39° ; mais quelquefois aussi, il ne se fige qu'à 40° et alors la température s'élève à 41°. Il faut 44 parties d'alcool bouillant à 82 dégrés centésimaux pour en dissoudre une seule de suif. Voici maintenant les réactions que présentent le suif brut et suif fondu.

SUIF BRUT.	SUIF FONDU.
Acide sulfurique. Malaxé avec le suif, lui communique une coloration *jaune rougeâtre.*	*Acide sulfurique.* Coloration *jaune serin* immédiate.
Chlorure de zinc. Pas de coloration.	*Chlorure de zinc.* Pas de coloration.
Pernitrate de mercure. Coloration rose pâle au bout de quelques minutes.— L'acide sulfurique ajouté, légère coloration chocolat non homogène. — Acide en excès, la coloration se fonce et ne se porte que sur les parties de suif. — En chauffant, la coloration devient *brun sépia*, et la masse se divise en petits yeux. — Le précipité blanc sale est très-apparent.	*Pernitrate de mercure.* Pas de coloration. — Acide sulfurique ajouté, coloration non homogène, couleur *chair.* — En chauffant légèrement, la coloration s'étend, se fonce, devient même *brun verdâtre;* puis une effervescence se manifeste, et la coloration passe au *jaune pâle.* Pas de formation de petits yeux.
Bichlorure d'étain fumant. Même coloration qu'avec le suif de veau. — De même quand on fait intervenir l'acide sulfurique.	*Bichlorure d'étain fumant.* Comme ci-contre.

Acide chromique se comporte dans les deux cas comme avec le suif de bœuf fondu (*brun noir foncé*).

Acide phosphorique sirupeux. — Rien à froid; à chaud, coloration *jaune verdâtre.*

Section II. — SUIF DE BŒUF.

Sous la dénomination de suif de bœuf, on comprend celui de vache et de taureau, sans oublier cependant que la graisse de bœuf est plus molle que celle des vaches et des taureaux. A l'état brut, le suif de bœuf est blanc rosé, non opalin, dur, et se conserve frais sans se moisir. Fondu, il est blanc-gris, légèrement jaunâtre, dur, opaque en couches minces, sans apparence nacrée à la surface. Après avoir été fondu, il commence à se figer à 37° et sa température monte jusqu'à 39°. Il exige 40 parties d'alcool à 82° centésimaux pour se dissoudre. Voici les réactions chimiques qu'il présente à l'état brut et à l'état fondu.

SUIF BRUT.	SUIF FONDU.
Acide sulfurique. Coloration *jaune pâle* aux endroits humectés.— Avec agitation, coloration *jaune rougeâtre clair.*	*Acide sulfurique.* Même coloration.— Avec agitation, coloration *jaune orangé.*
Acide azotique ajouté ; ne modifie pas d'une manière sensible la teinte.	*Acide azotique.* Coloration *jaune rouge* foncé disparaissant par l'agitation, en redonnant la teinte primitive.
Chlorure de zinc. Pas de coloration à chaud comme à froid.	*Chlorure de zinc.* Pas de coloration.
Pernitrate de mercure. Coloration *rosée* à froid, disparaissant à chaud.— Acide sulfurique ajouté, précipité *blanc;* l'huile verte monte à la surface et est colorée en *brun-violet sale et pâle.*	*Pernitrate de mercure.* Pas de coloration à chaud comme à froid. — Acide sulfurique ajouté, précipité blanc, coloration *rosée* de suite, devenant après *lie de vin.*

Bichlorure d'étain fumant. Coloration *jaune foncé*. Le suif se liquéfie, devient filandreux par l'agitation et se solidifie en une masse jaune. — Acide sulfurique ajouté, fonce la teinte.	*Bichlorure d'étain fumant.* Comme ci-contre.
Acide phosphorique sirupeux. Coloration *jaune verdâtre* à chaud.	*Acide phosphorique sirupeux.* Coloration *jaune*, moins verdâtre.

Section III. — SUIF DE VEAU.

Brut, ce suif est blanc rosé ; il fond facilement entre les doigts; il est très-mou, opalin, non nacré. Fondu, il est blanc de lait, nacré, mou, translucide sous une faible couche et opalin. Ce suif se corrompt très-facilement et plus vite que celui de mouton.

SUIF BRUT.	SUIF FONDU.
Acide sulfurique (en excès). Coloration *jaune serin*, devenant jaune légèrement *orangé* non homogène.	*Acide sulfurique.* Colore de suite le suif en *jaune serin* bien homogène.
Acide azotique ajouté, détermine la formation de taches *jaune rouge*, l'agitation ne rend pas la coloration homogène.	*Acide azotique* ajouté. Coloration *jaune rouge* passant par l'agitation au *jaune clair*. Coloration bien homogène.
Chlorure de zinc. Pas de coloration à froid comme à chaud. A chaud, le mélange n'est pas homogène.	*Chlorure de zinc.* Pas de coloration à froid comme à chaud. A chaud, le mélange est homogène.
Pernitrate de mercure. Pas de coloration de suite. Au bout de quelques instants	*Pernitrate de mercure.* Pas de coloration à froid comme à chaud.— Acide sulfurique

couleur *chair*. A chaud, coloration *jaunâtre*. — Acide sulfurique ajouté. Précipité *blanc*. Coloration terre de Sienne passant rapidement au *brun foncé* (*sépia*). La masse huileuse se sépare en petits yeux.	ajouté, précipité *blanc*, la masse huileuse qui monte à la surface est *rose pâle*.
Bichlorure d'étain fumant. Coloration *jaune serin* pâle, se liquéfie, puis se solidifie rapidement en devenant filandreux et en donnant une masse jaune serin pâle. — Acide sulfurique ajouté, fonce la teinte.	*Bichlorure d'étain fumant*. Mêmes réactions que ci-contre.

La plupart des réactifs précédents se trouvent tout préparés chez les marchands de produits chimiques, tels sont l'acide sulfurique, l'acide azotique et le bichlorure d'étain fumant du commerce. Quant aux autres, il faut les commander à ces mêmes marchands ou les préparer soi-même.

Pour préparer le chlorure de zinc à l'état de sirop, on sature de l'acide chlorhydrique pur par de l'oxyde de zinc, on évapore à siccité et avec le résidu, on fait un sirop en dissolvant dans l'eau.

En faisant réagir de l'acide azotique sur du phosphore qu'on ajoute jusqu'à ce qu'on obtienne une dissolution concentrée, on se procure l'acide phosphorique à l'état sirupeux.

Enfin, en faisant dissoudre dans un excès d'acide azotique pur du mercure bien net, on se procure le pernitrate de mercure.

ARTICLE VI. — **Adipocire ou gras des cadavres.**

Avant de quitter les matières animales, nous rappellerons que Fourcroy a fait la découverte qu'on peut transformer les substances animales en une matière graisseuse, lorsqu'on les tient plongées dans une terre humide ou dans l'eau où elles se changent en une substance analogue au blanc de baleine et qu'il nomma *adipocire*, nom changé depuis par M. Chevreul dans celui de gras des cadavres. Le tome IX du *Système des connaissances chimiques* de Fourcroy est rempli d'observations curieuses et importantes sur cette matière.

Thenard, dans son *Traité de chimie*, a résumé ainsi les connaissances sur cette substance :

« Lorsqu'on conserve, dit-il, des substances animales dans l'eau ou la terre humide, elles se décomposent peu à peu et se transforment en un composé gras que l'on obtient pur en le fondant dans l'eau bouillante et le passant à travers un linge. Ce composé, regardé par Fourcroy comme un savon ammoniacal avec excès de graisse, a été soumis à un examen par M. Chevreul qui l'a trouvé formé d'une petite quantité d'ammoniaque, de potasse et de chaux unies à beaucoup d'acide margarique et très-peu d'acide oléique. »

Quoi qu'il en soit, MM. Millien et Brouard ont pris en 1814, un brevet d'invention pour un procédé de fabrication du suif artificiel provenant de toutes les substances animales ou pour la transformation de ces substances en graisse et l'extraction de cette graisse, procédé qui paraît fondé sur la découverte et les spéculations de Fourcroy. Voici la manière d'opérer des inventeurs :

« On prend la partie maigre des animaux ; cette partie débarrassée des os, est coupée par morceaux, que l'on place dans des caisses de bois percées de trous, et qu'on expose à l'eau courante d'une rivière. On laisse ces caisses séjourner dans l'eau courante pendant trois ou quatre mois, ayant soin de vérifier de temps en temps si la chair qu'elles contiennent n'est pas trop pressée, et si elle présente bien toutes ses surfaces à l'eau.

« On traite aussi de la même manière le sang coagulé de tous les animaux.

« Lorsque ces matières animales ont passé quelques jours dans l'eau et qu'elles sont bien lavées, on retire les caisses de l'eau. On arrose les chairs avec de l'eau saturée d'acide carbonique, et l'on replonge les caisses dans l'eau.

« Huit jours après, on les retire encore ; on arrose les chairs avec de l'eau saturée de gaz hydrogène, qu'on introduit dans l'eau à l'aide d'une pompe foulante, ou de la machine de Nooth.

« On répète ces arrosements tous les huit jours, en employant alternativement le gaz acide carbonique et le gaz hydrogène.

« Pour une caisse qui contient huit cents livres de matières animales, huit pintes d'eau bien saturée de ces gaz suffisent pour chaque fois.

« Au bout de trois ou quatre mois, lorsqu'on voit que toutes les matières animales sont transformées en une substance blanche, ferme, écailleuse, qui ressemble à de la graisse, on retire les caisses de l'eau, on laisse sécher la matière, on en sépare les parties qui ne sont pas tout à fait converties en graisse, et l'on fait fondre dans une chaudière munie d'un robinet, qu'on ouvre quand la matière est fondue, pour la laisser couler sur un cylindre de bois au quart plongé dans une cuve contenant de l'acide muriatique oxygéné (*chlore liquide*) : le suif s'étend en lames sur le cylindre et tombe à chaque révolution, dans le bain d'acide; on le sort de là, pour le laver à grande eau, et on le refond pour le mettre en pains.»

Nous ignorons les difficultés qui ont pu se présenter pour mettre ce procédé en pratique ou quelque autre analogue propre à donner de l'adipocire, et nous n'avons pas appris qu'on ait fabriqué encore des chandelles avec cette matière, application cependant à laquelle elle paraît propre par la forte proportion d'acide margarique qu'elle renferme.

ARTICLE VII. — **Matières grasses végétales.**

Indépendamment des matières animales, tels que les suifs pour la fabrication des chandelles, on a parfois essayé d'introduire aussi dans cette fabrication, et nous en verrons des exemples, des matières végétales d'un caractère gras et cireux qu'on connaît dans le commerce sous le nom de *beurres* ou *huiles concrètes*, et dont plusieurs sont employées en abondance dans la fabrication des bougies. La bonne combustibilité de ces matières, les procédés aujourd'hui connus pour les blanchir, leur prix généralement modéré, la fermeté de plusieurs d'entre elles à la température ordinaire, leur point de fusion qui se rapproche souvent de celui des suifs, et l'apparence cireuse qu'elles peuvent donner aux chandelles, sont autant de propriétés qui pourraient attirer davantage, qu'elles ne l'ont fait jusqu'ici, l'attention du fabricant, et le déterminer à les soumettre à quelques expériences qui étendraient son art et lui permettraient de livrer aux consommateurs des produits plus beaux et plus avantageux.

Les principales matières de ce genre dont le fabricant pourrait, ce nous semble, faire une étude attentive, sont les suivantes :

L'*huile de palme*, matière d'une consistance butyreuse, jaune orangé, d'une odeur de violette, fondant entre 30° et 36°, qu'on exporte de la Guyane et de la Guinée, et est extraite de l'enveloppe du fruit de l'*Ælais guienensis* ou *Avoira elæis*, arbre de la famille des palmiers.

L'*huile* ou *beurre de coco*, substance blanche, solide, opaque, onctueuse, ressemblant à du suif fondu, fusible à 20°, d'une odeur douce et agréable, produit de l'amande de l'arbre précédent et de quelques autres arbres de la famille des palmiers.

Le *suif végétal, suif de virola, suif du muscadier porte-suif*, substance grasse, solide, d'une odeur agréable, qui sert à faire, dans le lieu de production, des chandelles aromatiques, fondant à 43°, et produit par un arbre de la famille des lauriers, appelé *virola* ou *myristica sebifera*.

Le *suif d'arbre*, qu'on extrait en Chine en faisant bouillir la drupe d'un arbre de la famille des Euphorbes, connu sous le nom de *stillingia sebifera* ou *croton sebiferum, arbre à suif*, matière ferme et peu fusible, brûlant bien avec une lumière vive et brillante sans répandre de mauvaise odeur.

Le *suif Piney*, produit du *valeria indica*, arbre qui croît au Malabar, qui est blanc, ferme, gras au toucher et fondant à 36°.

Le *beurre de galam*, appelé aussi *beurre de shea*,

qu'on extrait des fruits du *bassia Parkii* et de l'*illipus bassia*, qui est blanc rougeâtre, de la consistance de l'axonge avec une légère odeur de muscade.

Suif ou beurre de butyrosperme. — M. Binder a recueilli sur les bords du Nil blanc, des fruits du *butyrospermum* (Lulu des nègres, Schedder el Arrak des Arabes), qui servent d'aliment aux habitants, mais dont les graines concassées et macérées dans l'eau donnent une huile concrète, suif ou beurre, à une température de 25°, qui pourrait devenir, si elle était abondante, un objet de commerce et même de culture dans les pays chauds, d'autant plus qu'en faisant une entaille dans le tronc de l'arbre, il en sort un lait blanc se convertissant, au contact de l'air, en une masse brune et tenace ressemblant à du caoutchouc ou de la gutta-percha.

Et probablement bien d'autres matières grasses de la même origine, car il existe dans le règne végétal, surtout dans les pays chauds, une foule de plantes, sous forme d'arbres ou d'arbustes dont les fruits qui, soit dans leurs enveloppes, drupes ou coques, soit dans leurs graines ou amandes, renferment des quantités de matières grasses assez considérables pour être récoltées avec profit et devenir des articles de commerce pouvant offrir beaucoup d'intérêt au fabricant de chandelles.

Nous citerons entre autres, parmi les matières grasses concrètes qu'on peut récolter dans notre colonie du Gabon, l'*occare* qui fournit une graisse alimentaire, l'*oddjengé*, graine qui fournit de la stéarine presque pure, etc.

L'huile de ricin, traitée par l'acide hyponitrique, donne naissance à un produit solide qu'on a désigné sous le nom de palmine. M. Wilson a employé ce produit à la fabrication des bougies et des chandelles, soit seul, soit mélangé à d'autres substances habituellement employées à cet usage.

La palmine, surtout lorsqu'elle a été pressée, est très-propre à donner de la dureté au suif; elle se mélange, par fusion, en toute proportion avec celui-ci; on peut aussi la mélanger à la cire ou les acides gras provenant de la saponification du suif.

MM. Foucault et Juillet Saint-Léger, d'Alger, se sont fait breveter, en 1856, pour extraire la matière concrète de l'huile de ricin.

A cet effet, ils mettent cette huile en contact avec un alcali caustique qui se substitue à la glycérine et forme des margarates, ricinates et élaïdates. Ces sels sont ensuite décomposés par un acide qui s'empare de la base et met en liberté les acides gras qui sont lavés et employés soit seuls, soit mélangés dans la fabrication des bougies.

CHAPITRE II.

DU CHOIX DES MATIÈRES GRASSES.

Quoique le *Chandelier*, généralement parlant, ne s'occupe pas de fondre les graisses au moment où elles sortent du corps des animaux, et qu'il les achète des bouchers ou des fondeurs de profession qui les fondent en gros pains, et qui les lui vendent ensuite sous le nom de *suif de place*, il sera utile pour ceux qui seraient obligés de les fondre eux-mêmes de ne pas ignorer comment on s'y prend.

Les graisses se trouvent, comme on l'a déjà dit,

dans le plus grand nombre des tissus et de cavités splanchniques animaux. Elles sont très-abondantes sous la peau, aux environs des reins et dans la duplicature membraneuse de l'épiploon, à la surface des muscles et des intestins, etc.

La consistance des graisses, leur couleur et leur odeur varient suivant les animaux qui les fournissent. Elles sont solides et inodores chez les ruminants, molles et d'une odeur forte chez les carnivores, généralement fluides dans les cétacés.

Les graisses sont ordinairement blanches rosées et abondantes dans les jeunes animaux, jaunâtres et moins abondantes dans ceux qui sont vieux.

La consistance des graisses varie selon les parties du corps de l'animal d'où on les a extraites : sous la peau et aux environs des reins elles sont plus fermes que dans le voisinage des viscères.

Le Chandelier, dont le but consiste à fabriquer des chandelles blanches, inodores, solides, sonores lorsqu'on les agite l'une contre l'autre, doit rechercher les graisses les plus consistantes, sans cependant qu'elles soient trop cassantes ; car cette qualité, dans beaucoup d'autres circonstances, serait un défaut. Il doit, en conséquence, s'attacher à choisir les graisses fournies par les ruminants, puisqu'elles remplissent toutes les conditions nécessaires pour la fabrication des chandelles de bonne qualité. C'est donc seulement la graisse de *bœuf* et celle de *mouton* qu'il choisira, et il rejettera toutes les autres. Il est bon d'observer que sous la dénomination de *graisse de bœuf*, on comprend celle de vache et de taureau, sans oublier que cependant la graisse de bœuf est plus molle que celle des vaches et des taureaux. Sous la dénomination de *graisse de mouton*, l'on comprend celle des béliers, des brebis, des boucs et des chèvres. La graisse des chèvres et celle des boucs est plus solide et plus ferme, car plusieurs Chandeliers habiles les préfèrent, mais aussi elle est plus odorante.

L'expérience a prouvé que la nature des aliments influe sur la qualité des graisses ; mais la différence qui en résulte est d'une faible importance lorsqu'on s'attache à choisir celles des animaux ruminants que nous avons désignés. On convient seulement que les animaux tués pendant l'hiver fournissent des graisses meilleures pour la fabrication des chandelles que celles qui proviennent des animaux tués pendant l'été. En effet, les suifs sont plus secs et plus fermes en hiver qu'en été.

La graisse qu'on retire des animaux est, au moment où on l'extrait, enveloppée dans des membranes, et renfermée dans le tissu cellulaire : on la distingue alors sous la dénomination de *suif en branches* : c'est sous cette forme qu'il est facile d'en juger la qualité, et de reconnaître même de quelle sorte d'animal elle provient ; mais lorsque la graisse a été fondue, il est difficile, si ce n'est à l'aide d'un examen soigné de ses caractères physiques et des réactions chimiques qu'elle présente, de bien juger de son origine ; on se contente souvent d'y enfoncer le doigt ; et par la résistance plus ou moins grande qu'on éprouve, on juge à peu près de sa bonté, sans avoir une certitude suffisante de sa qualité.

Dans les localités où le boucher n'est pas obligé de fondre ses suifs, il les vend en *branches*, alors il les suspend sur des perches au moment où il les retire du corps de l'animal, et les fait sécher. Il est important de ne pas les laisser longtemps dans cet état : surtout dans les temps chauds; car le sang qui se trouve dans les graisses les corrompt; elles verdissent, il s'y forme des vers, et les suifs contractent une très-mauvaise odeur, qui rend les chandelles qu'on en fabrique extrêmement désagréables. Il est donc très-important de fondre les suifs le plus tôt qu'il est possible après que l'animal est abattu.

CHAPITRE III.

DE LA FONTE DES SUIFS ET GRAISSES.

ARTICLE Ier. — **De la fonte dite aux cretons.**

Nous avons dit qu'en général les bouchers ou les fondeurs de profession se chargent de fondre les graisses, et que c'est chez eux que les chandeliers se fournissent de suif pour fabriquer leurs chandelles, et, sous ce rapport, il paraîtrait que nous ne devrions pas nous occuper de cette manipulation, qui semble étrangère à l'art du chandelier. Nous avons fait observer cependant qu'il arrive que les fabricants de chandelles sont obligés de faire fondre les graisses qu'ils achètent des bouchers, et il serait à désirer qu'ils s'occupassent de ce travail, les chandelles en seraient et plus belles et meilleures; en effet, ils pourraient choisir les graisses avec plus de soin, feraient leurs mélanges avec une parfaite connaissance des substances qu'ils uniraient ensemble, tandis que souvent ils sont arrêtés par les mauvaises qualités des suifs que les bouchers leur livrent, ou par des mélanges irrationnels ou frauduleux. Ces motifs nous engagent donc à entrer dans des détails sur les procédés de la fonte des graisses.

Au fur et à mesure que les bouchers retirent du corps des animaux qu'ils égorgent, les substances membraneuses qui renferment la graisse, ils placent ce *suif en branches* sur des perches suspendues dans le séchoir ou étuve. Au sortir du corps de l'animal, la graisse est chaude; là, elle se refroidit et se fige, le sang et les membranes se dessèchent, et le suif en est extrait ensuite avec plus de facilité et de promptitude. On doit avoir soin seulement de ne pas les laisser en cet état trop longtemps si la température est un peu élevée, de crainte, comme nous l'avons fait observer plus haut, que la putréfaction du sang que les graisses contiennent ne les gâte au point de rendre les chandelles de qualité inférieure et de les déprécier dans le commerce. Le danger n'est pas à beaucoup près aussi grand lorsque les matières sont desséchées.

Aussitôt que le chandelier en a ramassé une assez grande quantité, il les fait porter à l'atelier pour les disposer à la fonte.

L'atelier destiné à la fonte des graisses est ordinairement placé à côté du séchoir : il est bon de décrire l'un et l'autre avant d'indiquer les manipulations indispensables pour obtenir le suif prêt à livrer au *chandelier ;* cette description nous évitera des redites.

Autant que cela est possible, le séchoir est contigu à l'atelier de la fonte, afin de rendre le travail plus prompt et d'éviter les frais de transport.

Le séchoir est une pièce plus ou moins grande, selon l'importance de la manufacture; il est rempli de fortes perches, dont les deux bouts sont suspendus au plancher par de bonnes cordes. Les murs sont percés de grandes ouvertures opposées, afin de donner à l'air une libre circulation. Il est important que la dessiccation s'opère dans le plus court espace de temps possible, afin d'éviter la putréfaction qui détériore les graisses, comme nous l'avons fait observer. C'est sur ces perches que l'on étend le *suif en branches* aussitôt qu'il est sorti du corps de l'animal. La figure 1, pl. 1, indique cette disposition.

Il est bon, autant que cela se peut, de destiner dans un coin du séchoir, une place pour le *hachoir;* on comprendra que cette disposition est économique, puisqu'elle donne à l'ouvrier la facilité de choisir les parties sèches et de commencer par elles.

Le *hachoir* est formé d'une forte table A (fig. 2, pl. 1), sur laquelle on fixe par un des bouts un couteau de boulanger B, qui n'a qu'un mouvement circulaire vertical autour du piton C, fixé sur la table et qui lui sert de centre. Ce couteau est plus commode et plus expéditif qu'un couperet dont on se sert quelquefois, et qui n'est pas employé sans danger par l'ouvrier souvent maladroit.

Il est avantageux de fixer sur le hachoir, et à l'endroit où agit constamment la lame du couteau, c'est-à-dire dans toute la longueur de son tranchant, une planche de bois de hêtre D, de 25 à 30 millimètres d'épaisseur. On la fixe par quelques bonnes vis à bois, dont la tête est noyée, ce qui donne la facilité de la changer aussitôt qu'elle est usée. C'est une construction qui présente de l'économie; car on s'aperçoit que presque partout l'on néglige cette précaution, et qu'il en résulte que partout où le tranchant agit, le dessus de la table se ronge, qu'il faut l'aplanir de temps en temps; qu'enfin elle devient bientôt si mince qu'il faut la changer, ce qui est une dépense bien plus considérable qu'un morceau de planche qui coûte très-peu, et qui se change sans peine. La vieille planche indique l'emplacement des trous des vis; on les pose l'une sur l'autre; on n'est pas obligé de percer de nouveaux trous dans la table, qui ne se détériore jamais. La moindre économie ne doit jamais être rejetée dans les manufactures; c'est presque toujours par elles qu'elles prospèrent.

Au fur et à mesure que l'ouvrier hache les graisses, il les fait tomber dans une manne E, placée sous le hachoir et un peu en avant. Cette manne, lorsqu'elle est pleine, est roulée sur une brouette jusqu'auprès de la chaudière dans laquelle la graisse doit être fondue.

Contre un des murs de la fonderie, et près d'une croisée, est construit le fourneau en briques qui renferme une chaudière plus ou moins grande, selon le plus ou le moins d'importance de la manufacture. Dans une fabrique ordinaire, la chaudière a un mètre de diamètre, et 70 centimètres de hauteur. La chaudière a des rebords inclinés vers l'intérieur, afin que les gouttes de suif qui se répandent sur les bords retombent d'elles-mêmes dans la chaudière. La fig. 6, pl. 1, montre la disposition du fourneau et de la chaudière. On a ménagé au bas du fourneau quelques marches C, qui servent à élever l'ouvrier afin de lui donner la facilité de remuer le suif sans peine et de le sortir de la chaudière au moment convenable.

On voit en A le fourneau, B la chaudière. Sur le bord supérieur, qui est plus large du côté du mur, on pratique plusieurs cavités D qu'on remplit de plâtre en poudre, dont les ouvriers se servent afin de dégraisser leurs mains, ce qui les met à même de manier les outils qui leur échappent lorsqu'ils sont couverts de graisse.

Le foyer, qui ne peut se voir dans cette figure, a son entrée derrière le mur contre lequel le fourneau est adossé. On prend cette précaution afin de n'être pas gêné dans l'atelier par la fumée et par une trop grande chaleur qu'éprouverait l'ouvrier qui serait du côté où se trouve la porte du foyer.

La chaudière est en cuivre, son fond a la forme d'un œuf, et on ne la chauffe que par ce fond, sur lequel il reste toujours un bain de suif qui garantit le métal de l'action du feu. Il est important que la chaleur ne frappe que le fond de la chaudière, et n'agisse pas sur les parois; sans cette précaution, le suif qui s'y attache en couche légère se brûlerait, prendrait une teinte brunâtre qui altérerait la couleur du bain, au point qu'aucune sorte de blanchiment ne pourrait lui rendre sa pureté et son éclat primitifs.

Lorsque la chaudière commence à être chargée de graisse coupée par morceaux, on allume le feu, et on le conduit modérément; alors l'ouvrier monté sur les marches remue la graisse avec une spatule en bois, afin de l'empêcher de se brûler, il la presse contre les parois de la chaudière afin qu'elle sorte des cellules membraneuses qui la renferment. Le suif se fond petit à petit, et lorsque le fond de la chaudière en est tout couvert, le danger de la brûler n'est pas si grand, mais il faut continuellement agiter.

Lorsque le fond de la chaudière est bien couvert de graisse liquide, on ajoute de nouveaux morceaux de suif en branches, coupés, jusqu'aux deux tiers de la hauteur de la chaudière, en agitant continuellement, et on laisse fondre.

On attend pour retirer la graisse qu'elle soit bien fondue; alors, à l'aide d'une *casse* en fer emmanchée au bout d'un long bâton, et qu'on nomme *puiselle*, on la verse dans de grands vases en bois ou en cuivre E, qu'on nomme *poêles*, sur lesquels on a posé un châssis F, qui supporte une *banatte* G, dans laquelle on verse la graisse fondue.

La *banatte* est ordinairement un panier d'osier de forme cylindrique, et dont les brins sont suffisamment serrés pour ne laisser passer que la graisse, et retenir les membranes et autres saletés. Il vaut beaucoup mieux employer des *banattes* de cuivre, recouvertes de petits trous, tous égaux, comme une passoire de cuivre; on perd beaucoup moins de graisse qui s'imbibe dans les brins d'osier, et le suif est beaucoup plus pur.

Le *châssis* F est formé de quatre liteaux assemblés comme une civière; il doit être assez fort pour supporter la *banatte* pleine.

Quelques ouvriers placent la *banatte* vide dans la chaudière, la graisse entre dans la *banatte* par des trous et ils puisent la graisse au-dedans. Ce moyen ne serait pas mauvais s'il n'empêchait pas l'ouvrier d'agiter la graisse, qui, par un repos prolongé dans la chaudière, risque de brûler.

Au fur et à mesure qu'une *poêle* est remplie, on la retire et l'on y en substitue une autre. On met sur la première un couvercle en bois et on laisse reposer la graisse pendant quelque temps, afin que les substances qu'elle peut contenir, et qui ont une pesanteur spécifique plus grande, puissent avoir le temps de se séparer et de tomber au fond.

Le suif reste assez longtemps à se figer; mais avant

qu'il soit arrivé à ce point, et pendant qu'il est encore liquide, on le prend avec une petite *puiselle*, ou avec un pot H, pour en remplir de petites poêles en bois I, I (fig. 5) rangées l'une à côté de l'autre sur le sol de l'atelier, et à quelque distance du fourneau. On les verse aussi dans les futailles, par le bondon, lorsqu'on doit expédier le suif au loin.

La forme des petites poêles I est celle d'un cône tronqué aplati (fig. 5), ce qui donne la facilité de sortir les pains en les renversant, lorsque le suif est entièrement figé. Ce sont ces pains J (fig. 4, pl. 1), que l'on nomme *suif de place*, que les chandeliers achètent de préférence au suif qu'on expédie en barriques des départements ou de l'étranger.

Les saletés qui restent au fond des *poêles* E, se nomment *boulée;* elles sont formées des impuretés que contenait la graisse, et qui se sont précipitées. On en extrait la graisse en jetant le tout dans la chaudière sur un feu modéré et très-doux. La graisse se fond, vient à la surface, les saletés vont au fond; on enlève la graisse avec précaution à l'aide des *puiselles*. Le *marc* est plus chargé de graisse que le *creton* dont nous allons parler, et se vend plus cher que lui.

Ce qui reste dans les *banattes* après que le suif s'est écoulé contient encore beaucoup de suif, retenu par les vésicules et duplicatures membraneuses qu'on ne peut retirer que par une pression. On se sert pour cela d'une forte presse semblable à celle du fabricant de papier ou du presseur de draps, et qui est très-connue : la fig 7, pl. 1, la représente en élévation. Nous allons la décrire d'une manière intelligible, en nous arrêtant seulement sur les différences qu'elle peut présenter.

La presse est formée de deux fortes jumelles ou montants verticaux, et de deux fortes traverses horizontales, solidement assemblées avec les jumelles. La traverse inférieure se nomme le *patin*. La traverse supérieure porte l'écrou de la vis et se nomme l'*écrou*.

Dans l'intérieur de ce cadre, et au milieu de la traverse supérieure, est placée la vis dont la tête est à lanterne, formée de six à huit fuseaux, qui donnent plus de facilité pour la pression que les quatre trous qu'on observe dans les presses ordinaires. La tête de la vis porte au-dessous d'elle une forte pièce de bois qui s'élève et s'abaisse avec elle en glissant par ses deux bouts, dans une coulisse pratiquée intérieurement dans les deux jumelles verticales. Cette pièce mobile se nomme *mouton*, c'est elle qui exerce la pression. On se sert aujourd'hui, avec beaucoup plus d'avantage, d'une presse hydraulique qui extrait plus de suif et donne des cretons plus secs. Au-dessus de la traverse inférieure, le *patin*, est placée une *maie*, A (fig. 8, pl. 1), en bois, creusée de six centimètres au moins, à laquelle on a ménagé sur le devant une gouttière B, qui, lors de la pression, verse le suif liquide, rassemblé dans la maie, dans un vase que l'on place au-dessous.

Sur la maie on dispose un appareil C, que l'on nomme *seau*, et dont voici la description (fig. 7) : c'est un cylindre en tôle forte formé de deux demi-cylindres se joignant par derrière et par devant, dans les deux arêtes diamétralement opposées. La hauteur du cylindre est divisée en parties alternativement égales : les zônes *a*, *a*, etc., ont 3 centimètres de large, les zônes *b*, *d*, etc., de 11 à 14 centimètres de large. La zône supérieure est étroite comme la zône inférieure *a*. Toutes les zônes larges sont criblées, sur toute leur surface, de petits trous égaux, comme une passoire. C'est par ces trous que sort le suif pendant la pression.

Toutes les zônes étroites sont couvertes d'un fort anneau en fer forgé, formé de deux pièces ajustées par derrière sur une même broche fixe en fer, sur laquelle ils font charnière. Sur le devant, une broche mobile D (fig. 6) les enfile tous de même, et le cylindre, alors solide, peut résister à une pression très-forte, et, au moyen de la charnière, s'ouvrir en enlevant la broche D, pour retirer de son intérieur, avec facilité, les résidus de la pression ou le *creton*.

Tout cela bien entendu, voici comment le fondeur opère : après avoir disposé le *seau* sur la *maie*, il verse dedans le marc encore chaud que contient la *banaite*, il place dessus des rondelles épaisses de bois, et en quantité suffisante pour que le mouton puisse presser sans s'appuyer sur le seau; il en ajoute successivement jusqu'à ce qu'il ait porté la pression au plus haut degré, même en employant le secours du tourniquet, qui est ordinairement placé à côté de la presse, et sur les leviers duquel s'exercent plusieurs hommes. Le suif coule par la gouttière dans le vase E, sur lequel on place un tamis de crin, destiné à retenir les saletés qui pourraient s'échapper par les trous du *seau*, d'où on les porte dans les moules coniques I (fig. 5, pl. 1).

Le marc, qu'on nomme *pain de creton*, est retiré facilement du seau, après qu'on a enlevé la broche D, et qu'on l'a ouvert. On ne retire le *pain de creton* que lorsque le marc est entièrement égoutté, et que la presse est refroidie. Le pain de creton se vend pour faire de la soupe aux chiens et pour engraisser la volaille.

En suivant les opérations du fondeur de suif, M. Lenormand se doutait qu'il devait rester beaucoup de graisse dans les résidus, par la raison qu'on pouvait regarder comme impossible que, pendant toutes les manipulations, les membranes, etc., qui se déposent dans les banattes, puissent conserver une chaleur suffisante pour entretenir assez de fluidité à la graisse, afin qu'elle pût couler même par une grande pression. Il fit quelques expériences sur un pain de creton qu'on lui apporta, et y trouva encore une assez grande quantité de graisse. Il conçut dès lors un moyen facile à mettre en pratique, pour entretenir dans le résidu soumis à la presse, et pendant tout le temps de la pression, une chaleur capable de tenir toujours à l'état liquide la graisse, jusqu'à son entière extraction. Il communiqua son idée d'abord à un cretonnier, ensuite à un chandelier, qui l'exécutèrent, et ils en ont tiré depuis de grands avantages. On va l'indiquer.

On ne change rien à la disposition extérieure du *seau*, on augmente seulement son diamètre de 11 centimètres, on fixe sur le patin de la presse un cylindre en forte tôle, de 11 centimètres, ajoutés à l'ancienne dimension; il traverse le milieu de la maie, et s'élève jusqu'à environ 3 centimètres près du bord supérieur du seau. Ce cylindre est solidement luté avec le fond de la maie, par du lut au blanc d'œuf et à la chaux. Il est hermétiquement fermé et communique par un tuyau de 14 millimètres avec une bouilloire, qui fournit continuellement de la vapeur d'eau bouillante. Un tuyau inférieur armé d'un robinet, sert à évacuer, de temps en temps, l'eau de condensation. Un robinet, placé au tuyau qui apporte la vapeur, sert à la supprimer lorsqu'on n'en a pas besoin. Par ce moyen on entretient continuellement la fluidité nécessaire à la graisse, et on l'exprime par la pression aussi parfaitement qu'il est possible. La figure 7 indique cette disposition.

Je pense qu'il n'est pas nécessaire de faire observer qu'il faut que les rondelles de bois qui servent à la pression soient percées dans leur milieu d'une grande ouverture capable de recevoir le cylindre à vapeur.

La fonte aux cretons donne de 80 à 82 p. 100 de suif qui est préféré par les fabricants de chandelles pour leur fabrication d'été, avec un creton qui contient encore de 10 à 15 pour 100 de suif et qui peut servir encore à la nourriture des animaux. Mais aujourd'hui on possède un moyen qui est bien plus économique que celui déjà décrit, pour extraire des résidus de la presse tout le suif qu'ils peuvent encore contenir, qui consiste à les traiter par le bisulfure de carbone, corps qui dissout toutes les matières grasses et laisse intactes les membranes et les mucilages. Une distillation sert ensuite à recouvrer le bisulfure de carbone en laissant le suif à l'état fluide et propre à être coulé. Cette opération est plutôt du ressort d'une nouvelle industrie qui exige des appareils assez coûteux, que l'affaire du fabricant de chandelles. Nous y reviendrons cependant avec détails.

Les différentes espèces de suif doivent être fondues séparément. Les chandeliers regardent le suif de mouton comme le meilleur; il doit être très-blanc, sec, cassant et un peu transparent. Le suif de bœuf est plus gras que celui de mouton, il est d'un blanc un peu jaunâtre, et ne doit avoir aucune mauvaise odeur. On ne doit pas saler les suifs dans l'intention de les conserver, le sel décrépite pendant la combustion des chandelles et les fait pétiller d'une manière désagréable; les chandeliers le repoussent, et ils ont raison. Le suif bien fondu se conserve assez longtemps sans aucune addition de sel, mais on doit l'employer le plus tôt possible, car il se détériore en vieillissant, il prend une odeur désagréable, et perd beaucoup de sa blancheur.

Nous avons déjà dit que le suif de mouton seul est le meilleur pour faire de bonnes chandelles; cependant, comme il est très-solide, on peut y mélanger partie égale de suif de bœuf, sans altérer la bonté des chandelles, surtout si l'on emploie ce dernier suif peu de temps après qu'il a été fondu. La meilleure proportion, pendant l'été, est de deux parties de suif de mouton sur une partie de suif de bœuf. Le suif de bouc est encore plus solide que le suif de mouton. Le suif de vache est plus dur que celui de bœuf. Ainsi quelques expériences peuvent facilement indiquer dans quelle proportion on peut mélanger ces diverses sortes de suifs, selon les circonstances.

La plus grande difficulté dans l'art du chandelier consiste : 1° à purifier parfaitement le suif de toutes les impuretés qu'il peut contenir; 2° à le rendre aussi dur qu'il est possible pour empêcher que les chandelles ne soient grasses au toucher et qu'elles ne coulent pendant la combustion; 3° à donner un beau blanc permanent. Une foule d'essais ont été faits pour atteindre ces différents buts; quelques-uns ont passablement réussi. Nous allons essayer d'en décrire quelques-uns, nous réservant plus tard de revenir sur ce sujet.

Le suif produit par la première fonte que nous avons décrite dans le paragraphe précédent, n'est pas assez pur pour qu'on puisse en former de belles chandelles; il a besoin d'être fondu de nouveau pour arriver à ce point.

Le chandelier pèse exactement le suif de mouton et le suif de bœuf dans la proportion qu'il veut donner à ces deux espèces de suif dans son mélange. Il fait couper ces graisses en petits morceaux sur le *dépeçoir* qui est un établi semblable à celui du hachoir (fig. 2, pl. 1) que nous avons décrit (p. 37); il jette le suif ainsi dépecé dans la chaudière avec le quart de son poids d'eau, ce que les ouvriers appellent donner le filet. Il agite la matière avec un bâton et écume de temps en temps. C'est pour empêcher que le suif brunisse au fond de la chaudière qu'on ajoute l'eau. On doit bien prendre garde de ne pas verser l'eau quand le suif est fondu, il se gonflerait et pourrait se répandre au dehors. Lorsque le suif est fondu, on le passe à travers un linge ou à travers un tamis de crin serré.

On remet le suif dans la chaudière avec la même quantité d'eau dans laquelle on a fait dissoudre, sur 4 kilog. de suif, 16 grammes de salpêtre, autant de sel ammoniac et 33 grammes d'alun calciné. On fait bouillir ce mélange jusqu'à ce qu'il ne se forme plus de bulles et que la surface demeure unie, ou qu'on aperçoive au milieu une place transparente de la largeur d'une pièce de 5 francs. Alors on enlève la chaudière de dessus le feu, on laisse parfaitement refroidir, on renverse la chaudière, le pain se détache, on le reçoit sur un linge propre, on enlève les saletés qui se sont déposées à sa surface inférieure, et on le fait fondre de nouveau. C'est par ces fontes successives, faites avec précaution, qu'on parvient à le débarrasser de toutes ses impuretés. On le fond alors une dernière fois pour former les chandelles. Ce procédé est celui qui est encore suivi par la plupart des chandeliers.

On avait proposé, pour purifier le suif, de jeter dans la chaudière, pendant qu'il est en fusion, de la chaux vive en poudre. La chaux, en se précipitant, entraîne avec elle les saletés qu'on retrouve ensuite au fond de l'eau. Nous n'avons aucune donnée bien positive sur ce procédé; nous le donnons cependant comme nous ayant été communiqué par un ouvrier qui prétend l'avoir essayé avec succès, mais nous en doutons.

En Allemagne, on suit, pour purifier le suif, un procédé analogue au premier que nous avons donné. On jette 12 kilog. de suif coupé en petits morceaux dans une chaudière pleine d'eau, on fait bouillir pendant une demi-heure, on passe le suif qu'on décante avec des *puiselles,* à travers un tamis de crin, et on laisse refroidir dans une poêle. On nettoie le pain comme dans l'autre procédé, et l'on met le suif dans une chaudière avec deux litres d'eau de fontaine dans laquelle on a fait dissoudre 48 grammes d'alun, 64 grammes de potasse et 128 grammes de sel commun. Quand on destine le suif à former des chandelles qui durent deux heures de plus que les autres, sur 6 kilog. de graisse, on met un demi-litre d'eau dans laquelle on a fait dissoudre 16 grammes de sel ammoniac pulvérisé, 64 grammes de sel commun et 32 grammes de salpêtre purifié. On fait fondre une seconde fois le suif et l'on y mêle 16 grammes de nitre purifié; après l'avoir fait un peu bouillir, on enlève l'écume brune qui monte à la surface.

En 1804, M. Rochon, de Paris, prit un brevet d'invention de cinq ans pour une manière de fabriquer des chandelles économiques avec la graisse des os et du suif de mouton. Cet auteur s'exprime en ces termes : « On fait bouillir à petit bouillon des os pilés, et sur 80 kilog. d'os qu'un homme peut casser en un jour, on peut retirer au-delà de 14 kilog. de graisse purifiée.

« Cette graisse, sans être mélangée, fournit des chandelles d'excellente qualité pour la durée et pour la lumière jetée par une flamme qui n'a aucun pétillement et qui ne produit aucune odeur désagréable lorsqu'on l'éteint. Ces chandelles économiques ne coulent pas, elles n'ont que le défaut de n'avoir pas la consistance requise et d'être trop grasses au toucher; mais on peut leur donner assez de consistance en les composant d'un dixième de suif de mouton. »

On sentit bien que ce n'était pas seulement dans le mélange des graisses qu'on devait chercher la perfection des chandelles, mais qu'il importait de tourner ses recherches vers les moyens de donner au suif une plus grande fermeté et plus de solidité; on crut l'avoir trouvé dans la compression. Au commencement de ce siècle, M. William Belts imagina, en Angleterre, d'injecter le suif, préparé et purifié, à l'aide d'une machine de compression, dans les moules disposés pour le recevoir. Nous reviendrons par la suite sur cette invention.

Dans la fabrique de M. Price, à Battersea, on s'est servi récemment, pour fondre les suifs bruts, de grandes chaudières fermées par un couvercle ajusté et rivé hermétiquement sur les parois. Au milieu de ce couvercle est une ouverture rectangulaire de 80 centimètres de côté, pourvue d'une fermeture hydraulique qui permet le service de cette chaudière. Sur le couvercle repose la branche courte d'un tuyau en U de 15 centimètres de diamètre, dont l'autre branche d'environ 4^{m}.50 de longueur, s'enfonce sous le plancher de l'atelier et débouche dans un canal. A l'extrémité de ce tuyau, un petit tube avec pomme d'arrosoir et communiquant avec une pompe foulante, seringue de l'eau par le haut. Les vapeurs qui se dégagent de la chaudière sont condensées instantanément au contact de cette eau qui tombe en pluie avec toutes les matières odorantes ou miasmes qu'elles entraînaient et qui sont jetées dans un égout.

Dans un autre établissement, les chaudières ont un couvercle concave, et au centre est le trou qui sert à charger et brasser les matières. Les vapeurs se réunissent entre le bord du couvercle et les parois de la chaudière où elles sont entraînées dans un carneau général communiquant avec un appareil à condensation placé en plein air, ressemblant à un buffet d'orgue et consistant en 18 tubes verticaux communiquant tous ensemble et sur deux rangs. Le dernier de ces tubes conduit à un aspirateur qui établit un vif appel dans tout le système, et qui lance les vapeurs, en grande partie dépouillées de leur odeur, dans l'atmosphère.

Nous avons vu une fabrique où l'on brûle aussi les vapeurs qui s'échappent de la chaudière pour la fonte des suifs. Cette chaudière n'est chargée de matière que jusqu'à une certaine hauteur ; au-dessus elle présente deux grandes ouvertures en regard, l'une ouverte sur l'atmosphère et l'autre débouchant dans un canal qui conduit sous la grille du foyer. Enfin, elle est surmontée d'un couvercle étanche ou ajusté avec fermeture hydraulique. Pour faire usage de cet appareil, on ouvre le cendrier, on allume le feu, on enlève le couvercle, on charge de suif, on referme le couvercle, et lorsque des émanations commencent à se faire sentir, on ferme le cendrier. La combustion sur la grille établit un tirage qui fait appel de l'air extérieur, lequel entre par l'une des ouvertures, balaye ces émanations, les entraîne dans le canal et les fait passer à travers le foyer où elles sont brûlées et enfin jetées par une cheminée dans l'atmosphère dépouillées d'odeur et d'infection.

On a aussi proposé d'aspirer ces émanations dans un tube en plomb rempli ou non de coke où on les soumet à l'action d'un jet de vapeur qui, en se condensant, en entraîne une partie ; mais, outre que la condensation n'est pas complète, les eaux de résidus sont très-odorantes et il n'est pas facile de s'en débarrasser sans nuire en même temps à la salubrité publique.

Quelques chimistes ont proposé de faire passer ces émanations à travers des purificateurs ainsi qu'on le pratique pour le gaz d'éclairage, mais la question était de décider quelles devaient être les matières dont on chargerait ces purificateurs, et cette question n'est pas encore résolue économiquement.

En 1808, M. Delunel a proposé de fondre les suifs non plus à feu nu, mais au bain-marie. Cette méthode est facile à appliquer et une chaudière ou un vase quelconque placé sur un bain-marie suffit pour cet objet. Seulement, il est bon de faire remarquer que le suif atteint à peine de cette manière, dans le vase qui le renferme, une température de 100°, et que cette basse température ne suffit pas toujours pour rompre les membranes qui renferment la matière sebasée. On obtient, il est vrai, ainsi un suif fort beau, mais le rendement est faible et les cretons retiennent une trop forte proportion de matière grasse.

Néanmoins, si on tenait à avoir des matières de première qualité et qu'on ne regardât pas aux frais, il nous semble qu'on pourrait appliquer ce procédé, puis extraire tout le suif qui reste encore dans les cretons par le moyen du bisulfure de carbone. C'est au fabricant à voir si le prix de ses produits peuvent le rémunérer convenablement de cette double opération.

Du reste, nous reviendrons nécessairement sur plusieurs de ces procédés d'assainissement, et nous en ferons connaître d'autres très-efficaces, lorsque nous allons nous occuper des divers moyens perfectionnés qui ont été proposés pour opérer la fonte des suifs.

ARTICLE II. — **Procédés perfectionnés de traitement des suifs.**

Nous avons décrit dans les articles précédents, les moyens qui ont été le plus généralement usités en France et ailleurs, et qui sont encore en usage dans un grand nombre de localités pour fondre les graisses, en améliorer la qualité et perfectionner le travail de leur préparation, afin de les rendre plus propres à fournir des produits d'un aspect plus flatteur et d'un meilleur service, mais depuis le commencement de ce siècle, les progrès remarquables de la chimie, les travaux de savants distingués et enfin les efforts heureux de l'industrie elle-même ont beaucoup perfectionné les moyens tant mécanismes que chimiques de préparation, d'épuration et d'amélioration des suifs et c'est le tableau de ces perfectionnements jusqu'au moment actuel que nous nous proposons d'exposer dans le présent chapitre.

Section I. — HACHOIRS.

Dans le chapitre précédent, nous avons décrit et figuré le hachoir le plus anciennement connu et encore fort employé, mais depuis on a cherché à obtenir de meilleurs résultats dans les moyens de hacher les suifs, et nous allons présenter une description de quelques-uns des appareils récents destinés à ce service.

§ 1. *Machine Schwœbel.*

M. N. J. Schwœbel, de Strasbourg, a inventé une machine à hacher le suif à chandelles qu'il a décrit ainsi qu'il suit.

Cette machine hache le suif, fin, également et avec vitesse, en sorte qu'un homme peut hacher en un heure 125 kilog. de suif brut, quand par les procédés ordinaires il n'en pourrait hacher que 50 kilog. D'un autre côté, par ce nouveau procédé, le suif est haché plus menu que par l'ancienne méthode et présente par cela même un bénéfice de 8 pour 100 sur la fonte.

Explication des figures qui représentent cette machine. — Figure 2, pl. 5, élévation latérale de la machine dans son ensemble.

Figure 3, plan ou vue à vol d'oiseau.

Figure 4, *a*, châssis de devant du bâti que l'on voit particulièrement en face.

Figure 5, même châssis de face, garni de la scierie et des pièces qui lui donnent le mouvement.

Figures 2 et 3, *b*, châssis de derrière du même bâti pareil à celui de devant; *c*, traverse qui assemble les châssis *a* et *b*.

d, figure 2, caisse en bois destinée à contenir le suif. Son fond est disposé comme le montre la figure 6, qui est le plan de ce fond. Les deux côtés de ce fond sont organisés intérieurement comme le montrent les figures 7 et 8, qui représentent l'intérieur de ces côtés. Ils ont chacun trois rainures : celle du milieu *f* sert au passage de la chaîne, et les autres reçoivent les extrémités de la pièce de bois *g*, figure 3, que la figure 9 représente particulièrement en place; cette pièce porte deux verrous *h*, qui s'engagent dans la chaîne et servent à faire avancer le suif contre les couteaux en entraînant la pièce *g* dans le mouvement qu'ils reçoivent de la chaîne *k*, figure 7, dont un fragment se voit en place figure 1.

i, *i*, figures 7 et 8, petites poulies en fonte et bois servant à porter la chaîne.

l, figure 7, pignon de 6 dents entrant dans la chaîne *k*, qui attire le suif sur les couteaux : il y a deux pignons semblables montés sur un même axe, que l'on voit en particulier, figure 10 : ce même axe porte encore une roue dentée de 29 dents, *m*, destinée à imprimer le mouvement à la chaîne, elle engrène à cet effet, avec un pignon de 10 dents, *n*, figures 2 et 3. Ce pignon que l'on voit aussi figure 11, est monté sur un arbre horizontal *o*, qui porte à l'autre bout une grande roue dentée de 65 dents *p*, figures 2, 3 et 11 ; elle engrène avec 2 pignons *q*, *r*, figures 2 et 3, de 16 dents chacun ; le pignon *q* est monté à l'une des extrémités de l'arbre horizontal *s*, figure 3 que l'on voit en particulier, figure 12 ; cet arbre porte en outre les deux manivelles *t*, et une roue dentée *u*, figures 2, 3 et 12 de 28 dents qui engrène avec la chaîne pour imprimer le mouvement aux couteaux *v*, figure 3. Ces couteaux, que l'on voit aussi figures 4 et 13, sont montés sur un petit axe *x*, qui porte en outre une roue d'angle *y*, de 22 dents engrenant avec une semblable roue *z* de 19 dents, dont l'axe *a'* porte le volant à quatre branches *b'* et la roue de 28 dents *c'*, figures 3 et 13, qui se trouve sur une chaîne en communication avec la roue *u* établie sur l'axe des manivelles.

d', figure 2, couvercle à charnière fermant la caisse *d*.

e', figure 4, support des couteaux *v*; on le voit particulièrement de profil et en plan, figure 14.

f', figure 4, ouverture pour le passage du suif.

g', figure 5, châssis en fer ou cadre renfermant des lames de scie *i'*.

h', figure 5, arbre horizontal portant d'un bout le pignon *r*, figures 2 et 5, et vers le milieu de sa longueur, un excentrique *l'*, représenté de face figure 15.

m', figure 5, pièce en fer représentée en particulier figure 16, son extrémité supérieure est fixée à l'extrémité inférieure du châssis *g'* des scies, et son extrémité inférieure porte un goujon *n'*, figure 16, qui entre dans la gorge pratiquée sur l'excentrique *l'*, figures 5 et 15 ; c'est ce qui fait monter et descendre alternativement le châssis des scies, lorsque l'arbre *h'*, dans son mouvement de rotation, fait tourner l'excentrique.

o', figure 5, arbre que l'on voit en particulier, figure 17; il porte une branche *p'*, qui fait ressort et qui sert au mouvement de l'excentrique.

Figure 18, grille qui se pose derrière la scierie *g'*, fig. 5, pour maintenir le suif qui tombe dans les lames de cette scierie.

q', figures 2 et 3, support de l'axe *a'*, du volant et de la roue d'angle *z*.

r', support de même forme que celui *q'* et portant l'axe de la roue d'angle *y*; un des supports *q'* et *r'* se voit en particulier de face, fig. 19.

s', figure 2, supports de l'arbre des manivelles; ils sont au nombre de deux.

La figure 20 fait voir un de ces supports de face, et leur écartement s'aperçoit dans la figure 12 par les collets *t'*, destinés à être reçus dans les coussinets de ces supports.

Figure 21, vue de face de l'un des supports de l'arbre de la grande roue *p*, fig. 2, 3 et 11, et de celui du mouvement de la chaîne.

u', figure 2, support de l'arbre *h'*, fig. 5, qui fait marcher la scierie; on le voit en particulier, fig. 22; il y en a deux semblables.

De la marche de cette machine. — Le premier mouvement s'opère par l'action des manivelles *t*, il est transmis par le pignon *q*, à la grande roue *p*, qui, à l'aide d'un second engrenage, fait mouvoir l'arbre fig. 10, porteur de deux petites roues *l*, de 6 dents chacune, qui conduisent les grandes chaînes qui, dirigées par des poulies, vont de chaque côté, d'un bout de la caisse à l'autre, entraînant dans leur mouvement la pièce *g*, munie de verrous et qui fait avancer le suif vers la scierie.

Le second mouvement s'obtient encore au moyen des manivelles et de la grande roue *p*, qui fait mouvoir au moyen de la roue *r*, fig. 2 et 5, l'arbre *h*, qui porte l'excentrique *l'*; ce mouvement de rotation imprime, au châssis *g* de la scierie, le mouvement vertical de va et vient.

Enfin le troisième et dernier mouvement, qui est celui des couteaux *v*, fig. 3, 4 et 12, qui hachent le suif à la sortie de la scierie, s'opère directement par l'action de la roue *u*, qui est transmise à la roue *c'*, fig. 3 et 12, par une chaîne qui embrasse ces deux roues, et qui, par son mouvement, fait tourner l'engrenage d'angle *y z*, et par conséquent les couteaux *v*.

§ 2. *Machine Hainsselin.*

On doit à M. P.-N. Hainsselin, de Paris, une machine à hacher les suifs pour laquelle il s'est fait breveter en 1840. En voici la description :

Fig. 23 et 24, pl. 5, quatre cylindres *a*, parfaitement alésés, sont boulonnés sur une plaque de fonte *b*, percée de quatre trous égaux en diamètre à ceux des cylindres.

Quatre grilles *d*, faites de lames à dents de scie espacées d'après la grosseur du hachage qu'on veut obtenir, sont posées dans des feuillures convenablement ménagées aux trous *c* de la plaque de fondation *b*.

Quatre vis *e* traversant chaque un écrou *f*, et un piston *g*, qui monte et descend comme la vis.

Chaque piston *g* est armé de six plaques mobiles

h; elles sont taillées du centre à la circonférence et attachées au centre de chaque piston par un axe commun sur lequel elles tournent.

Un arbre vertical *i*, sur lequel sont fixées deux roues *j*,*j*", est mis en mouvement par la commande *k*.

Ces deux roues *j*,*j*" engrènent alternativement chacune des roues *l*, à qui les écrous *f* servent d'axes sur lesquels elles glissent de la manière indiquée plus bas.

Chaque vis sert d'axe à un pignon-manchon *m*, qui est commandé par une petite roue intermédiaire *n*, qui fait tourner la roue *j*".

Chacun des moyeux des roues *l*, est refouillé d'une gorge dans laquelle est logée une louve *o*, qu'un levier *u* fait mouvoir.

A l'extrémité supérieure de chaque vis est son renflement en forme de bouton qui appuie sur une détente chaque fois que la vis est arrivée à la fin de sa course.

Enfin l'arbre vertical *i* est prolongé par un autre arbre *p*, qui pose sur une crapaudine *q*. Le rouleau *ry* est fixé et tourne plus ou moins vite que l'arbre *i*, qu'il prolonge en retranchant ou en ajoutant aux mobiles *s*, *t*, qui le font tourner.

On se sert de cette machine de la manière suivante :

Après avoir empli de suif en branches les cylindres, on appuie sur le levier *u*; il entraîne la louve *o*, et la roue *l* engrène, par ce mouvement, avec la roue *j*, l'écrou qui sert d'axe à cette roue, tourne avec elle, et la vis descend en poussant le piston sur le suif qu'il force à passer à travers les grilles *d*, d'où il est encore coupé par tranches plus ou moins épaisses par le couteau *r* qui tourne sous ces grilles.

Le piston marchant à fin de course, l'extrémité de la vis appuie sur la détente qui retient la louve ; ce mouvement désengrène la roue ou la poulie de commande, et la roue *l*, n'étant plus retenue, tombe, par son propre poids, sur le pignon-manchon *m*, en entraînant la louve *o*.

Ce mouvement a réengrené la commande; la vis remonte par la roue *l*, que le pignon *m*, qui tourne à rebours, commande à son tour.

Quand le piston a débouché le cylindre, il rencontre un levier qu'on appelle main, qui le guide et l'empêche de tourner. Cette main, lorsque le piston est assez éloigné de l'entrée du cylindre pour qu'on puisse le charger avec facilité, désengrène la roue *l* du pignon-manchon *m* et la place entre les deux roues *j*,*j*" : dans cet état, le piston ne bouge plus, on emplit de nouveau le cylindre, on engrène avec le levier, comme il est dit plus haut, et le même effet a lieu.

Nous reprendrons maintenant la description des procédés proposés dans les derniers temps pour la fonte des suifs.

Section II. — FONTE DES SUIFS.

La fonte aux cretons et même les refontes de suif présentent des inconvénients assez notables. On a d'abord observé que l'action directe du feu communiquait souvent aux suifs une coloration qui en déprécie la qualité, et d'une autre, qu'il y a toujours une quantité assez sensible de suif, environ 15 à 20 pour 100 qui se trouvait perdue dans les cretons où qu'il faut en extraire par des moyens dispendieux.

Mais indépendamment de ces inconvénients, les manipulations qu'on fait subir à ces matières souvent très-odorantes par suite d'un séjour prolongé dans les abattoirs, chez les bouchers, ou dans les tonnes, tines ou peaux dans lesquelles le commerce les expédie et les conserve, donnent lieu à de graves inconvénients, et les odeurs infectes qu'elles répandent ont fait classer les ateliers des fondeurs et les fondoirs des suifs, au nombre des établissements les plus insalubres. On a donc cherché depuis longtemps les moyens de rendre la fonte des suifs une opération moins nuisible à la santé publique et en même temps d'en perfectionner les détails, et nous nous proposons d'exposer dans cette section, les tentatives plus ou moins heureuses qui ont été faites dans cette voie.

§ 1. *Chauffage à la vapeur.*

On a d'abord cherché à chauffer les matières, non plus à feu nu, mais à la vapeur, dans l'espoir que dans ce mode de chauffage on risquait moins de brûler les suifs et de donner lieu à un dégagement d'huiles empyreumatiques odorantes et insalubres, et on a fait un pas de plus en opérant le chauffage à la vapeur sous une haute pression. Nous allons donner la description de deux appareils qu'on peut considérer comme les types de ce mode d'opérer sur les suifs.

§ 2. *Fonte à haute pression.*

M. Appert a le premier proposé, en 1823, de fondre les suifs en vases clos à haute pression, et voici l'extrait du brevet qu'il a pris à cette époque pour cet objet.

« Cette méthode consiste, dit-il, à fondre le suif dans des vases clos quelconques, en métal, en verre, en terre ou grès : les marmites connues sous le nom d'*autoclaves* sont propres à cet usage ; on applique à ces marmites une température qui dépend de la quantité des matières premières.

« Pour opérer, on met dans le vase dont on fait usage, du suif en branches brut, sans être épluché, et de l'eau ; les proportions sont un tiers d'eau contre deux tiers de suif ; on expose ensuite le vase hermétiquement fermé à une température de 115 à 130 degrés, suivant la matière ; on entretient ce degré de chaleur pendant une heure et on le laisse descendre à 50 degrés environ. On ouvre alors le vase, on sépare le suif de l'eau au moyen d'un poêlon, et on le met refroidir dans un baquet.

« Le suif obtenu par cette méthode est sec et sonnant ; étant pur et non brûlé, la chandelle qu'on obtient est très-blanche, ne coule pas, et dure un cinquième de plus que la chandelle ordinaire ; elle n'est pas plus chère, et ne répand aucune odeur lorsqu'on la brûle.

« Un des avantages de ce procédé, est de ne répandre aucune odeur ni fumée nauséabonde et malsaine, pas même dans le local où on le met en pratique, quelle que soit d'ailleurs la grandeur des vases dont on se sert : il n'est d'ailleurs susceptible d'aucun danger pour le feu. »

Les marmites *autoclaves* conseillées par M. Appert sont toujours très-dangereuses lorsqu'elles ne sont pas construites avec les précautions indispensables.

Outre une soupape de sûreté dont on règle le degré de résistance par un poids curseur comme celui d'une romaine, elles doivent porter encore une ou plusieurs plaques métalliques formées d'un alliage qui a la propriété de fondre à une température voulue, afin de donner issue à la vapeur au point désiré. Le conseil de salubrité de la ville de Paris a fait imprimer, en 1821, une instruction pour les ouvriers qui construisent ces sortes d'instruments; elle donne les règles à suivre et prescrit l'usage de ces plaques métalliques qui sont formées d'un alliage de bismuth, de plomb et d'étain dans différentes proportions selon le degré de chaleur auquel on veut qu'elles fondent. L'alliage le plus fusible qu'on connaisse est formé de 8 parties de bismuth, de 5 parties de plomb et de 3 parties d'étain; il fond dans l'eau chaude à 90 degrés centigrades, l'eau entrant seulement en ébullition à 100 degrés centigrades.

L'alliage formé de 8 parties de bismuth, 8 parties de plomb et 4 parties d'étain, fond à 113,33 degrés centigrades.

L'alliage formé de 8 parties de bismuth, 10 parties de plomb et 8 parties d'étain, fond à 130 degrés centigrades. Ce sont les limites que donne M. Appert.

Les constructeurs d'autoclaves et de rondelles fusibles connaissent tous ces sortes d'alliages.

§ 3. *Chauffage à la vapeur.*

On voit que dans le système d'Appert, la fonte du suif s'opère au moyen de l'eau et de la vapeur dont la température est élevée de 115 à 130°. Mais outre le danger des appareils autoclaves que nous avons signalés, cette méthode présente deux autres inconvénients. D'abord, à la température à laquelle on porte les matières, les membranes brûlent, brunissent le suif et en déprécient la qualité; en second lieu, l'eau portée de 115 à 130° émulsionne une portion du suif qui s'écoule lors de la vidange et est perdue pour le fabricant. On a donc renoncé aux applications du procédé Appert et cherché à le remplacer par la fonte des suifs à la vapeur seule. On a pour cet objet proposé divers appareils dont nous allons donner la description.

1° *Appareil Mollet et T. Bridgman.*

MM. Mollet et Bridgman ont décrit, dans le tome 6 du *Technologiste* (1), p. 259, un moyen pour séparer les matières grasses, que renferment les substances animales, des parties membraneuses qui les contiennent ou les entourent, d'abord en les faisant passer à travers un appareil particulier, et ensuite en les soumettant au procédé qui va être décrit.

a, fig. 39, pl. 1, est le bâti de la machine, *b*, *b* une paire de cylindres armés de dents aiguës sur toute leur surface convexe et se pénétrant l'un l'autre dans leur mouvement de révolution ; *c*, *c* une paire sem-

(1) Le TECHNOLOGISTE, ou *Archives des Progrès de l'industrie française et étrangère*, publié par une société de savants et de praticiens, sous la direction de MM. Malepeyre et Ch. Vasserot. Journal mensuel utile à toutes les personnes qui s'occupent d'arts industriels.

31e *année.* Prix de l'abonnement annuel : 18 fr. pour Paris, 19 fr. 50 pour les départements, et 21 fr. pour l'Etranger.

Ce recueil a commencé à paraître le 1er octobre 1839. Le prix des 30 années parues est de 18 fr. chacune.

Table des tomes I à XX (1839-1859). 1 vol. in-8° 10 fr.
Table des tomes XXI à XXX (1859-1869). 1 vol. in-8° 5 fr.

Ces tables sont délivrées à *moitié prix* aux Abonnés et données *gratuitement* aux souscripteurs et aux acquéreurs de la Collection complète.

blable de cylindres engrenant aussi l'un dans l'autre, mais à denture plus large et séparée par des cannelures dites en U. Ces deux paires de cylindres sont chauffées par la vapeur. *d* est une trémie d'alimentation pour les cylindres *b*, *b*; *e* une grande roue dentée fixée sur l'axe de l'un de ces cylindres *b*, et menée par un pignon *f*, qu'on fait tourner avec la manivelle *g*. De l'autre côté de cet axe est une roue dentée qui engrène dans une autre roue semblable montée sur l'axe de l'autre cylindre et communiquant à celui-ci un mouvement simultané; *h* est un tablier sur lequel tombent les parties membraneuses et où elles sont conduites dans des réservoirs placés près de la machine pour les recevoir; *i*, un vase dans lequel coulent les portions grasses des matières sur lesquelles on opère.

Si les parties membraneuses déchargées par le tablier *h*, ne sont pas complétement épuisées des matières grasses qu'elles renferment, on les passe une seconde fois à travers la machine ou par une paire de cylindres unis montés sur un bâti particulier et chauffés également à la vapeur.

Les matières grasses qui se rassemblent dans le réservoir *i*, sont chauffées par des tuyaux de vapeur qu'on ne voit pas dans la figure jusqu'à ce qu'elles soient amenées à un état de liquéfaction tel que toutes les matières grossières, ou à peu près, qu'elles renferment se précipitent au fond. En cet état, on décante la portion fluide, on passe à travers un tissu tel que flanelle, toile de coton ou de lin, tissu de crin, etc., et on filtre sur un lit de charbon animal ou végétal, le premier de préférence. Si, après cette filtration, on aperçoit encore quelques traces de charbon, on filtre une seconde fois à travers un tissu quelconque.

Au lieu de passer les matières grasses brutes entre des cylindres à pointes semblables à ceux ci-dessus décrits, on peut les introduire entre des plaques de métal chauffées auxquelles on imprime un mouvement de va et vient, mais les cylindres sont préférables comme plus convenables et d'une application plus générale.

2° *Appareil Roehn.*

M. L.-A. Roehn s'est fait breveter en 1824 pour un appareil propre à opérer, dit-il, par des moyens économiques et exempts d'inconvénients et de dangers, la fusion des matières grasses. Voici les avantages qu'il attribue à son appareil :

1° Fusion des matières à une température qu'on peut faire varier à volonté, pour l'approprier à leur nature et empêcher toute décomposition ;

2° Emploi de toute la quantité de chaleur qui peut être obtenue du combustible ;

3° Promptitude et régularité dans le moulage, et produits supérieurs à égalité de prix ;

4° Point de perte de matière dans le travail ;

5° Économie de main-d'œuvre.

Emploi de l'appareil. — L'appareil (fig. 1, pl. 6) est formé de trois cuves placées en triangle sur un plan horizontal, d'une grande cuve, reposant sur les trois autres, et d'une presse qui, traversant la grande cuve, est placée entre les trois cuves de dessous et fixée au bâti qui les soutient.

Une de ces trois cuves, celle A^1, contient le foyer et l'eau qui, avec le conduit spiral, fig. 1, pl. 6, et les accessoires, composent le système de chauffage. C'est dans cette cuve que se forme toute la vapeur nécessaire à la fusion des matières.

Les deux autres cuves A^2, A^2 servent à recevoir les matières dépurées par le moyen des filtres qui y sont adaptés, lesquelles sont conduites ensuite dans les moules.

Dans la grande cuve U, s'opère la fonte des matières, au moyen de la chaleur venant de la vapeur conduite dans le tube spiral qui est placé à son fond.

La presse a pour objet de comprimer les membranes, pour en extraire la matière fondue qu'elles retiennent encore, après que l'écoulement, par la simple fusion, les a laissées au fond de la cuve, sur la toile métallique.

Tous les autres accessoires, détaillés dans la description ci-jointe, ont leur désignation spéciale qui fera comprendre leur utilité.

La manière d'opérer au moyen de cet appareil est simple : il s'agit de mettre les matières qu'on veut fondre, dans la grande cuve, dans laquelle la vapeur venant de la cuve A^1 où est le foyer, échauffe la spirale; les matières fondues tombent de chaque côté dans les filtres des cuves A^2, pour le degré d'épuration nécessaire et, s'il y a ensuite lieu, la toile métallique est élevée à la hauteur de la presse, les membranes et résidus qui s'y sont arrêtés sont comprimés, et une nouvelle quantité de matière est chargée dans la cuve.

Description de l'appareil. — Figure 1. *Élévation de l'appareil vu par devant.*

A^1, cuve en bois, fermée de fonds, cerclée en fer,

et destinée à la formation de la vapeur nécessaire pour toutes les opérations de la fabrication. C'est dans cette cuve que sont placés le foyer et l'eau produisant la vapeur.

A^2, A^2, cuves en bois, ouvertes au fond supérieur, et destinées à recevoir la matière fondue. Elles ont chacune à la base, un robinet pour donner écoulement à la matière grasse qui traverse les filtres placés à l'ouverture.

B, quatre poteaux assemblés dans une construction horizontale et solide, en traverses de bois liées ensemble par des boulons, et au moyen de laquelle toutes les cuves sont élevées de 26 à 28 centimètres du sol sur ladite construction, sous laquelle on peut placer à volonté des roues, pour mouvoir tout l'appareil.

C, traverses qui, joignant les poteaux ci-dessus et posant sur les trois cuves, forment un carré.

D, panneaux fixés sur les traverses, et qui joignent contre les flancs des trois cuves, de manière qu'elles ne sont vues qu'à moitié de leur circonférence.

E, cimaise enveloppant le bâti à sa base.

F, corniche entourant le carré de l'appareil à sa partie supérieure.

G, couvercles brisés au milieu, avec charnières, et couvrant chacune des cuves A^2, où ils sont incrustés à demi-épaisseur du bois. La moitié de ces couvercles, joignant la grande cuve U, est fixe; l'autre moitié, en avant, est mobile et s'ouvre au moyen des deux poulies H.

J, ouverture du foyer pour l'introduction du combustible, au moyen du cylindre mobile *f*; cette ouverture est formée par un tuyau de métal fixé par un bout à la cuve A¹ et à l'autre bout soudé à la sphère aplatie en métal, qui sert de foyer.

K, robinet pour l'écoulement de la cuve A¹, quand il convient de la vider.

L, tiroir pour retirer les cendres tombant du foyer.

M, tube en verre servant à indiquer le niveau de l'eau dans la cuve à vapeur; les parties qui l'ajustent sont munies de robinets pour donner passage à l'eau et à l'air.

N, tube conduisant la vapeur dans le tube spiral de la cuve supérieure U; elle y est introduite au moyen d'un robinet.

O, tube servant à faire retourner de la cuve U dans celle A¹ l'eau condensée. Ce tube plonge dans l'eau.

P, soupape de sûreté fixée à la partie supérieure de la cuve A¹ pour donner issue à la vapeur arrivant à excès de pression. La même soupape laisse rentrer l'air pour rétablir l'équilibre, lors du refroidissement des vases.

Q, cylindre enveloppant la cheminée R, pour empêcher l'excès de chaleur du tuyau de la cheminée, avant que la vapeur n'ait encore pu passer dans la spirale. Ce cylindre contient de l'eau dans toute sa hauteur, et descend au-dessous du niveau du liquide dans la cuve A¹.

S, tube à robinet, servant à introduire l'eau du double cylindre Q, au moyen d'un tube plongeant dans la cuve A¹.

R, cheminée servant à dégager au dehors de l'atelier, les gaz incombustibles.

T, tube plongeant à la partie inférieure du cylindre qui enveloppe la cheminée pour remplacer l'eau ui s'est écoulée dans la cuve A¹. Cette eau provient d'un réservoir qu'on devra placer à une élévation supérieure à l'appareil.

U, grande cuve dans laquelle s'opère la fusion des matières.

V, partie supérieure de la vis de la presse.

S^1, tube à robinet, servant à régler la pression.

Figure 6. *Elévation de l'appareil vu par derrière.*

A^2, les deux cuves à filtrer.

B, les poteaux joignant la construction.

x, ouverture transversale donnant passage au levier de la presse.

y, levier de la presse.

Figure 4. *Plan de la partie de l'appareil, destinée à la fusion.*

A^1, cuve à vapeur, contenant le foyer et l'eau à vaporiser.

A^2, cuves à filtrer.

B, les quatre poteaux de l'assemblage de l'appareil.

Z, les quatre colonnes de l'assemblage de la presse.

W, roue de fonte, servant à faire mouvoir l'écrou. Cette roue a des échancrures à sa surface pour recevoir la dent du levier.

Y, levier de la presse, ayant une dent mobile qui tombe dans les échancrures de la roue *w*, pour y prendre point d'appui.

U, grande cuve de fusion, ayant au fond le tube spiral conducteur de la vapeur.

Figure 7. *Vues par élévation de la vis garnie de sa roue et de ses accessoires.*

Z, colonnes de la presse.

A, traverses assemblant les montants de la presse, entre lesquelles sont placées la roue de fonte W, et la vis V.

V, vis de pression traversant la grande cuve U.

B, partie inférieure de la vis formant un carré et glissant dans la traverse C.

Y, le levier de la presse.

U, coupe intérieure de la grande cuve de fusion.

S, coupe du cylindre.

Figure 10. *Coupe en élévation de la cuve* A^2, fig. 1.

A^2, coupes des cuves à filtrer.

d, filtres en tissu de lin, coton ou laine, à travers lesquels s'écoule la matière fondue sortant de la cuve U, fig. 1.

e, entonnoirs fixés à la partie non mobile du fond pour recevoir le liquide venant de la cuve U et allant dans les filtres.

Figure 11. *Coupe en élévation de la cuve* A^1, fig. 1.

f, cylindre mobile servant de pelle pour le combustible et de porte du foyer.

g, manche mobile du cylindre pour sortir et replacer le cylindre-pelle.

J, ouverture du foyer pour l'introduction du combustible.

A^1, coupe de la cuve à vapeur.

h, hauteur de l'eau dans la cuve.

L, tiroir mobile pour retirer les cendres.

k, conduit en métal sous le foyer et traversant le fond de la cuve pour donner introduction à l'air sous la grille. Ledit conduit va, en s'évasant en forme d'entonnoir, jusqu'à la grille *l*; dans la partie évasée *k* se trouve soudé un tuyau *o* qui se recourbe autour de la sphère aplatie *m*.

o, tuyau qui, partant de la partie inférieure *k*, vient, en s'élargissant, s'ajuster au tuyau *n*. Ce tuyau a pour objet d'introduire de l'air non décomposé dans l'intérieur de l'appareil de combustion.

n, tuyau assemblant les deux sphères aplaties et qui, par sa position et l'action de l'air non décomposé, venant de *o*, détermine la décomposition complète des matières combustibles.

l, grille du foyer.

m, sphère aplatie ou foyer principal dans lequel est placée la grille.

p, sphère aplatie, supérieure et communiquant à la sphère *m* par le tuyau *n*.

q, tuyaux, au nombre de trois, ajustés à la circonférence de la sphère *p*, lesquels se rendent dans le corps de la cheminée R, fig. 1, pour y donner issue aux gaz incombustibles. Cette cheminée est enveloppée du cylindre Q, fig. 1.

Figure 8. *Vue géométrale de la cuve* U.

r, tube en cuivre étamé, roulé en spirale plate et destiné à porter la vapeur sur toute la surface du fond de la cuve U, fig. 1. Cette spirale est placée et fixée sur des supports à 15 millimètres du fond, et communique par un bout avec le tube N, et par l'autre avec le tube O, fig. 1.

Figure 2. *t*, plateau circulaire percé de trous, du

centre à la circonférence, pour être placé dans le cylindre de la presse de la grande cuve U, lequel reçoit l'effet de la pression; le centre de la spirale passe dessous ce plateau.

Figure 9. *Coupe de la grande cuve de fusion* U, fig. 1.

U, cuve de fusion.

r, coupe de la spirale, fig. 7.

S, cylindre de métal percé de petits trous dans toute sa circonférence, fixé sur le fond de la cuve et dans lequel se fait la pression.

t, plateau de la fig. 8 servant à soutenir l'effort de la pression et à donner passage au liquide et à la chaleur.

u, petit tuyau traversant le fond de la cuve U, et servant à donner passage à la vis de la presse *v*.

Figure 5. *Elévation de l'appareil de moulage.*

v, construction en bois formant l'appareil.

x, deux rigoles servant, au moyen d'un robinet, à conduire dans tous les moules les matières fondues. Ces rigoles sont en métal, et dans leur milieu, sur la longueur, elles communiquent avec les moules.

y, moules en verre-glace de longueur et forme ordinaire pour chandelles.

z, traverse sur laquelle appuient les moules *y*, percée de trous en face des orifices inférieurs de chaque moule pour laisser passer la mèche.

a, traverse fixe portant une rigole en métal pour recevoir la matière qui pourrait s'écouler des moules et la conduire dans un réservoir, au moyen d'un tube *b*. De chaque côté sont deux portes à charnière *a*, *c* qui se ferment à volonté sur la partie où sont les corps de moules, ce qui permet d'y introduire l'air ou la vapeur pour nettoyer les moules et les refroidir.

b, tube en métal percé de petits trous pour laisser passer la vapeur et traversant en longueur entre les deux rangs de moules.

c, tringle mince en métal, traversant en dessous de l'anneau de chaque mèche, fig. 9. D, toile métallique mobile fixée sur des cercles et rayons qui lui donnent la forme intérieure de la cuve *u* qu'elle touche dans toute sa circonférence. Elle est fixée au milieu au cercle mobile qui entoure le cylindre de la presse, de manière que cette toile peut s'élever au moyen d'une poulie au niveau du bord du cylindre de la presse.

3° *Appareil Porchaire-Guerineau.*

Plus tard, en 1838, M. L. Porchaire-Guerineau s'est fait aussi breveter pour un procédé de fonte et de raffinage des suifs par la vapeur.

Le système qu'il propose et que voici serait, suivant lui, exempt des défauts des anciens procédés.

Il substitue au feu nu et aux acides sulfurique et nitrique la puissance de la vapeur. De nombreuses recherches et les essais réitérés qu'il a faits lui ont démontré, dit-il, que ce procédé était une précieuse découverte pour cette branche manufacturière. Voici l'analyse de l'appareil propre à fondre les suifs à la vapeur :

On fait établir la chaudière à cuire en cuivre rouge de 5 millimètres d'épaisseur, sans couvercle ni coupole au-dessus, ayant reconnu que la portion humide contenue dans le suif avait besoin de se dégager en plein air, ceci donnant plus de solidité au suif qui est beaucoup moins gras, point essentiel pour la fabrication de la chandelle. Le double-fond est en fonte de 22 millimètres d'épaisseur, le tout bien joint à brides et clous rivés.

On place cette chaudière sur un échafaudage en bois dont la partie supérieure est doublée d'une forte étoffe en laine et encadrée dans une caisse en bois pour en conserver la chaleur. Cette chaudière est alimentée par un générateur qu'on place dans un appartement à part, de manière à ce que dans le fondoir il n'y ait jamais de feu, ce qui détruit entièrement les craintes d'incendie qu'on a sans cesse en fondant au feu nu. La chaudière et le générateur sont à peu de distance l'un de l'autre ; un mur seulement les sépare dans le but que la chaleur soit plus active dans le double-fond.

La vapeur, après avoir été condensée, s'échappe par un conduit et va tomber dans un tonneau où, à l'aide d'une pompe ordinaire, la même eau sert à alimenter le générateur.

Au milieu de la chaudière à cuire, est établi un agitateur en fer cannelé d'un côté pour recevoir les deux pelles dont la forme de l'une est à oreilles de charrue, et l'autre un bouton plat dont le haut se présente en biais pour faciliter le passage des cretons par dessus, et employer moins de force dans le mouvement de rotation exercé par la manivelle et l'engrenage fixés à la hauteur du pivot.

Pour vider plus facilement le suif lorsqu'il est fondu au degré voulu, on établit au fond de la chaudière une tête d'arrosoir mobile percée en tous sens et solidement ajustée au cul de la chaudière. Cette tête d'arrosoir est munie d'un tuyau de conduite en plomb qui va plonger perpendiculairement sur un chapeau en fer-blanc de la forme d'un pain de sucre qui se trouve placé sur un grillage de fil de laiton ou de toile métallique posé à 1 décimètre du bord du bassin, servant à arrêter les molécules que contient le suif soumis à la première cuite.

Dans ce même bassin, appelé raffineur, on établit un serpentin parcourant en sens inverse le fond du bassin, et ayant la prise de vapeur près de la première. Ce serpentin sert à réchauffer l'eau et le suif qu'on soumet au raffinage, et il est d'une grande utilité pour cette opération, pouvant pousser jusqu'à 80 degrés de la chaleur, qui en est douce et qui n'altère aucunement la qualité ni la couleur du suif.

Pour enlever les cretons et les soumettre au pressage, on fait usage d'une dalle en tôle placée à l'extrémité de la chaudière à cuire, et qui les conduit directement dans la presse. Pour hacher et préparer le suif, on a un couteau mécanique mû par un engrenage et une manivelle ; il est placé au-dessus d'un madrier en bois d'ormeau, qui va et vient de gauche à droite, jusqu'à ce que le suif soit coupé et dépecé de la grosseur d'une noix.

D'après cette analyse, on voit que cet appareil, par sa simplicité, est à la portée de tous les fondeurs, pouvant être appliqué en petit comme en grand, suivant les facultés pécuniaires et les capacités de chacun; mais, en l'appliquant à la fonte en grand, il y aurait beaucoup d'économie, car, à l'aide d'une machine de la force de 2 chevaux, on peut faire mouvoir et marcher, avec un même moteur, le hachoir mécanique, l'agitateur et la presse, si elle est hydraulique : de là, économie de la main-d'œuvre et régularité dans le travail.

Maintenant on fera connaître les résultats de la fonte à la vapeur, telle qu'on l'a indiquée.

On prend, par exemple, 500 kilogrammes de suif en branche, on en extrait toutes les parties sanguinolentes et nerveuses. Ce choix terminé, on hache bien menu le bon suif d'une part, et les parties défectueuses de l'autre part; celles-ci sont plongées dans une cuve contenant de l'eau, où elles dégorgent promptement, et, après deux lavages à l'eau claire, on les place dans un panier d'osier fort, où, pour précipiter l'évacuation de l'eau, on charge fortement le suif, ce qui le soumet à une espèce de pressage, et le dégage de la portion humide qu'il contenait.

Cette opération terminée, on met le dérougé le premier au fond de la chaudière à cuire; ouvrant ensuite le robinet, l'action de la vapeur réchauffe promptement la chaudière, et la chargeant au fur et à mesure que le suif fond, en moins de 70 minutes elle est remplie, et le suif se liquéfie à vue d'œil et passe aussitôt à une ébullition légère et régulière, sans répandre d'odeur ni de fumée malsaines, même dans l'action la plus forte de la chaleur, que l'on peut pousser jusqu'à 100 et 105 degrés.

Lorsque le degré de cuisson est arrivé, on soutire le suif par la vidange, mais on a toujours soin de laisser les cretons baigner dans le jus et ne pas les mettre à sec, ce qui nuirait à la cuisson du suif, ainsi qu'au rissollement des cretons. Ceci s'acquiert par la pratique, car il ne faut jamais séparer entièrement les cretons du suif qui les baigne ; aussi beaucoup de chimistes praticiens ont-ils échoué en s'éloignant de cette ligne.

Par ce système, la cuisson des cretons est aussi prompte qu'à feu nu ; elle diffère beaucoup de celle-ci, en ce sens que jamais elle ne reçoit de coups de feu, et n'altère en rien ni la couleur ni la qualité du suif, qui sont toujours les mêmes jusqu'à la fin.

Le soutirage des cretons est le même qu'au feu nu pour être soumis à la presse.

En opérant de cette manière, soit en petit, soit en grand, les suifs qu'on en retire sont toujours supérieurs à ceux qu'on livre, chaque jour, à la fabrication provenant des fondoirs où l'on opère soit à feu nu, soit au moyen des acides sulfurique et nitrique, soit au bain-marie à l'aide des acides, et enfin soit au moyen des fontes à l'eau combinée avec des sels, passant elles-mêmes à la vapeur où il y a perte de 16 à 17 pour 100 avec des suifs frais ; tandis que, par ce procédé, on ne perd que 12 à 13 pour 100 au plus, et voici comment on explique ceci : c'est que, par tous les moyens décrits ci-dessus, il y a évaporation continuelle dès le commencement de l'ébullition, tandis qu'il y a altération permanente occasionnée par la chaleur dans les chaudières chauffées à feu nu, tandis que par le nouveau procédé, on ne redoute ni l'un ni l'autre.

Procédé pour raffiner les suifs à l'usage de la chandelle ordinaire. — Le suif que l'on fond par le procédé qu'on vient de décrire et dont la qualité est belle et bonne, exige, comme tous les autres, une préparation pour être mis en chandelle ; voici comment s'opère cette préparation dans le système de l'inventeur.

A l'instant où le suif fond et tombe dans un bassin, on y introduit une portion d'eau calculée sur 15 kilog. d'eau pour 100 kilog. de suif, 300 grammes de crème de tartre en poudre, 60 grammes d'acide borique en poudre.

Le tout étant réchauffé par le serpentin placé au fond du raffineur et fortement agité avec une spatule en bois, donne un mélange qui détruit entièrement toutes les parties terreuses et mucilagineuses que contient le suif dans son état naturel, et lui procure une éclatante blancheur sans en altérer la qualité qui est supérieure à tout ce qu'on a pu faire jusqu'à ce jour en suif ordinaire.

Le système de raffinage est peu coûteux, comme on le voit; car le suif étant réchauffé par le même générateur, il n'y a que les 6 pour 100 de crème de tartre soluble et 1 pour 100 de boulée qui en augmentent le prix : ceci est peu quand on obtient d'aussi beaux produits de moyens aussi simples et par un travail aussi propre, car la boulée qui se trouve au fond du raffineur n'est qu'une boue noire qu'on jette avec l'eau; sous la nappe de suif qui reste après le soutirage il n'y a rien, le dessous est aussi propre que le dessus.

Dans le premier procédé, il y avait une chaudière à cuire et un bassin carré en cuivre, surnommé raffineur.

Après de nouveaux essais, M. Porchaire-Guerineau, sentant la nécessité de perfectionner cet appareil, a supprimé, dans la chaudière à cuire, la tête d'arrosoir servant à décanter le suif, pour la remplacer par le conduit, appliqué au double fond pour donner écoulement à l'eau condensée; placé le conduit par où passe le suif sur le côté de la chaudière, en le faisant directement plonger dans le raffineur, qui se trouve installé au même étage que la chaudière à cuire, dont il a changé totalement la construction, parce qu'il le destinait aussi à l'usage des fabricants de chandelles.

Ce nouveau raffineur est une cuve en bois de chêne, fortement liée avec des cercles en fer, garnis de vis de pression. Le dessus est recouvert d'une coupole de cuivre, s'ouvrant par moitié à l'aide de fortes charnières en fer, pour pouvoir, à volonté, y introduire le suif en pains lorsqu'on veut le soumettre à l'épuration. Un serpentin circule autour de la cuve, en continuant ses sinuosités à 1 décimètre du fond, pour la réchauffer en tous sens au même instant. Un agitateur en fer est fixé au milieu de ce raffineur; ce sont des pelles à four, pour donner plus de mouvement au liquide lorsqu'on opère le mélange de l'eau et du suif. Sur la coupole se trouve un conduit, pour faciliter l'évacuation de la vapeur légère qu'occasionne la chaleur au moment du mélange; ce conduit va se déverser dans un petit récipient au milieu duquel est une couche de charbon disposée à désinfecter ladite vapeur.

Tous les autres objets qui n'ont pas subi d'amélioration ou de changement sont décrits précédemment et figurent sur le dessin. Seulement, on fera observer que, dans la chaudière à cuire, on peut y introduire un serpentin ou un gros tube qui fixerait la vapeur au centre, si, toutefois, la chaleur du double-fond n'était pas suffisante lorsqu'on opère en grand.

A l'aide de ce nouveau raffineur, les fondeurs peuvent, non-seulement clarifier leur suif en sortant de la chaudière à cuire, mais les fabricants de chandelles qui ne fondent pas le suif eux-mêmes peuvent aussi en faire usage pour raffiner celui en pain qu'ils emploient pour leur fabrication, opération qui demande les plus grands soins, car il est reconnu que le chauffage à feu nu dont ils font usage aujourd'hui, colore et oxyde le suif dans leur chaudière en cuivre, tout en altérant la partie stéarique, qu'il est si nécessaire de conserver intacte pour la confection des bonnes bougies et chandelles.

Ce raffineur, dit l'inventeur, dont la simplicité et le bas prix le mettront à la portée de tous les fabricants de chandelles, deviendra aussi utile pour eux que la chaudière à cuire le suif en branche pour les fondeurs; seulement ils seront obligés d'avoir en plus un générateur proportionné à la dimension pour le réchauffer, et au moyen duquel, par une prise de vapeur, on fera chauffer l'eau dont on se sert pour nettoyer les culots, ce qui présente une économie de combustible de plus, puisque, dans les fabriques de chandelles, on fait usage d'un double fourneau pour cette opération.

D'après ces nouvelles dispositions, l'appareil présente deux systèmes différents, savoir :

Le premier, pour fondre, cuire et raffiner à la vapeur les suifs en branche;

Le second, pour refondre et raffiner à la vapeur, les suifs et les graisses déjà fondus.

Description du dessin. — Fig. 5 et 8, pl. 7. A, maçonnerie en rocaille. B, couronnement en fer fondu. C, bossage en brique.

C'est dans cette construction que se trouve renfermé

le générateur garni de sa soupape et de son alimentateur.

D, colonnes et traverses en bois de chêne.

E, déversoir en bois de chêne.

F, soutiens des pivots fixés au plancher de l'étage supérieur.

G, chaudière à cuire en cuivre rouge.

H, agitateur en fer battu et cannelé, afin que les pelles y soient fixées immuablement.

I, pelles en fer fondu massif, attachées obliquement à l'agitateur.

J, pelles en fer fondu, fixées obliquement, en forme d'oreille de charrue, et froissant, dans toute sa longueur, le fond de la chaudière.

K, double-fond en fer fondu, dans lequel se trouve contenue la vapeur.

L, tuyau de prise de vapeur, en cuivre rouge.

M, tuyau en cuivre rouge, par où s'échappe la vapeur condensée, au moyen d'une clef en cuivre jaune.

N, clefs en cuivre jaune, pour l'échappement de la vapeur.

O, doubles brides en cuivre jaune, séparées l'une de l'autre par une lame de plomb.

P, prise de vapeur pour alimenter le serpentin placé dans le raffineur.

Q, tuyau servant à décanter le liquide.

R, plaque en cuivre, trouée, établie à l'orifice du tuyau.

S, clef pour l'évacuation du liquide.

T, saillies des chaudières fixées par des boulons de fer, sur le sommet des colonnes.

U, engrenages en fer fondu munis de leurs manivelles.

V, galeries en fer.

X, douilles en fer, à charnières, afin que l'on puisse démonter les agitateurs.

Y, crapaudine en acier, sur laquelle tourne le pivot de l'agitateur.

Z, vis de pression pour consolider les pelles.

a, cuve extérieure en madriers de chêne, appelée raffineur.

b, cercles en fer.

c, vis de pression servant à serrer les cercles.

d, coupole en cuivre rouge, formant la demi-circonférence, s'ouvrant par moitié au moyen d'une charnière, et fermée par des vis.

e, charnière de la coupole.

f, vis de pression de la coupole.

g, poignées en fer pour faciliter l'ouverture de la coupole.

h, bord de la coupole fermant hermétiquement sur une bordure en fer.

i, intérieur de la cuve.

k, agitateur en fer battu et cannelé.

l, pelles en fer fondu, à jours en losanges, attachées moins obliquement à l'agitateur que celles de la chaudière.

m, pelle horizontale de même forme que les précédentes.

n, serpentin en cuivre rouge, servant à réchauffer l'intérieur de la cuve.

o, trou figurant les sinuosités que fait le serpentin dans le fond de la cuve.

p, crapaudine sur laquelle pivote l'agitateur.

q, grillage en toile métallique ou fil de laiton, pour arrêter les molécules qui s'échappent de la vidange.

r, cône en fer-blanc, fixé sur la toile métallique servant à diviser le liquide dans sa chute.

s, supports en fer du grillage.

t, robinet pour décanter le liquide.

u, intérieur de la coupole.

v, bord de la coupole attaché par des vis en cuivre.

x, tuyau par où s'échappe la vapeur résultant de la chaleur, et se déversant dans une cuve.

b'', agitateur semblable à celui de la chaudière.

4° *Appareil Leloup.*

On doit à M. Leloup un appareil propre à la fonte des suifs, pour lequel il s'est fait breveter en 1838, et dont voici la description :

L'appareil entier opère à vase clos, il donne, suivant M. Leloup, un rendement supérieur à celui que l'on peut obtenir par les autres procédés ; les produits sont incomparablement plus beaux, l'opération est moins longue et conséquemment plus économique sous le double rapport de la main-d'œuvre et du combustible.

Cet appareil se compose de cinq pièces, non compris un laminoir cannelé pour diviser les suifs et graisses, lequel peut être modifié suivant les besoins du travail.

Sur ces cinq pièces, une seule exige une description détaillée, avec des dessins, pour l'intelligence du texte.

Un fourneau en briques renferme un générateur de vapeur avec ou sans bouilleur, de grandeur convenable et dans les conditions ordinaires de ces sortes de chaudières ; de ce générateur part un tube qui peut, simple ou divisé, donner une ou plusieurs prises de vapeur, dont une est conduite dans une chaudière ou caisse en cuivre à double fond et à côtés doubles, entre les parois desquels circule la vapeur qui en sort ensuite en partie condensée, par un robinet placé à la partie inférieure de la caisse.

Cette caisse est munie de robinets dont on peut, au besoin, augmenter ou diminuer le nombre ou l'usage pour essayer et écouler les produits liquides à chaque temps de l'opération.

Une seconde prise de vapeur faite sur le tube déjà indiqué, se rend dans un arbre creux en fonte, placé au centre de la caisse; cet arbre est muni, suivant la capacité de la caisse, de six à douze pelles creuses, dans lesquelles la vapeur circule également; ces pelles sont inclinées sous un angle de 10 à 15 degrés environ et placées obliquement par rapport au plan de la caisse, de sorte que, au moyen de cette obliquité et de leurs bords tranchants, elles n'éprouvent qu'une faible résistance pour passer entre les parties de la matière sur laquelle on opère. Un nombre de tubes égal à celui des pelles est placé dans le corps de l'arbre logé dans une rainure, et descend à 2 1/2 centimètres au-dessous du fond, tandis que la partie supérieure aboutit au fond de chaque pelle par l'endroit où elle s'insère dans l'épaisseur dudit arbre; par cette disposition, la vapeur circule activement dans les pelles, et l'eau condensée trouve facilement à s'écouler.

L'arbre et ses pelles sont mus par une manivelle terminée par deux roues placées à angle droit dans le centre de la caisse et s'engrenant l'une dans l'autre; une traverse en fer soutient et maintient le tout dans la position verticale; le mouvement est communiqué à la manivelle et à l'arbre, soit au moyen de la vapeur, soit par toute autre force motrice, selon les circonstances locales.

La prise de vapeur qui vient dans le haut de l'arbre et son dégagement sont munis de leurs presse-étoupes solidement fixées.

Indépendamment de ces moyens, quatre serpentins en cuivre, placés à angle droit, s'avancent jusqu'à 8 centimètres de l'arbre et transmettent dans toute la masse en traitement la chaleur donnée par une autre prise de vapeur s'embranchant au tube principal; les pelles, en tournant, circulent entre les intervalles que fait entre elles chacune des circonvolutions des serpentins.

Toutes les eaux condensées, ainsi que l'excès de vapeur, sont portées au moyen d'un tube, dans un tonneau rempli d'eau qui s'y échauffe et qui sert à laver les vases et ustensiles, ou bien elles sont ramenées à volonté dans le générateur, au moyen d'une pompe d'alimentation.

Pour opérer sur des suifs en branche, on établit, dans la caisse à cuire, un diaphragme en forte tôle ou en fonte, percé de petits trous comme une écumoire et à brisures ou charnières; on le place à 10 centimètres environ du fond de la caisse, en l'appuyant sur des supports de même matière qui touchent le tube inférieur circulaire qui lie entre eux les serpentins; par ce moyen, on sépare les cretons du suif cuit et fondu, car ce dernier s'écoule, à volonté, par le robinet inférieur et se trouve conduit, à sa sortie, dans un tonneau récipient dont le couvercle donne passage au tube qui fait suite au robinet. Une toile métallique, placée à 15 centimètres du bord supérieur du tonneau, retient les petites parties de membranes grasses qui auraient passé à travers le diaphragme.

On indiquera tout à l'heure comment le diaphragme est débarrassé des cretons qu'il porte et comment il fonctionne.

La caisse ou chaudière à cuire est recouverte d'un chapiteau de cuivre maintenu au moyen d'une bride et d'une vis de pression, à la manière des autoclaves; une ouverture ovale, pratiquée sur le côté, permet de charger la chaudière à volonté et se referme exactement comme une autoclave.

Les vapeurs qui se dégagent du produit pendant la cuite sont, en partie, condensées dans le chapiteau même et conduites, par une rigole intérieure à un tube qui reçoit, avec elles, les vapeurs non condensées et les transmet à un serpentin renfermé dans la caisse, lequel est constamment entouré d'eau froide.

Dans ce serpentin, tous les produits volatilisés sont reçus dans un baquet-récipient clos, renfermant du charbon réduit en poudre grossière et formant une couche épaisse que ces matières traversent dans toute sa hauteur.

Un tube vertical, adapté au couvercle du récipient, permet le dégagement de l'air pour que le liquide désinfecté arrive sans obstacle au fond du récipient.

Il est préférable de ne faire qu'un seul vase du réfrigérant-serpentin et du récipient à charbon, en les superposant.

Lorsque les matières sont amenées au point de cuite convenable, on écoule les parties liquides par un des robinets déjà indiqués; un tube partant du bout de chaque robinet porte ce liquide dans des vases ou tonneaux couverts où le refroidissement s'opère.

Quand les matières liquides sont écoulées, on ouvre un autre robinet à large ouverture oblongue, de 25 à 30 cent. sur 15, mesure qui se proportionne, au reste, à la grandeur de l'appareil. Ce robinet est placé sous la caisse même, il traverse en entier son double-fond et s'applique à l'affleurement de la surface interne.

On tourne la manivelle, et l'arbre vertical entraîne dans son mouvement de rotation, deux pelles de fer, hautes et plates, courbées à angle très-ouvert, articulées près de leur pied. Une de ces pelles râcle le fond de la chaudière et amène les matières au gros robinet; l'autre râcle le dessus du diaphragme et amène les cretons au-dessus du robinet, où ils tombent par le moyen d'une brisure à charnière pratiquée dans le diaphragme à l'aplomb de ce robinet. La brisure s'ouvre à volonté, en se relevant contre la paroi de la chaudière.

Le robinet en question transmet les matières à un large tube en cuivre qui lui est adapté et qui, à son extrémité inférieure, s'emboîte dans une presse ou plutôt un cylindre dans lequel s'opère la pression des matières qu'il reçoit.

Ce cylindre est en fonte, alésé et percé de petits trous jusqu'à la hauteur de 30 centimètres dans son pourtour, il est clos par en bas, au moyen d'une plaque de fonte carrée, dans la rainure circulaire de laquelle s'encastre le cylindre.

A 16 cent. au-dessus de cette plaque de fond, se trouve un disque épais en fonte, porté sur trois pieds en fer et formant grille, c'est-à-dire percé de petits trous comme le cylindre. Une chemise en tôle enveloppe ce cylindre depuis sa base jusqu'à son sommet; elle laisse entre elle et lui une distance de 5 centim.

Au moment où un piston métallique auquel on donne la pression, soit au moyen d'une presse ordinaire, soit au moyen d'une presse hydraulique, vient s'abaisser sur les matières que le gros robinet et son tube ont amenées au cylindre, le liquide jaillit par les trous; il est reçu verticalement dans l'espace ménagé entre le disque et le fond, et latéralement par la chemise en tôle qui le contient et le rassemble au moyen d'une ouverture inférieure ménagée à cet effet dans l'espace resté au-dessus du disque.

Un robinet garni d'un tube donne alors l'écoulement voulu vers le récipient commun. Ce robinet est placé extérieurement, entre le fond du cylindre et le disque percé de trous; il traverse l'enveloppe et se rive à sa face interne.

Le piston dont on a parlé déjà est maintenu dans une position verticale et suspendu au moyen d'un presse-étoupe qui s'adapte dans le renflement supérieur du cylindre, au-dessus de l'échancrure où se place le gros tube qui amène les matières de la chaudière à vapeur.

En opérant ainsi, toutes les jointures de l'appareil étant lutées, et les presse-étoupe faits avec soin, la cuite des suifs et matières grasses se fait très-vite et sans la moindre odeur. On n'est jamais obligé de démonter l'appareil, il suffit d'un jet de vapeur pour le nettoyer.

La presse seule doit être démontée à chaque opération, cependant, en cas de manque de temps, on peut ne faire ce démontage que toutes les quatre cuites : pour cela, on relève le piston, on abat la plaque de fond, le disque et les cretons qu'il porte tombent; on les enlève, on remet le tout en place, on ouvre le robinet d'écoulement, et l'on fait passer dans le cylindre un jet de vapeur pendant quelques minutes.

Il convient d'employer également la vapeur à échauffer le cylindre et son enveloppe avant d'y faire couler les matières qu'on veut presser.

Il est évident, du reste, que la chaudière à cuire, les tubes récipients, etc., doivent se nettoyer par un jet de vapeur quand l'opération est finie, et qu'on n'en veut pas immédiatement recommencer un autre.

Laminoir. — Pour diviser les suifs et les graisses, on les introduit, coupés en bandes de 15 à 16 cent. de large, dans une trémie en bois placée au-dessus de l'instrument dont le détail suit : C'est un laminoir composé d'un jeu de deux cylindres en fonte, à cannelures profondes dans le sens de leur diamètre, et correspondant les unes aux autres. Sur l'arête de chaque cannelure sont des espèces d'entailles ou dents qui retiennent et déchirent les membranes. L'un des cylindres se meut plus vite que l'autre, et deux lames obliques placées sous ce cylindre, en avant et en arrière, retiennent les matières en dégageant les cannelures au fur et à mesure du besoin. On fait mouvoir les cylindres, soit à bras d'homme, soit au moyen de la machine à vapeur.

Les dimensions de ce laminoir doivent nécessairement varier suivant les masses à laminer. L'inventeur s'est servi d'un laminoir portant des cylindres de 0m.40 de longueur; il suffisait pour diviser 50 kilogrammes de suif en une demi-heure, par la seule force d'un homme. Pour le travail en grand, pour 1,000 kilogrammes de suif, par exemple, il faudrait deux heures au plus en employant la force de la vapeur et des cylindres de 1 mètre de longueur sur 0m.25 de diamètre.

Détail des dessins. — Figures 19 et 20, pl. 6.

a, bâti en bois ou en maçonnerie; *b*, chaudière à cuire à double enveloppe; *c*, arbre creux portant les pelles renfermant les tubes; *dd*, pelles creuses munies de leurs tubes; *e*, plaque percée de trous; *f*, pelle plate en fer, articulée; *g*, cône avec sa rigole intérieure; *h*, ouverture autoclave pour charger la chaudière; *i*, robinet d'évacuation de l'eau condensée; *k*, robinets servant, l'un pour évacuer la vapeur, l'autre pour les matières à essayer; un troisième, placé au-dessus du robinet inférieur, sert à évacuer le liquide sous le diaphragme; *l*, gros robinet pour les matières demi-solides; *m*, tubes conducteurs de vapeur; *o*, serpentin entouré d'eau; *p*, baquet récipient; *a'*, cylindre en fonte alésé, percé de trous jusqu'en *x*; *b'*, piston de ce cylindre; *c'*, plaque de fonte percée de trous; *d'*, chemise en tôle; *e'*, robinet d'écoulement des liquides; *f'*, tube qui amène les matières du gros robinet à la presse; *g'*, couvercle du cylindre.

Beaucoup de fondeurs de suif, ayant manifesté de la répugnance à se servir des appareils à vapeur, en raison du soin que les opérations exigent, et que les ouvriers suiffeurs accordent difficilement, M. Leloup a cherché le moyen d'approprier ses appareils à des procédés analogues à ceux déjà usités.

Pour cela, il a suffi de supprimer dans les appareils tout ce qui était établi pour la circulation de la vapeur, et de réduire la chaudière à une simple enveloppe, tout le système de condensation restant le même : c'était rendre ces appareils susceptibles de s'adapter à toutes les exigences de l'habitude.

En conséquence, la figure 20 montre simplement la chaudière dédoublée, et l'appareil ainsi rectifié ne comprend plus que les pièces suivantes.

a, corps de la chaudière en cuivre; *b*, chapiteau conique qui la recouvre; *d*, gros tube qui conduit les vapeurs dans le condensateur ordinaire *e*, tel qu'il est décrit plus haut; *f*, robinet horizontal pour écouler, par succion, le suif liquide en *g*; ce robinet est placé à 15 centimètres du fond de la chaudière, et porte 16 centimètres de diamètre; *h*, gros robinet oblong pour écouler les cretons; *i*, *i*, pelles plates et pleines en fer, qui fonctionnent au moyen de la manivelle *k* (fig. 19), et qui sont portées par l'arbre vertical placé au centre de la chaudière, et s'y insérant par une forte crapaudine.

Cette description démontre que tout en conservant les mêmes pièces principales, l'appareil Leloup peut être simplifié et s'adapter parfaitement à la cuite des suifs à feu nu.

Quatre appareils de ce genre avaient été établis à l'abattoir de Nantes, chacun d'eux pouvait produire 60,000 kilogrammes de suif épuré par mois.

La dépense en combustible, calculée après 60 opérations successives, a donné en moyenne, un chiffre de 74, en charbon de terre, par chaque cuite de 500 kilogrammes.

Nous ne relaterons pas divers accessoires qui n'ont d'importance qu'en ce qu'ils concourent à la facilité de la manœuvre de l'appareil, et qui varient nécessairement suivant les localités où l'on veut placer ces appareils; tels que la suspension du chapiteau au moyen d'une poulie; le mode de serrage de ce chapiteau sur la chaudière, qui, au lieu de trois tringles à griffes et à boulons, se fait avec une tringle unique qui suit le contour du cône et le comprime, en haut, par une forte vis en fer; une rigole intérieure qui reçoit l'eau condensée dans le chapiteau et dans le pourtour supérieur de la chaudière, et transmet par un tube séparé et très-petit ces eaux dans le condensateur.

Quelques variations apportées, comme nous venons de le dire, dans la disposition de ces dernières pièces, ne pourraient influer sensiblement sur le fond de l'opération.

5° *Appareil J.-B. Riom, de Paris.*

La fonte des suifs en branche, opérée comme elle l'a été jusqu'à lui, offre, suivant M. Riom, les inconvénients graves : 1° de ne pas fournir toute la quantité de suif qui peut être réellement séparée des membranes; 2° de donner au suif une couleur rousse; 3° de le produire dans les conditions telles que le chandelier est dans l'obligation de lui donner ce qu'on appelle le filet d'eau, pour en séparer la boulée, moyen qui ne réussit que très-imparfaitement et a toujours ceci de vicieux, qu'il dépose dans la masse du suif des gouttelettes d'eau qui nuisent à la bonne qualité de la chandelle, soit en la faisant couler, soit en la faisant pétiller.

Les moyens suivants parent, dit M. Riom, à tous ces inconvénients ; on coupe le suif en branche avec un couteau, ou, pour mieux faire, on le divise avec un appareil mécanique ; il en est plusieurs qui peuvent servir à cet usage.

Le suif en branche ayant été coupé et divisé, on le jette dans une cuve en bois de grande dimension ; cette cuve est munie, à sa partie inférieure, d'un tuyau ou serpentin en métal, qui est percé de trous par lesquels s'échappe de la vapeur d'eau ; ce serpentin reçoit cette vapeur d'un générateur avec lequel il est mis en communication au moyen d'un tuyau : l'action prolongée de la vapeur sur le suif en branche a pour effet de dissoudre les membranes, et de mettre à nu le suif qui en est séparé et vient surnager le liquide produit par la condensation de la vapeur ; on peut accélérer cette fonte en se servant soit d'une cuve en bois hermétiquement fermée, qui permet d'obtenir une température de 110 à 115 degrés centigrades, soit en employant une chaudière à cylindre clos, fonctionnant sous une pression de plusieurs atmosphères.

Le suif obtenu par le procédé qui vient d'être décrit, retient souvent une teinte grisâtre, ou peut manquer de limpidité ; on remédie efficacement à ces deux défauts, en lui faisant subir un traitement à l'albumine.

Voici comment on procède : on prend cinquante blancs d'œufs pour autant de fois 2,000 kilogrammes de suif qu'on veut clarifier ; on bat ces blancs d'œufs avec une verge, et on les verse par très-petites portions dans la cuve : il est nécessaire que dans ce moment le mélange du suif et des blancs d'œufs soit favorisé par une forte ébullition ; l'albumine forme une sorte de réseau qui se concrète instantanément par la chaleur, et entraîne, en se déposant, toutes les substances étrangères tenues en suspension. Après une heure de repos, on décante le suif et on le conduit par un tuyau, dans un appareil propre à obtenir l'évaporation de l'eau qu'il peut contenir. Une chaudière à large surface pourrait être employée; mais, pour éviter les coups de feu et la coloration, il convient mieux d'employer l'appareil à cuire les sucres. Un serpentin, convenablement disposé dans le fond d'une cuve ou d'une chaudière, et contenant de la vapeur à haute tension, paraît être l'appareil le plus convenable. En maintenant pendant quelque temps le suif à une température de 115 à 120 degrés centigrades, on le dessèche complétement sans le colorer.

Le suif ainsi obtenu est sec, blanc, cassant, sans mauvaise odeur, et ne donne ni déchet ni boulée lorsqu'on le fait fondre : la chandelle qui en est faite brûle sans fumée ni cendres, et peut être mouchée beaucoup moins souvent que la chandelle que l'on trouve communément dans le commerce.

6° *Appareil Morfit.*

M. Morfit, en Amérique, a proposé de fondre le suif sous pression, au contact, non plus de l'eau, mais de la vapeur. Il emploie, pour cela, un grand cylindre vertical en tôle rivée de 3 mètres de hauteur sur 1 mètre de diamètre environ; sur le fond de ce cylindre s'étale un serpentin de vapeur, tandis qu'à une faible distance, un faux-fond percé de trous supporte toute la matière grasse qu'on y a accumulée. On chauffe pendant 15 heures environ, à une température qui correspond à la pression de 4 kilogr. par centimètre carré ; au bout de ce temps on arrête la vapeur, et on trouve dans le cylindre trois couches distinctes : l'eau en-dessous, le suif en-dessus, et les membranes au milieu, arrêtées sur le faux-fond. Au moyen de robinets placés à différentes hauteurs, on recueille le corps gras, puis on enlève les membranes que l'on soumet à la pression à la manière ordinaire, mais qui, sous l'influence de la première pression fournie par la vapeur, se sont débarrassées de la plus grande partie de la matière grasse qu'elles renfermaient.

A, dans la figure 37, pl. 1, représente cet appareil; B, trou d'homme pour charger; C, la vidange. La vapeur arrive par le tuyau D, qui est en partie percé de trous, et E est une soupape pour régler la pression à l'intérieur; F, un robinet qui sert à évacuer une portion de la masse fluide, lorsqu'il s'est condensé une trop grande quantité de vapeur, après qu'on a ouvert le robinet G. Après 12 à 15 heures de chauffage, on arrête la vapeur, on abandonne la masse au repos un temps suffisant, et on reçoit successivement le suif qui surnage et qu'on fait couler par les robinets H dans des baquets en bois. La boulée et l'eau de condensation sont évacuées par le robinet F; on enlève le tampon C, qui est retenu par un croisillon, et les débris, sables, impuretés tombent dans un baquet qu'on a placé au-dessous. M. Morfit assure que la pression nécessaire, avec cet appareil, doit s'élever à 4 à 5 kilogrammes par centimètre carré, mais cette pression est beaucoup trop élevée et ne devrait guère dépasser 2 atmosphères; en outre, il est inutile et dispendieux de prolonger l'opération pendant 12 à 15 heures, et 5 à 6 heures paraissent suffire parfaitement. Il faut éviter de dédoubler ou de décomposer le suif, ce qui occasionne une perte de poids, ou de l'émulsionner surtout avec les vieilles matières.

7° *Appareil Buff.*

M. H.-L. Buff, de Gœttingue, a été conduit, à la suite de nombreuses expériences, à proposer, en 1864, l'appareil que voici :

On prend une chaudière cylindrique en tôle, qu'on engage dans une maçonnerie. Cette chaudière est pourvue dans son milieu d'un trou d'homme, d'un petit robinet dans le bas, d'un gros robinet dans le haut et de deux orifices aussi dans le haut, pour donner passage à deux tubes. L'un de ces tubes est destiné à amener la vapeur dans la chaudière, l'autre sert à la vidange. Le robinet du bas sert aussi à vider la chaudière. On ferme le trou d'homme avec son tampon, et par le gros robinet du haut, on la charge de suif haché, puis on ferme toutes les ouvertures, excepté le gros robinet qui reste ouvert. Le tube de vapeur descend jusqu'au fond de la chaudière, sur lequel il se roule en forme de serpentin, d'où la vapeur s'échappe par un grand nombre de petits trous. Cette vapeur pénètre le suif, l'échauffe et en même temps chasse l'air de la chaudière. Aussitôt que cette vapeur s'échappe par le gros robinet, qui n'a pas été entièrement fermé, on le tourne pour compléter la fermeture. Au bout de quelque temps il règne dans la chaudière au suif la même pression que dans la chaudière à vapeur, et il n'arrive plus de vapeur dans la première, que pour remplacer celle qui se condense. Pour éviter, autant qu'il est possible, cette condensation et une dépense inutile de combustible, on entoure cette chaudière avec un corps mauvais conducteur. La fonte est opérée en moins d'une heure, on ferme alors le robinet de vapeur et après que la pression dans la chaudière est descendue au degré voulu, on évacue, au moyen du robinet du bas, la solution gélatineuse qui s'est réunie sur le fond, et qui sert d'engrais. Quant au suif, il est évacué par le même robinet, dans un récipient placé au-dessous, ou bien on le fait remonter dans un récipient placé au-dessus, au moyen d'un refoulement de l'air, opéré à l'intérieur de la chaudière, par l'un des tubes qui la surmonte.

8° *Appareil Moinier.*

M. Moinier s'est fait breveter en 1852, pour un nouveau procédé appliqué à la fonte des suifs, procédé purement mécanique, qui, selon lui, ne laisse à la fin de l'opération ni cretons, ni boulée, donne un suif plus dur, et, enfin, n'a rien de dégoûtant et ne laisse dégager aucune odeur.

M. Moinier opère simultanément la fonte et l'épuration des suifs en branches et celle des huiles et graisses concrètes, en se servant de la machine à effilocher et à affiner les chiffons, qu'on nomme pile hollandaise. Il introduit ces suifs ou ces graisses dans cette pile avec de l'eau pure ou de l'eau légèrement acidulée, et au moyen de dispositions particulières, il maintient une température constante et appropriée aux matières qu'il veut traiter.

Les dispositions qu'il fait subir à cette pile consistent

à la doubler intérieurement en plomb ou en cuivre, en ayant soin de laisser entre les parois et cette doublure, un intervalle destiné à permettre à la vapeur de circuler tout autour et même dans le fond, de manière à tenir le corps et l'eau à la température nécessaire. Il couvre aussi cette pile pour empêcher le refroidissement des matières et place au centre du couvercle un tuyau ou cheminée qui, au moyen d'un registre, permet de régler la température. Un autre tuyau placé à l'une des extrémités de la pile et communiquant avec le double-fond, sert d'échappement à la vapeur dégagée par l'eau de condensation; un autre robinet, placé à l'autre extrémité, laisse écouler le trop-plein de la condensation. Enfin, cette pile reçoit le mouvement par une machine à vapeur dont le tuyau d'échappement suffit à donner la température nécessaire à la fusion.

Le cylindre laveur, de même forme que celui pour les chiffons, enlève le suif fondu au fur et à mesure qu'il se produit, et, l'opération terminée, on vide le contenu de la pile par des soupapes placées sur son fond, et on reçoit dans des bacs placés au-dessous, les résidus de l'opération.

Ainsi, dit en résumé M. Moinier, la fonte s'opère mécaniquement et d'une manière continue, puisque par une seule et même opération, le suif fond en même temps qu'il est coupé et que les membranes sont déchirées, et qu'au moyen du cylindre laveur le suif s'écoule et s'épure à mesure qu'il est fondu, ce qui l'empêche de s'altérer par le contact prolongé de la chaleur et des membranes.

9° *Appareil de Changy.*

Dans cet appareil, perfectionné par M. Fouché, la pression ne doit s'élever qu'à 1 kil. 50 ou au plus à 2 kilogr. par centimètre carré ou à une température de 120°. A, fig. 33, pl. 1, chaudière; B, ouverture pour le chargement fermée par un couvercle retenu sur le collet de la chaudière par des pinces à vis et qu'on peut soutenir par une chaîne qui s'enroule sur un cylindre; D, regard sur le couvercle assujetti de la même manière que celui-ci; E, dôme sur lequel est implanté un tuyau F d'écoulement des vapeurs odorantes, une soupape de sûreté G avec contrepoids H et une gaîne J pour un thermomètre; K, appareil de condensation des vapeurs odorantes qui s'écoulent par le tuyau F; L, décharge des vapeurs qui ne sont pas condensées; M, M, serpentin de vapeur d'eau; celle-ci est amenée par le tuyau O et retourne à la chaudière par le tuyau à robinet M'; N, autre tuyau d'un moindre diamètre qui amène directement la vapeur dans la chaudière à suif pour maintenir celui-ci en mouvement; P, autre tuyau pour évacuer le suif, qui est surmonté d'une pomme d'arrosoir et pourvu dans le bas d'une articulation qui le met en rapport avec le robinet Q. Pour vider la chaudière, on rabat le tuyau P jusqu'à ce que la pomme d'arrosoir touche les résidus. On ouvre le robinet Q et on laisse écouler le suif fondu dans un tamis fin R qui le verse dans les baquets. Pour faire fonctionner cet appareil, on charge 500 kil. de suif, 40 litres d'eau et 1 kil. environ d'acide sulfurique à 66°, étendu de 8 litres d'eau. La vapeur doit arriver à une température de 135° ou à la pression de 3 kilogr. par centimètre carré, qui se réduit à 1 kilogr. 50 à l'intérieur de la matière. Cette chaudière a besoin d'être plombée à l'intérieur si on veut qu'elle ne soit pas promptement attaquée par l'acide. On voit donc que dans ce système on fait usage de la vapeur, tant d'une manière indirecte, pour chauffer la matière au moyen d'un serpentin, que d'une manière directe pour agiter le suif, en dégager les gaz et les vapeurs odorantes, attaquer celles-ci, et enfin les entraîner dans l'appareil de condensation.

Ajoutons en terminant cette revue des appareils pour la fonte des suifs qu'un fabricant américain, M. W.-R. Lake, a proposé en 1869 de préparer les gaz et les vapeurs qui s'échappent des digesteurs ou des chaudières destinées à la fonte des graisses et des suifs à éprouver la combustion dans le foyer, en les faisant passer préalablement à travers un surchauffeur avant de les lancer dans le foyer du digesteur ou dans un foyer distinct d'une chaudière à vapeur ou autre, et parfois en injectant en même temps dans ces foyers un courant d'air chaud ou froid, déterminé par l'écoulement de ces gaz du digesteur ou de l'appareil surchauffeur.

Section III. — BLANCHIMENT ET DÉSINFECTION DES CORPS GRAS, DE M. DELPECH.

L'appareil pour lequel M. Delpech s'est fait breveter en 1855 est mû par une machine à vapeur de la force de deux chevaux établie sur un fourneau; il se compose de trois grandes cuves et un bain-marie, le tout posé sur un massif en maçonnerie.

La vapeur est amenée dans les cuves et dans le bain-marie, et vient du générateur qui part du fourneau, et elle vient alimenter les tuyaux qui sont dirigés sur les trois cuves et le bain-marie au fond desquels ils se terminent en serpentin.

Chaque cuve est garnie de deux robinets servant, l'un, placé à 25 centimètres de la base, au déversement des corps gras, et l'autre, tout à fait à la base, à l'écoulement des eaux et au nettoyage de la cuve.

Dans la première cuve on met un quart de son contenu d'eau épurée ou clarifiée, saturée avec 1 kil. de silicate de potasse par hectolitre d'eau. On met ensuite les corps gras que l'on doit blanchir et désinfecter, en ayant soin de laisser au moins 10 centimètres de vide.

La cuve ainsi garnie, on introduit la vapeur et l'on entretient l'ébullition pendant six heures, après quoi on laisse reposer pendant quatre heures.

Pendant cette période, le silicate de potasse entraîne au fond de la cuve la majeure partie des corps étrangers et nuisibles à la qualité de la matière, soit colorants, soit infectants.

Pendant le temps de repos on dispose dans la seconde cuve la même quantité d'eau mélangée de la même quantité de silicate de potasse, on transvase la matière grasse de la première dans la seconde cuve, au moyen du robinet supérieur.

La seconde cuve étant garnie, on procède comme pour la première, c'est-à-dire qu'on entretient l'ébullition pendant six heures, et on laisse reposer pendant quatre.

Néanmoins, un quart-d'heure avant l'ébullition, on jette dans la cuve une quantité d'acide sulfurique calculée à raison de 1 kilogr. à 53° par 100 kilogr.

de matières, mais réduit à 5 degrés seulement, pour ne pas précipiter la décomposition.

Après avoir arrêté l'ébullition, l'action simultanée du silicate de potasse et de l'acide sulfurique finit par dégager la matière grasse de toutes ses impuretés et en détruire toutes les couleurs qui la chargeaient, pour lui donner une légère teinte beurre frais.

Après avoir laissé reposer quatre heures, temps pendant lequel on aura introduit dans la troisième cuve la même quantité d'eau que dans les précédentes, mais cette fois pure et bien clarifiée, on transvasera dans cette cuve, au moyen du robinet inférieur, le contenu de la seconde cuve.

La dernière cuve étant ainsi disposée, on lâchera la vapeur et l'on fera bouillir quatre heures; environ dix minutes avant d'arrêter l'ébullition, on battra douze blancs d'œufs, qu'on mélangera avec 4 litres d'eau, et l'on jettera le tout sur la cuve; on remuera fortement, et l'on écumera tout ce qui montera à la surface.

Après l'ébullition, on laissera reposer pendant six heures. Pendant ce temps l'eau et tout ce qui pourra rester d'impur se précipitera au fond de la cuve, et la matière blanchie et inodore surnagera.

L'opération ainsi déterminée, on videra la troisième cuve, toujours au moyen du robinet inférieur, dans des jalots en fer-blanc placés successivement dans le bain-marie, dont le contenu devra être entretenu en ébullition. Les jalots devront être pourvus d'un robinet à leur base, afin que, après leur refroidissement, l'eau dont la matière pourrait être encore mélangée et que l'action du bain-marie aurait fait descendre au fond en soit facilement dégagée.

Après ces diverses opérations, les corps gras ainsi traités ont perdu les odeurs nauséabondes dont ils sont imprégnés, les couleurs nuisibles à leur emploi et leur fusibilité au toucher; s'ils n'ont pas acquis entièrement la dureté et la blancheur des suifs des abattoirs de Paris, ils en ont acquis toutes les propriétés, et offrent peut-être de plus grandes ressources, ainsi qu'on va le montrer.

Pour faciliter la saponification des suifs, et principalement la pression à froid et à chaud par les presses hydrauliques, les industriels stéariniers ont l'habitude de mélanger les suifs d'abattoirs, dits *suifs de place*, avec les graisses provenant des cuisines et de tous les ramassis des chiffonniers.

Cet amas impur de toutes espèces de corps gras est vendu à trois ou quatre industriels de Paris ou de la banlieue, qui sont parvenus à l'épurer un peu, mais qui n'ont pu réussir à dégager ces corps mélangés ni de leurs couleurs ni de leurs odeurs infectes.

Il en résulte que les stéariniers, forcés de se servir de ces corps gras dans l'état où on les leur livre, éprouvent dans leur emploi de graves inconvénients. Nous allons signaler les principaux, que nous faisons disparaître par notre procédé.

Le premier consiste dans une couleur jaune ou verte qui revient dans les matières stéariques, soit en pain, soit convertis en bougies, lorsqu'on n'en a pas fait emploi dans les deux ou trois mois qui suivent leur fabrication.

Ce défaut, signalé journellement par l'épicerie et les consommateurs, déprécie beaucoup la marchandise et occasionne souvent des discussions.

La seconde se trouve dans la couleur noire et l'épaisseur de l'acide oléique provenant du mélange de graisses non épurées; on trouve dans cet acide, en le laissant reposer, une grande quantité d'acide margarique mélangé avec une substance gélatineuse qui nuit à son emploi et en diminue le rendement lorsqu'il est employé dans la savonnerie, comme il présente par son peu de limpidité des difficultés énormes lorsqu'il est employé pour la draperie.

Ces deux inconvénients disparaissent par l'emploi des corps gras épurés, blanchis et désinfectés par le procédé que propose M. Delpech; avec ces derniers, la stéarine présentera une blancheur et une dureté qu'elle n'a pas eues jusqu'alors, et les conservera indéfiniment. Elle augmentera même en qualité en vieillissant et gagnera en transparence.

L'acide oléique, plus clair, plus limpide, offrira de grands avantages, tant à l'industrie savonnière qu'à la draperie.

Les savons auront, sans difficulté comme sans augmentation de dépense, la couleur blanche ou bleue qu'on voudra leur donner, et la draperie aura plus de facilité dans l'emploi d'un acide incolore, pur et pouvant plus facilement s'étendre.

Nous résumons cet exposé, ajoute M. Delpech, en disant que notre découverte est appelée à amener une amélioration sensible dans la fabrique stéarine, et dans les produits qui en dérivent, dont l'usage, quoique établi sur une grande échelle, tend à se développer tous les jours davantage.

Nous ne terminerons pas cet article relatif à l'épuration des suifs par l'acide sans ajouter que le procédé de M. Delpech fournit en général de 83 à 85 p. 100 de suif qui est blanc et dur en hiver et qui, en été, est plus mou que celui du procédé au creton. Il semble qu'on devrait, par l'acide, en retirer une plus grande quantité, puisque nous avons vu que les cretons en retiennent encore de 10 à 15 p. 100, et cependant on voit que cet acide ne procure qu'un excédant très-faible. Il faut donc que, dans cette opération, il se développe une réaction chimique qui affaiblit le rendement.

On reconnaît que cette réaction est une sorte de saponification sulfurique qui dédouble le suif en acides gras et en glycérine, et détruit la matière azotée, et ce qui confirme cette réaction, c'est que le suif, abandonné après ce traitement, laisse suinter en été un liquide gras qui est probablement de l'acide oléique. Ainsi, en définitive, si les acides stéarique et margarique produits tendent à donner de la dureté au suif, l'acide oléique, mis en liberté, doit contribuer, au contraire, à affaiblir sa consistance, et c'est de l'antagonisme de ces deux éléments que résulte la fermeté du suif épuré à l'acide. Seulement comme le suif de mouton est plus riche en stéarine que celui de bœuf, c'est aussi celui qui se prête le mieux au traitement par l'acide.

C'est au fabricant à juger s'il est de son intérêt de produire par le procédé des cretons 80 à 81 de suif, avec cretons qui se débitent au prix de 12 à 15 fr. les 100 kilogr., ou 83 à 85 de suif avec un peu d'acide oléique; mais à ce dernier produit on pourrait ajouter un peu de glycérine qui se sépare et dont le débit s'accroît chaque jour.

Section IV. — FONTE AUX ALCALIS, TERRES ALCALINES ET SEL MARIN.

§ 1. *Alcalis.*

1° M. F. Myers, de Londres, a pris en 1840 un brevet d'importation pour un procédé propre à la purification des suifs et des graisses au moyen des carbonates alcalins. Voici un extrait de ce brevet :

On verse, dans un vase de dimension appropriée, 990 litres d'eau froide dans laquelle on fait dissoudre 140 kilog. de carbonate de potasse ou du carbonate de soude; quand on emploie ce dernier, il faut en prendre 280 kilog.

Après avoir introduit, dans le récipient, de la vapeur à l'aide d'un tuyau criblé de trous, la solution commence à bouillir, on y ajoute alors 1,000 kilog. de suif ou de toute autre graisse, et on maintient l'ébullition pendant huit heures. Il se forme pendant ce temps une écume très-épaisse à la surface des liquides. Pour s'en débarrasser, on arrête la vapeur, le boursoufflement et l'expansion du liquide cessent, et au bout de quelques minutes les écumes s'affaissent. On laisse ensuite reposer la liqueur jusqu'au lendemain, et on trouve que la majeure partie de l'eau et du carbonate de potasse s'est précipitée au fond du vase, d'où elle est soutirée par un robinet.

On donne à cette solution le nom de lessive pour la distinguer des autres : elle tient en dissolution une petite quantité de matière oléagineuse qu'on extrait par le moyen dont on parlera en faisant connaître le mode adopté pour employer de nouveau la lessive.

La lessive ayant été soutirée, on met le suif, qui a une apparence savonneuse, dans une chaudière de fer chauffée par la vapeur, d'après la méthode généralement connue. On ajoute à ce suif 140 kilog. de carbonate de potasse; on élève la température à 43° C., et on incorpore ces deux substances à l'aide d'un agitateur. Il est nécessaire, pour le succès de l'opération, que le mélange soit parfait.

Après avoir élevé la température à 93° C., on arrête la vapeur et on laisse reposer la solution pendant douze heures. Les légères écumes qui se produisent à la surface sont enlevées avec une écumoire. Après le temps de repos indiqué, on enlève le suif, qui a perdu entièrement son apparence savonneuse, et on le verse dans des bassines étamées, pour qu'il se solidifie.

La purification du suif est alors complète; mais, comme il n'est pas parfaitement clair, on le fait fondre de nouveau dans un autre vase chauffé également par la vapeur à 93° C.; ensuite on le laisse reposer pendant quelques heures; il est alors bien transparent et plus propre à faire de la chandelle que le suif ordinaire.

L'énergie du carbonate de potasse n'est point altérée par l'opération qu'on vient de décrire; on l'emploie pour traiter une nouvelle quantité de graisse impure, au lieu de prendre du carbonate de potasse frais. Voici la manière de traiter la lessive qui semble la plus avantageuse :

On fait bouillir cette lessive et on y ajoute peu à peu un lait de chaux, pour séparer la totalité de la matière grasse; on s'en assure en y versant quelques gouttes d'un acide dilué quelconque ; s'il reste encore de la matière grasse en combinaison, l'acide donne à la lessive une apparence laiteuse. Après avoir séparé la matière oléagineuse à l'aide de la chaux, on fait évaporer la lessive à siccité, et on la chauffe au rouge avec un peu de sciure de bois; on recueille ensuite la potasse par le lavage; on ajoute à la chaux et à la matière oléagineuse de l'acide sulfurique dilué, comme on le fait pour la production de la stéarine.

On a employé, ou du moins essayé d'employer, des alcalis caustiques pour la purification des matières grasses et oléagineuses, mais on n'a produit ainsi que du savon, avec toutes les graisses, tandis que les carbonates alcalins n'opèrent pas la saponification. L'apparence savonneuse qu'elles contractent quand on les fait bouillir avec les carbonates alcalins n'est que fictive; ce n'est qu'un mélange formé par la lessive et les impuretés des corps gras.

2° M. Evrard, ingénieur civil à Rouen, a imaginé en 1850, un procédé pour la fonte des suifs, appuyé sur un principe rationnel et ingénieux qui fournit de très-beaux suifs d'une grande blancheur, et dépouillés de toute mauvaise odeur, qui permet d'opérer dans des chaudières en fer, mais où ces avantages sont en partie compensés par un rendement faible et la perte des cretons qui sont impropres à la nourriture du bétail et ne peuvent plus servir que d'engrais.

Le procédé de M. Evrard est basé sur ce principe, qu'une dissolution alcaline faible attaque les membranes qui renferment la matière adipeuse propre, les gonfle et les dissout sans agir d'une manière bien sensible sur cette matière elle-même.

Pour manipuler dans le système de M. Evrard, on introduit, suivant l'inventeur, dans une chaudière cylindrique en tôle 150 kilog. de suif en branche, et 400 à 500 grammes de soude qu'on a rendue préalablement caustique au moyen de la chaux et 100 litres d'eau.

Dès que la chaudière est chargée, on fait arriver de la vapeur dans le serpentin qu'elle porte sur son fond et on porte le contenu à l'ébullition. Bientôt l'action de l'alcali se fait sentir, le tissu graisseux se gonfle, se dilate, et crève, se dissout en partie, et la matière adipeuse propre vient former à la partie supérieure une couche qu'on enlève, soit en la puisant directement, soit par voie de décantation.

On procède actuellement d'une manière un peu différente à l'épuration des suifs par le moyen indiqué par M. Evrard. Voici comment on opère :

La fonte se fait dans des cylindres en tôle de un mètre de diamètre sur 1m.25 de profondeur; un double fond percé de trous de 3 millimètres est soutenu par un châssis à 18 centim. au-dessus du fond; un tuyau horizontal tourné en spirale et percé de trous, amène à volonté la vapeur sous le faux fond. On introduit dans chaque cylindre de la capacité indiquée 3 hectolitres de lessive caustique de soude marquant de 1° à 1° 1/2 et 400 kilog. de suif en branches, que l'on maintient immergé dans la solution alcaline par un autre faux fond mobile percé de trous, chargé légèrement pour le maintenir au-dessous du niveau du liquide.

On fait alors bouillir à la vapeur, les membranes dissoutes ou gonflées laissent échapper le suif fondu qui monte à la surface du liquide. Trois heures d'ébullition suffisent pour achever l'opération pendant laquelle le faux fond mobile descend de lui-même en pressant les membranes qui laissent écouler la matière grasse qu'elles renferment encore. On arrête alors la vapeur, et on soutire la dissolution alcaline par un robinet de vidange que l'on ferme dès que la matière grasse arrive. On verse de l'eau dans le cylindre, on fait bouillir de nouveau pendant quelque temps et on arrête l'ébullition pour laisser reposer et décanter l'eau ajoutée dans le vase qui a reçu la lessive.

Le suif fondu dans chaque cylindre est filtré à travers des sacs de laine dans deux récipients en cuivre étamé de $0^{m}.75$ de diamètre sur 1 mètre de hauteur, que l'on chauffe dans un bain-marie en tôle, afin de laisser reposer pendant 12 heures, après lesquelles on soutire le suif dans les jalots.

Les lessives alcalines et les eaux de lavage qu'on y a réunies sont placées dans des réservoirs pouvant fonctionner comme le récipient florentin des pharmacies. Ces réservoirs sont disposés en étages, de sorte que le liquide aqueux du réservoir supérieur s'écoule seul dans celui qui est au-dessous, tandis que le suif qui a été entraîné reste dans le premier et peut en être retiré facilement après s'y être accumulé par plusieurs décantations.

Les lessives alcalines ont saponifié une petite quantité de suif et se sont combinées avec les acides gras odorants, et quoique la proportion en soit très-faible, puisqu'elle ne dépasse pas 1 1/2 p. 100 du suif, on les sépare cependant en saturant l'alcali par un faible excès d'acide sulfurique, on isole ces acides par décantation, on les lave à l'eau bouillante pour s'en servir à fabriquer des savons communs.

Ce procédé donne un fort rendement en suif, sans acide gras liquide et utilise les résidus. Remarquons aussi que dans ce traitement le suif n'a pas besoin d'être haché et qu'on y soumet directement le suif en branches, ce qui est une économie de temps, de main-d'œuvre et d'appareil. Le suif y est aussi plus blanc, d'un plus bel aspect et n'est presque plus odorant, puisque les acides gras qui dégagent l'odeur sont saturés par l'alcali, mais d'un autre côté, la matière azotée des enveloppes est en partie détruite et liquéfiée, elle s'ajoute probablement au suif proprement dit, et il reste à décider si cette addition procure à ce suif des avantages sous le rapport de sa capacité éclairante.

On reproche aussi au procédé Evrard de ne traiter comme il convient que les suifs frais et de bonne qualité, et d'échouer lorsqu'il s'agit de suifs de basse qualité et de graisses inférieures auxquels il n'enlève pas leur odeur putride et de ne pas les débarrasser de leurs émanations odorantes, ce qui est cependant la question principale de l'épuration des suifs. Du reste, nous ferons connaître quelques expériences sur ce sujet faites par M. H. Stein, dans la section VII ci-après.

§ 2. *Alcalis et eau.*

A la date du 19 septembre 1855, M. Roussille, de Bordeaux, s'est fait breveter pour un appareil condenseur propre à la désinfection des fonderies de suif en branche, des dégraissages d'os, des équarrissages de toutes les matières dégageant des vapeurs infectes, et à la distillation des matières grasses et toutes autres insolubles dans l'eau.

Les fontes des suifs en branche et des graisses infectes sont, dit-il dans ce brevet, très-gênantes pour les habitations voisines des établissements où se font ces opérations lorsqu'on dégage les vapeurs dans l'atmosphère. Elles donnent lieu à des plaintes incessantes qui mettent chaque jour en question l'existence de ces établissements. Des mesures ont été prises pour diminuer ces graves inconvénients. Ainsi on fait la fonte à vase clos; mais les appareils sont très-coûteux et ils présentent des dangers d'explosion ou laissent échapper des vapeurs. En conduisant directement les vapeurs dans la cheminée d'appel, nous avons dégagé notre atelier de toute odeur; mais ce moyen ne satisfaisait pas aux exigences de la salubrité publique, car les vapeurs étaient portées plus loin sans être neutralisées et les plaintes ont continué.

Nous avons alors injecté de l'eau froide sur les vapeurs dans un tuyau de dégagement; ce moyen les a condensées faiblement et des infections étaient encore renvoyées dans l'atmosphère.

L'appareil que nous avons établi dans nos usines de Jurançon et de Floirac, aussi simple dans sa construction qu'économique dans son installation et son entretien, remplit toutes les conditions qui donnent la plus complète innocuité à ces sortes d'établissements.

Il a le double avantage, d'abord dans l'intérêt de l'industrie, de son bas prix et de l'assainissement de l'établissement, et ensuite de son efficacité dans l'intérêt de la salubrité publique.

Fig. 27, pl. 1, élévation de la coupe longitudinale du condenseur monté sur des traverses fixées à quelques centimètres au-dessous du niveau d'eau de la caisse A B qui contient l'eau destinée au refroidissement.

Fig. 28, section transversale.

Fig. 29, plan de l'appareil.

F, tuyau de communication du condenseur avec la source des vapeurs à condenser. Ce tuyau est composé de deux parties : l'une fixe F, l'autre mobile C, qu'on lève quand on veut établir le tirage, et qu'on baisse jusqu'au-dessous du niveau de l'eau quand on veut l'intercepter. Le tracé indique suffisamment que le lest se fait avec du liquide. D^1, cheminée ou tuyau de sortie servant à déterminer le tirage ou communiquant avec la cheminée d'appel.

A une hauteur quelconque de ce tuyau est adapté un tuyau E d'un diamètre plus grand, et disposé de manière à pouvoir contenir des fragments de chaux ou d'un alcali quelconque propre à compléter l'absorption des gaz, si accidentellement quelques-uns avaient échappé à la condensation. Une porte y est pratiquée, afin de renouveler l'alcali au besoin. La partie inférieure, comme on le voit par la coupe transversale, fig. 28, plonge les arêtes de ses compartiments dans l'eau de quelques centimètres, de manière à former des tuyaux carrés ayant pour longueur la longueur même du réfrigérant, et pour ouverture la section K, L, O, P qui est d'environ 1 décimètre carré. L'ouverture de ces canaux peut être facilement agrandie ou diminuée selon les besoins en abaissant ou en élevant le niveau de l'eau qui forme leur base; les canaux peuvent être multipliés et allongés sans inconvénient, selon les besoins. La partie supérieure est disposée de manière à pouvoir contenir une couche d'eau de 1 décimètre au moins de hauteur; de cette façon toutes les parties latérales des canaux se trouvent en contact immédiat avec l'eau de refroidissement.

D'après cet aperçu, il est facile de voir que cet appareil réunit éminemment les conditions les plus fafavorables pour la condensation par sa disposition particulière, qui permet de mettre en contact immédiat avec l'eau les vapeurs qui la traversent.

G, cuve où s'opère la fonte des matières. On couvre cette cuve avec un simple couvercle en bois sur lequel on fixe le tuyau F qui vient s'adapter sur un tuyau mobile C appliqué à l'appareil.

Le tuyau de sortie D[1] s'élevant à une certaine hauteur au-dessus de la cuve, ou étant mis en communication avec la cheminée d'appel, détermine une aspiration qui entraîne les vapeurs dans l'appareil où elles se trouvent en contact immédiat avec de l'eau froide sur un parcours de 9 mètres, en supposant un réfrigérant tel que nous l'avons établi, ayant 1 mètre de long et 80 centimètres de large, et contenant neuf canaux de conduite, fig. 29. Les vapeurs infectes, composées en grande partie de matières ammoniacales très-solubles dans l'eau, sont absorbées dans leur long passage à travers les canaux de l'appareil. Si les vapeurs contenaient exceptionnellement quelques matières incondensables, elles seraient neutralisées par l'alcali mis en E pour s'emparer de ces matières, et qui se trouve placé à leur rencontre dans le tuyau de dégagement; la désinfection sera ainsi complète.

Pour la distillation des matières grasses, résineuses et toutes matières incondensables dans l'eau, la disposition de l'appareil est la même; comme la température de ces sortes de vapeurs est très-élevée, il importe de refroidir l'eau constamment par une alimentation continue qu'on effectue en la faisant déboucher par la partie supérieure d'où elle s'écoule dans le bassin inférieur au moyen d'un tuyau J, J dont l'ouverture se trouve à 1 centimètre au-dessous des bords de la partie supérieure. Ce tuyau établit une communication entre l'eau la plus chaude et le fond du bassin.

Un tuyau transversal H, H, sur lequel sont soudés trois tuyaux verticaux I, I, I débouchant dans l'intérieur des canaux du réfrigérant, établit un trop plein qui maintient le niveau constant en entraînant les eaux et les matières qui surnagent.

Les vapeurs grasses se liquéfient au moindre abaissement de température : on comprend facilement que la condensation est complète avant d'arriver à la cheminée de dégagement.

Cet appareil appliqué à la fonte de nos suifs en branche, à la vapeur, a été d'abord établi tel qu'il est décrit ci-dessus. Le dernier des canaux étant surmonté d'un tuyau qui le mettait en communication avec la cheminée d'appel, cette disposition déterminait un tirage qui aspirait les vapeurs vers le condenseur. Mais lorsqu'il s'agissait de fortes fontes où deux robinets à pleine vapeur devaient y être lancés, une grande quantité d'eau était nécessaire pour précipiter les vapeurs infectes qui parcourent avec une grande vitesse les circuits du condenseur. Pour remédier à cet inconvénient, nous avons appliqué la disposition suivante, fig. 27, 29 et 30.

Sur le bord supérieur de la cuve est pratiquée une rainure circulaire *m n* où est clouée une rigole en cuivre ; elle présente une section de 3 centimètres de large sur 6 de hauteur. Le couvercle, formé d'une seule pièce qu'on manœuvre avec facilité au moyen d'une poulie, est doublé en tôle rabattue sur les bords, de manière à s'emboîter librement dans la rainure de la cuve, où l'on fait un lut hydraulique. Sur le couvercle est fixé, pour le dégagement des vapeurs, un tuyau en tôle G, de 14 centimètres de diamètre, à rebord double pouvant contenir une hauteur d'eau de 5 à 6 centimètres, comme celui de la cuve. Un autre tuyau C, destiné à conduire les gaz dans le condenseur, vient déboucher à quelques centimètres de celui de la cuve, et s'y trouve disposé de la même manière.

Au moment de la mise en train, on met en communication les deux tuyaux, après avoir rempli d'eau leur double rebord au moyen d'un troisième tuyau I coudé à chaque bout, qui s'y emboîte, et la communication se trouve ainsi établie entre la cuve et le condenseur. L'ensemble de l'appareil étant complétement luté avec de l'eau et ne laissant dégager aucune émanation, l'appel de la cheminée, tel qu'il était primitivement établi, a été supprimé, et les vapeurs s'introduisent librement, mais sans précipitation, dans l'appareil de condensation.

En ajoutant à l'appareil un tuyau T de 3 centimètres de diamètre, communiquant au réservoir d'eau, et débouchant en forme d'arrosoir dans l'intérieur du tuyau en tôle G, on produit un commencement de condensation, qui permet de donner au condenseur des proportions moindres. Le même système est appliqué à la fonte à feu nu.

Les figures 31 et 32 représentent une coupe verticale et un plan de la chaudière montée.

E, arbre vertical armé de palettes pour le brassage des suifs. Il tourne sur un pivot cloué au fond de la chaudière, et est fixé au centre du couvercle qu'il traverse par une boite à étoupe. A la partie supérieure s'adapte un tour à quatre manivelles, pour imprimer le mouvement. Cette manœuvre est plus facile que celle de l'ancienne méthode, qui s'effectue au moyen d'une spatule, elle divise mieux les suifs hachés, et accélère la fonte.

Indépendamment du tuyau qui sert au dégagement des vapeurs, une autre ouverture F est pratiquée au couvercle pour le chargement intermittent de la chaudière et pour la surveillance de la conduite de l'opération. Cette ouverture ovale se couvre et se lute librement avec de l'eau, de la manière déjà indiquée.

Dans l'un ou dans l'autre cas, l'appareil étant monté et luté avec de l'eau, les vapeurs infectes, à mesure de leur dégagement, sont chassées d'elles-mêmes par l'ouverture G, descendant en H, fig. 30, traversant en R une pluie d'eau froide injectée par le tuyau T, qui opère un commencement de condensation, elles continuent, notablement réduites, leur parcours le long du tuyau C pour se rendre dans le condenseur, où elles achèvent de disparaître en dissolution dans l'eau.

Ces eaux chargées de matières azotées et ammoniacales et d'autres substances qui constituent la force des engrais, sont écoulées par un trop-plein débouchant à l'extrémité du dernier canal du condenseur, vers un réservoir couvert, enfoncé en dehors de l'atelier, jusqu'au niveau du sol, d'où elles sont recueillies pour l'agriculture.

L'expérience démontre qu'on a besoin de moins d'eau avec ces nouvelles dispositions, et que les dimensions de l'appareil peuvent se réduire, pour les grandes opérations à la vapeur, à $1^m.60$ de long, sur

0m.70 de large; et pour la fonte au creton, à 1 mètre de long sur 0m.50 de large.

§ 3. *Alcalis et terres alcalines.*

M. Gillot a proposé, en 1855, un procédé pour la fonte des suifs et la fabrication des chandelles, dans lequel il s'est proposé d'obtenir un rendement plus considérable en suif, et des chandelles supérieures imitant la bougie.

1. *Fonte du suif.* — M. Gillot ne change rien aux appareils servant à cette industrie, seulement, son procédé appliqué à la fonte à feu nu par l'ébullition de l'eau, a pour principe l'emploi de la chaux.

On prend 2 kilogrammes de chaux vive, grasse ou hydraulique, par 100 kilogrammes de suif en branche que l'on veut fondre, on éteint cette chaux dans un vase au moyen de petites affusions d'eau à mesure que la chaux se dissout. La dissolution étant opérée et lorsque la chaux ne dégage plus de vapeur, on ajoute 26 litres d'eau par chaque kilogramme de chaux primitive, on remue le tout pendant deux minutes, puis on laisse reposer au moins pendant une heure. La chaux non dissoute se précipite au fond du vase et la préparation est terminée.

Cette eau de chaux est décantée ou puisée avec précaution pour l'obtenir claire comme de l'eau de roche. Si on fond à feu nu, on jette cette eau dans la chaudière où l'on veut fondre le suif; on chauffe jusqu'au moment où elle arrive à l'ébullition, puis on jette le suif par fraction en agitant au fur et à mesure; on laisse bouillir pendant 3 à 4 heures, en ayant soin d'agiter fréquemment. La cuisson opérée, on passe le suif dans un rafraîchissoir où il reste jusqu'au monent où il est bon à mettre en jalots ou à couler dans es moules à chandelles ou à bougie.

Si on fond le suif à la vapeur, la même opération e fait en mettant dans le bouilloir l'eau de chaux et limentant au besoin, si on veut, avec de l'eau non réparée.

Le suif ainsi fondu devient, par le refroidissement, m corps solide sec et cassant.

On peut faire servir la même préparation, par l'eau le chaux, à tous les suifs fondus, en leur donnant me ébullition d'une demi-heure; on obtient les nêmes effets que ci-dessus.

On obtiendrait des résultats à peu près semblables n employant, sans faire usage d'eau, la chaux lteinte après la fonte du suif par les moyens ordi-aires.

L'alumine peut aussi remplacer la chaux dans les pérations décrites.

2. *Fabrication de la chandelle.* — Pour fabriquer a chandelle, il suffit de prendre le suif ayant subi l'une ou l'autre des préparations qui viennent d'être décrites. La chandelle qu'on produit ainsi est, sui-vant M. Gillot, d'une blancheur diaphane, et luisante u vernissée comme la porcelaine; elle sort du moule à sec, sans cylindre, après quelques heures de ventilation, ou bien après une nuit fraîche. Elle brûle la mèche de bougie préparée comme d'usage, Elle ne se mouche pas; elle ne coule pas, elle ne fume pas, et dure 12 heures avec les mèches de 75 et 84 fils.

M. Moinier a proposé, en 1849, de traiter les corps gras par la potasse, la soude, l'ammoniaque, a baryte ou la chaux, et dans ce mélange, de faire passer tout le temps que dure la combinaison, un courant rapide d'oxygène, d'azote, de protoxyde d'azote, d'acides chlorhydrique, carbonique, l'oxyde de carbone, le chlore, et surtout l'acide sulfureux qu'on peut employer à l'état de sulfite.

On traite aussi de cette manière et jusqu'à épuisement les résidus des presses à acides gras.

Lorsqu'il s'agit de la fabrication des chandelles, on peut donner au suif une supériorité marquée en le faisant fondre et y faisant passer pendant 2 heures un courant de ces gaz ou en les dissolvant dans l'eau.

Suivant lui, l'acide sulfurique du commerce renferme des acides azotique et hypoazotique qui détruisent les acides gras et un courant d'acide sulfureux dirigé dans l'acide sulfurique avant son emploi, détruit ces acides azotés.

M. Puis, de Paris, a décrit, en 1857, un procédé pour la fonte, le blanchiment et le durcissement des graisses animales ou végétales, dont voici la description :

Le suif en branche ou fondu ainsi que tout autre corps gras, est fondu dans une eau de chaux clarifiée, à laquelle on ajoute du sel de soude en poudre ou bien du carbonate ou du sulfate de soude.

Après une ébullition de quelques heures et lorsque la lessive est devenue colorée et rougeâtre, on laisse refroidir le corps gras qui se sépare de l'eau devenue gélatineuse. On le fait refondre deux autres fois dans l'eau de chaux clarifiée, à laquelle on ajoute encore du sel de soude en poudre.

Chacune de ces deux dernières fusions s'opère pendant le même temps que la première.

La quantité de soude pour la première fonte est, à l'état de sel, de 4 pour 100 du corps gras; à l'état de carbonate, de 8 pour 100; à l'état de sulfate, de 12 pour 100.

Pour chacune des deux autres fusions, les quantités sont moitié de celles qui viennent d'être indiquées.

Au moment où doit se terminer l'ébullition, à chaque fusion, on ajoute une petite quantité de sel marin pour aider le départ entre la lessive et le corps gras.

Les eaux de la 3e fusion peuvent servir à la seconde dans les opérations subséquentes, et celles de la seconde à la première.

Après la 3e fusion, le corps gras est refondu dans une eau additionnée de 5 pour 100 d'acide sulfurique à 53°, ou de 10 pour 100 d'acide chlorhydrique, proportionnellement à la quantité du corps gras.

Cette opération, qui dure 3 heures et produit la décomposition, est suivie d'un lavage à l'eau pure, mise en ébullition pendant 2 heures.

Toutes les chauffes peuvent se faire à feu nu, mais mieux encore par la vapeur libre ou sèche en serpentins.

Après ces fusions successives et la décomposition, le corps gras se trouve préparé, pour que la séparation de la partie solide d'avec la partie liquide oléagineuse se fasse à l'aide d'une simple pression à froid.

Cette pression étant faite avec une force suffisante, rend la partie solide très-blanche, dure, sèche et cristallisée comme l'acide stéarique.

Quant à la partie liquide, elle fournit une huile

absolument neutre, presque incolore et de qualité supérieure à l'acide oléique.

La partie solide, suffisamment pressée, est une sorte de stéarine de qualité secondaire faisant des bougies ou des chandelles qui brûlent sans avoir besoin d'être mouchées.

Mélangée à l'acide stéarique par parties égales, elle fournit des bougies de qualité presque égale à celles de l'acide stéarique.

M. J.-S. Shapler aussi, proposa en 1866 de blanchir le suif en faisant le vide dans la chaudière où on coule le suif, de chauffer celui-ci de 100° à 140° C., en enlevant toutes les vapeurs à la pompe, et quand il ne s'en dégage plus, d'ajouter une lessive de 70° B., puis de faire agir de nouveau la pompe et les condenseurs, jusqu'à ce qu'il n'y ait plus dégagement de vapeur.

§ 4. *Sel marin.*

« Deux procédés, dit M. Deleveau, de Marseille, se partagent encore la fonte des suifs de boucherie sans que les avantages de l'un aient pu balancer les inconvénients de l'autre, à savoir : le procédé par les alcalis et celui par l'acide sulfurique.

« Le procédé par l'acide sulfurique en détruisant, avec les membranes, les causes de l'odeur qui se dégage pendant l'altération de ces matières dans la fonte à feu nu, conserve l'inconvénient de décomposer une portion de la graisse qu'il convertit en acide gras et d'y combiner une partie des produits des matières membraneuses.

« Il s'est produit entre ces deux modes une infinité de procédés plus ou moins compliqués, les uns ayant pour but de modifier l'action des acides par la réaction d'un alcali et réciproquement celle des alcalis par un acide ; d'autres proposent des réactifs qui, sous une autre forme, n'en produisent pas moins l'alcalinité ou l'acidité d'où résulte également l'altération des principes gras.

« Aucun n'a offert jusqu'ici la solution d'une question pourtant fort simple qui se réduit à extraire les graisses dans l'état le plus voisin de celui où la nature les a formées dans le corps des animaux et de laisser aux diverses industries qui les emploient, le soin de les approprier, sans avoir à subir l'inconvénient d'une préparation qui en a déjà altéré les propriétés. »

Le sel marin a paru à M. Deleveau, le seul agent capable de fournir ce résultat.

« On sait, dit-il, que les membranes adipeuses, comme toutes les parties solides des animaux, contiennent de l'albumine et que celle-ci produit de la gélatine. On sait également que les deux éléments principaux du sel marin déterminent cette double conversion. Le premier effet du sel marin dans le procédé que je vais décrire est de contracter fortement les parties membraneuses, qu'il convertit bientôt en un composé albumino-gélatineux insoluble, qui finit par se précipiter, après avoir dégagé d'une manière plus tranchée toutes les parties de graisse sans altération, sans production de principes volatils et sans dégagement d'odeur incommode pendant l'opération. Voici la description du procédé.

« Après avoir coupé par morceaux ou broyé, comme on le pratique aussi, les suifs ou les graisses, tels que les livre la boucherie, on les introduit dans une chaudière chauffée à feu nu, ou dans une cuve chauffée par la vapeur libre ou confinée, dans lesquelles on a versé environ moitié de la quantité des matières à traiter d'une dissolution de sel marquant 20° à 25° de l'aréomètre de Baumé.

« A mesure que la chaleur agit, on voit les tissus se gonfler et livrer passage à la graisse qu'on recueille au fur et à mesure et coule directement en barrique pour la vente, ou bien dans une cuve où elle reçoit à la fin un lavage toujours nécessaire si l'on veut soigner la qualité, quelle que soit d'ailleurs la nature des matières sur lesquelles on opère. Dans l'un et l'autre cas il faut ralentir le refroidissement.

« L'action de la dissolution salée, dont on élèvera le degré, selon qu'on emploiera le feu nu ou la vapeur libre et qu'on l'élèvera plutôt que de l'affaiblir en remplaçant par de l'eau salée le liquide qui s'évapore pendant l'opération; l'action de la dissolution, dis-je, sur les membranes aidant considérablement à l'action de la chaleur, on dirigera celle-ci d'une manière progressive et aussi modérée que possible.

« Lorsque la graisse est à peu près épuisée, au lieu de pousser le feu pour en obtenir les dernières parcelles, il est plus économique sous le triple rapport du combustible, du temps et de la qualité du produit, de réunir les fonds de chaudière de plusieurs opérations et de les traiter ensemble.

« A cet effet on retire ces fonds à l'aide d'une grande passoire et on les met égoutter sur des toiles fixées sur des réservoirs. Les eaux qui s'en écoulent, de même que celle restées dans la chaudière, abandonnées au repos puis décantées ou filtrées directement, servent à de nouvelles opérations.

« Les matières étant suffisamment égouttées, il ne

s'agit plus que d'en déterminer l'emploi, soit à l'état de résidu après en avoir retiré les dernières portions de graisse, soit qu'on veuille les convertir en savon. A l'état de résidu, il suffira de faire bouillir ces matières dans la dissolution qui a déjà servi qu'on affaiblira de moitié et dont on recouvrira les matières à traiter. On peut placer les matières entre deux faux fonds qu'on aura disposés dans une chaudière ou une cuve, afin qu'elles soient toujours couvertes par le liquide sans qu'elles puissent remonter à la surface et venir s'y mêler avec la graisse qu'on doit recueillir à mesure qu'elle monte. Le résidu ainsi épuisé sera mis à égoutter et pressé ensuite à la manière des cretons.

« S'il s'agit de convertir les matières en savon, on les traitera par une lessive de soude caustique de 10° à 15° B. qui achèvera de leur donner un caractère gélatineux. On emploiera à cela de vieilles lessives, si l'on est en position de s'en procurer, ou l'on fera resservir celles qu'on affectera à cet usage. Si c'est un savon pur qu'on veut obtenir, on précipitera la partie gélatineuse au moyen de lessives fortes alternées avec la solution salée, on retirera le savon pour le perfectionner par les moyens connus ou bien on décomposera cette saponification par les acides après l'avoir dissoute dans une grande quantité d'eau pour en retirer le corps gras.

« S'il s'agit au contraire d'amener toute la matière en savon, il faudra commencer le traitement par une dissolution de chlore qui rendra les parties gélatineuses solubles dans l'alcali et pousser ensuite la saponification par des lessives.

« Sous quelque forme qu'il sorte des opérations ci-dessus, le résidu trouvera un emploi avantageux dans les diverses industries qui utilisent les sous-produits et qui pourront les approprier pour la fabrication des noirs décolorants, à la corroyerie, la composition des engrais, etc.

« Le plus simple raisonnement démontrera à ceux qui connaissent les conditions dans lesquelles les corps gras perdent ou conservent leur fixité et où leur altération s'effectue, que ce double rendement doit naturellement résulter de l'absence de production de principes volatils et des combinaisons de produits étrangers, qui dans les procédés usités sont pour les premier une perte sèche que subit le fondeur, et pour les seconds, un élément de déchet et de difficulté qui embarrasse le consommateur. Il sera encore plus manifeste aux yeux de ceux qui savent que dans la fabrication des bougies, qui absorbe aujourd'hui les suifs, si la saponification au moyen de laquelle on prépare la cristallisation tranchée de la partie solide, s'exerce sur un suif déjà altéré, cette saponification sera plus productive en glycérine aux dépens des acides gras et notamment de la proportion concrète de ces acides.

« Mais pour ne parler que du rendement effectif, voici le résultat des expériences comparatives faites sur une même partie de suif divisée en deux parties parfaitement égales en quantité et par conséquent en qualité, exactement conforme à l'état d'assortiment et des conditions dans lesquelles les livre la boucherie de Marseille.

« Traitée par la dissolution directe de sel marin, la seconde partie a produit 86 p. 100, savoir : 83 p. 100 de suif très-blanc, ferme, cassant et inodore, et 3

p. 100 de suif ordinaire, extrait des résidus par la simple ébullition et laissant encore des traces de matières grasses.

« L'opération comparative qu'on vient de rapporter a été faite dans la saison la plus défavorable et sur des graisses où le produit moyen du fondeur n'est que de 79 p. 100, et où les cretons qui ne forment que 5 à 6 p. 100 sont tellement bien pressés qu'ils ne contiennent pas 15 p. 100 de leur poids de graisse.

« J'ajouterai, en terminant, que par mon procédé les produits balancent à très-peu près la matière employée, tandis que par les procédés connus le déficit varie de 13 à 18 p. 100. »

Section V. — FONTE AUX ACIDES.

§ 1. *Acide sulfurique.*

Nous avons vu que le suif, pendant sa fusion, laissait dégager un odeur insalubre et fort incommode qu'on a cherché à éviter par un grand nombre de moyens.

La fusion au bain-marie a été essayée, mais sans succès; la température qu'on obtient par ce moyen est trop peu élevée, les cretons retiennent trop de suif, et la mauvaise odeur n'est pas suffisamment détruite.

On a aussi essayé de laver le suif en branches avec une dissolution de chlorure de chaux, et l'on prétend qu'on a ainsi beaucoup diminué la mauvaise odeur des vapeurs qui s'élèvent pendant la fonte. Mais il suffit, pour apprécier le mérite de ce procédé, de remarquer que le chlore se combine avec le suif, ce qui est un grave inconvénient, et de plus, que le suif, lavé seulement à sa surface, n'en donne pas moins l'odeur désagréable qui est le résultat de la fonte elle-même.

M. Gannal, dans un établissement qu'il dirigeait dans la plaine de Mousseaux, près de Paris, était parvenu à diminuer l'odeur que donne le suif pendant sa fusion, en ajoutant au suif une certaine quantité d'acide dont la nature n'a pas été indiquée, et il la détruisait complétement en faisant passer les vapeurs qui s'élevaient des chaudières à travers un lit de charbon embrasé; mais la solution complète du problème était réservée à d'Arcet, ainsi que nous allons l'indiquer.

Procédé D'Arcet.

En cherchant à combattre les inconvénients inhérents au procédé de la fonte aux cretons, d'Arcet, après bien des essais, finit par résoudre le problème de la fonte des suifs par un procédé simple et manufacturier.

Le procédé de D'Arcet qui l'a fait connaître en 1820 est basé sur ce fait, qu'au contact de l'acide sulfurique chaud, les membranes animales qui renferment la matière adipeuse se déchirent et se dissolvent, tandis que cette matière mise ainsi en liberté n'éprouve dans les mêmes conditions aucune altération. Si donc, on expose pendant un temps convenable du suif en branches à l'action d'une eau aiguisée par l'acide sulfurique et qu'on porte à une certaine température, les membranes qui retenaient la graisse captive se dissolvent et celle-ci se sépare et vient nager en une couche bien nette et bien pure à la surface du liquide.

Pour opérer industriellement par ce procédé qui est adopté aujourd'hui dans beaucoup d'établissements des mieux organisés, voici comment on conduit l'opération :

On prend 1,000 kilogrammes de suif en branches qu'on projette dans une chaudière, et sur lesquels on verse 10 kilogrammes d'acide sulfurique du commerce étendu de 200 à 500 litres d'eau, suivant la qualité du suif. Cette chaudière qui est en cuivre a la forme d'une chaudière à vapeur qui serait posée verticalement, c'est-à-dire qu'elle se compose d'un corps cylindrique terminée par deux fonds ou calottes sphériques. Dès que cette chaudière a été chargée de suif et d'eau acidulée, on la ferme hermétiquement, puis, au moyen d'un serpentin en plomb qui pénètre à son intérieur, on élève la température à l'ébullition et même de 105 à 110° C., et on la maintient pendant plusieurs heures à cette température. Ainsi que nous l'avons dit précédemment, les membranes, sous l'influence de l'eau, de l'acide et de la chaleur, se désaggrègent et se dissolvent, et le suif, devenu libre, vient former une couche à la partie supérieure, tandis que les chairs plus ou moins altérées, et autres matières étrangères généralement en petite quantité, tombent dans le liquide qui est au fond.

Pour décanter le suif fondu, on ouvre un robinet placé latéralement sur le corps de la chaudière et communiquant avec un tube à genouillère dont l'extrémité est munie d'un flotteur établi de manière à se maintenir toujours à la séparation des deux couches liquides.

Ainsi évacué, le suif coule par des tuyaux en cuivre dans de vastes cuves, pouvant en contenir plusieurs mètres cubes, qu'on appelle des refroidissoirs, puis, lorsqu'il est près de se figer, on le verse dans les tines.

La boulée, toujours en très-faible quantité, est évacuée à son tour avec l'eau acide par un tuyau de décharge placé à la partie inférieure de la chaudière, et comme elle est chargée d'acide, elle est impropre à la nourriture des animaux.

Le procédé de D'Arcet de fonte à l'acide ne laisse échapper aucune émanation insalubre, et est sans danger pour le voisinage; les produits qu'il fournit sont blancs et peu odorants, enfin, le rendement s'élève toujours de 84 à 85 p. 100 de la matière première.

Ce rendement n'a peut-être jamais été discuté d'une manière complète, et nous croyons qu'il y aurait de l'intérêt à constater si la perte de 15 p. 100 sur la matière première, correspond bien exactement à la proportion des membranes dans cette matière; à rechercher si la dissolution de ces membranes n'introduit pas dans le suif des matières pouvant, il est vrai, devenir fluides par la chaleur, mais moins combustibles que la graisse et susceptibles de rendre fumeuse et moins brillante la flamme des chandelles; en un mot, si le rendement considérable en suif blanc et peu odorant n'est pas acquis aux dépens d'un abaissement dans la qualité réelle du produit. Ce sont là des questions qui ne paraissent pas encore être parfaitement résolues, malgré que le procédé soit très-répandu, parce qu'il a rendu un véritable service sous le rapport de l'hygiène, de sa simplicité et du rendement.

Quoi qu'il en soit, nous dirons que le conseil de salubrité de la ville de Nantes s'étant occupé sérieusement de recherches et d'expériences dans le but d'obtenir des procédés d'assainissement dans la fonte des suifs en branches, soumit à un examen approfondi le procédé de D'Arcet, et proposa d'y apporter des modifications. Le rapport fait au conseil de salubrité de cette ville, en 1827, contenant plusieurs considération importantes à connaître pour les fondeurs et fabricants de chandelles, nous en présenterons ici un extrait :

« Le conseil de salubrité, dit le rapport, dans la vue d'arriver plus tôt au but qu'il se proposait d'atteindre, ouvrit une nombreuse correspondance, tant en France qu'à l'étranger, avec tous les hommes qu'il jugea capables de jeter quelque jour sur cette question importante. Mais son espoir fut déçu. Partout, dit le rapport, nous avons trouvé que le même procédé, plus ou moins modifié, était en usage avec toutes ses fâcheuses conséquences; c'est-à-dire que, si dans quelques lieux on est parvenu à obtenir de meilleurs produits, et même à écarter de l'atelier la mauvaise odeur, nulle part on n'emploie de moyen efficace pour préserver les habitations voisines, ce qui était l'objet principal que nous devions avoir en vue.

« Cependant, plusieurs chimistes avaient déjà porté leur attention sur cette branche importante de l'industrie, et quelques essais avaient été tentés, soit pour améliorer les produits, soit pour épargner aux ouvriers une partie de l'incommodité et de l'insalubrité de leur travaux.

« Plusieurs procédés, proposés par les chimistes que le conseil avait consultés, furent vainement essayés. Voici ceux qui parurent s'approcher du but.

« M. Gannal, dans un établissement qu'il dirigeait dans la plaine de Mousseaux, près de Paris, et qui avait excité les plaintes des voisins, mit en usage divers moyens de désinfection, dont deux seulement lui parurent atteindre le but. Le premier consistait à ajouter au suif en fonte, une certaine quantité d'acide, dont il ne désignait pas la nature, qui, précipitant une partie de carbone contenu dans les vapeurs, et les réduisant presque à n'être plus que de l'hydrogène, avait l'avantage de changer l'odeur de ces vapeurs et de la rendre bien plus supportable.

« Le second moyen était de faire passer la fumée qui s'élève de la chaudière à travers un lit de charbons embrasés. La combustion était tellement entretenue par le carbone et l'hydrogène contenus dans cette fumée, qu'il était à peine besoin de renouveler les charbons. »

« Enfin, M. Chevreul nous a communiqué deux procédé de M. d'Arcet. Le premier, qui constitue une méthode particulière de fonte, consiste à placer dans une chaudière de cuivre rouge suffisamment grande, bien propre et ouverte, 100 kilogr. de suif en branches coupé par petits morceaux, 50 kilogr. d'eau et 1 kilogr. d'acide sulfurique à 66°. Ce procédé analogue à celui de M. Gannal, sous le rapport de la salubrité, a pareillement l'avantage de donner lieu à des vapeurs moins fétides : mais d'après notre expérience, ce procédé ne détruirait pas la mauvaise odeur, comme nous l'avait annoncé M. Chevreul.

« Dans le second procédé, on fond le suif au moyen d'un appareil particulier, en dirigeant les vapeurs dans le foyer où se brûle ce qu'elles ont de combustible. Mais ici on opère selon l'ancienne méthode et la presse aux cretons reste toujours indispensable.

« Dans ces différents documents, on aura sans doute remarqué avec plaisir, que tous les efforts tentés pour améliorer l'art du fondeur de suif, l'ont été par nos compatriotes : les renseignements qui sont parvenus de l'Angleterre et de l'Allemagne montrent cette branche de l'industrie dans son ancien état d'imperfection.

« Mais si notre correspondance nous a fourni la preuve que, ni en France ni à l'étranger, rien n'a été encore adopté pour détruire tout ce que les procédés de la fabrication du suif ont de contraire à la salubrité ; elle nous a laissé l'heureux espoir de pouvoir, en combinant entre eux les divers essais déjà tentés, et en les appuyant de nos propres expériences, atteindre le but que nous nous étions proposé.

« Ce n'est point ici le lieu d'entrer dans les détails employés généralement pour la fabrication du suif ; il suffira de dire que cette fabrication est toujours accompagnée d'un dégagement de vapeurs infectes, permanentes, et qui se répandent au loin en conservant leur mauvaise odeur, et que le but du conseil de salubrité était de coërcer ces vapeurs ou d'en neutraliser l'odeur.

« *Première expérience.* — Pour y parvenir, nous avons tenté de fondre le suif en vase clos, au bain-marie et sous une certaine pression. Pour cela, nous avons fait usage d'une marmite autoclave de la contenance de 6 litres et portant une pression de 108°. On a introduit 1 1/2 kilogr. de suif en branches, non divisé, et 3 litres d'eau. Le tout a été placé sur un fourneau et entretenu à l'ébullition pendant 40 minutes. Au bout de ce temps, l'appareil a été ouvert, mais il a été reconnu que le suif n'était pas entièrement fondu : plusieurs morceaux, quoique très-diminués de volume, présentaient au centre leur premier état.

« Considérant alors que le temps de l'ébullition n'avait pas été prolongé, et que la division préalable que l'on avait espéré éviter devenait nécessaire, on procéda à une seconde opération, en remplissant ces deux conditions.

« *Deuxième expérience.*—Dans la même marmite, 1 1/2 kilogr. de suif coupé en petits morceaux, et 3 litres d'eau ont été entretenus en ébullition pendant une heure. Cette fois la fonte a été complète. Le suif, passé au travers d'une toile et exprimé à bras, a donné 96 grammes de résidu, pesé froid. On conçoit que l'action d'une presse en eût laissé beaucoup moins.

« Le suif obtenu par ce procédé s'est trouvé de bonne qualité, mais, malgré sa prompte fusion, il s'est répandu des vapeurs fort incommodes, la soupape de la marmite les laissant dégager continuellement, bien qu'en très-petite quantité, comparativement à celles qui doivent résulter de cette opération, faite à vase ouvert, dont la durée est double ou quadruple. Le conseil a pensé d'ailleurs, que si ce procédé devait être adopté, il ne serait pas impossible de faire disparaître entièrement l'odeur, soit en brûlant, soit en condensant les vapeurs.

« *Troisième expérience.* — Suivant l'un des procédés de M. d'Arcet indiqué par M. Chevreul, on a introduit dans la même marmite 1 1/2 kilogr de suif en branches, 750 gr. d'eau et 124 gr. d'acide sulfurique. Nous voulions essayer ce procédé à vaisseau clos, par économie de temps et de combustible; mais au bout de 20 minutes, le bousoufflement de la matière, dont une partie s'échappait par la soupape, nous eût bientôt convaincu que ce moyen était peu praticable, sans doute à cause de la réaction de l'acide sur les matières animales. Toutefois, en démontant l'appareil, on vit que le suif était entièrement fondu. Le suif refroidi était plus blanc et plus consistant que le précédent. Mais nous perdîmes, dans cette expérience, l'espérance que nous avions conçue, d'après l'annonce de M. Chevreul, que le suif traité par l'acide sulfurique ne laissait dégager aucune odeur fétide ou malfaisante. Il est cependant vrai de dire que cette odeur était d'une nature particulière et moins incommode que dans les deux autres expériences.

« *Quatrième expérience.* — La même expérience exécutée dans un vase ouvert a présenté les mêmes résultats, quant à l'odeur et à la quantité du suif, qui a été fondu dans une demi-heure. Le résidu, recueilli et examiné avec soin, n'a paru retenir aucune particule graisseuse.

« *Cinquième expérience.*—Considérant, d'après ces essais, que l'addition de l'acide sulfurique proposée par M. d'Arcet, donnait un suif de meilleure qualité, hâtait la fonte et la rendait si complète que les cretons ne retenaient plus aucune particule graisseuse, ce qui rendait inutile l'usage de la presse; mais considérant en même temps que les vapeurs qui s'échappaient pendant l'opération étaient toujours très-incommodes, nous conçûmes l'idée d'employer un moyen analogue au fourneau conseillé par M. d'Arcet, par lequel ce savant se proposait de brûler les vapeurs et de rendre l'opération encore plus satisfaisante, sous le double point de vue de la salubrité et de l'industrie, en traitant le suif par l'acide. Mais avant de procéder, nous crûmes devoir modifier l'appareil de M. d'Arcet. Nous craignions que, dans ce procédé, le couvercle de la chaudière étant mobile et laissé à la disposition des ouvriers pour agiter les matières avec le *mouveron*, afin d'empêcher qu'elles ne roussissent, ceux-ci, sous prétexte de surveiller la fonte, ne laissassent la chaudière continuellement découverte, et qu'alors les vapeurs ne se répandissent dans l'atelier et dans le voisinage. C'est ce qui nous engagea à opérer à vase clos, en plaçant à un pouce du fond de la chaudière un diaphragme de cuivre troué, pour empêcher les matières de roussir et éviter ainsi la nécessité du *mouveron*.

« Ces dispositions étant arrêtées, on introduisit la même quantité de suif, d'eau et d'acide dans un alambic hermétiquement fermé et muni de son diaphragme. On lui avait adapté un tuyau recourbé pour diriger les vapeurs dans le foyer du fourneau. Cette expérience a complétement réussi, l'odeur a été presque nulle ; le vapeurs qui traversaient le feu et qui sortaient en assez grande abondance, par la cheminée en tôle du fourneau, sous forme de fumée épaisse, n'avaient qu'une odeur analogue à celle qui s'élève de l'eau jetée sur un fer chaud. Le suif retiré après une demi-heure d'ébullition, était complétement fondu ; refroidi, il était blanc, ferme et sonore. La quantité de cretons, exprimés à travers une toile, ne s'est élevée qu'à 96 grammes; ils rougissaient le papier bleu-tournesol dont la couleur n'était pas changée par son contact avec le suif, ce qui nous prouva que ce dernier ne retenait aucun atome d'acide. M. d'Arcet, à qui nous communiquâmes le résultat de cette expérience, approuva les modifications que nous avions apportées à son appareil.

« *Sixième expérience.*—Craignant que, dans l'expérience précédente, la mauvaise conduite du feu ne fît, à cause de l'addition de l'acide sulfurique, boursouffler les matières, et qu'en s'échappant par le tuyau de communication avec le foyer, elles ne donnassent lieu à un incendie, nous pensâmes qu'il serait possible, au lieu de brûler les vapeurs, de les détruire en les condensant ; c'est pour arriver à ce but que nous tentâmes l'expérience suivante :

« On introduisit dans un alambic, garni de son serpentin, 7 1/2 kilogr. de suif en branches, avec la même quantité d'eau non acidulée ; aucune odeur ne se fit sentir pendant toute l'opération ; et l'eau, résultat de la condensation des vapeurs, qui sortait par l'extrémité du serpentin, était claire et conservait à peine une légère odeur de graisse. Après une heure d'ébullition, le suif n'était qu'imparfaitement fondu. Alors nous vîmes combien l'addition de l'acide était nécessaire ; car, en ayant introduit la quantité requise, une demi-heure d'ébullition suffit pour opérer une fonte complète. Dans cette expérience, les cretons ne pesaient que 224 grammes.

« Mais il ne suffisait pas d'avoir atteint le but sous le rapport de la salubrité : il fallait encore envisager ce procédé sous le point de vue industriel et commercial. En conséquence, nous fîmes examiner les produits des différentes fontes que nous avions opérées, par M. Thibault, fabricant de cette ville, qui réunit à des connaissances pratiques le louable désir d'améliorer, sous tous les rapports, la branche d'industrie qu'il exploite avec succès depuis un grand nombre d'années. M. Thibault a donné la préférence aux produits des 4e, 5e et 6e expériences où le suif avait été traité par l'acide sulfurique. Il a eu la complaisance de fabriquer, sous nos yeux, avec les suifs provenant de ces diverses fontes, des chandelles qui, au sortir du moule, avaient la dureté, l'éclat et surtout la blancheur que la chandelle fabriquée par les procédés ordinaires n'acquiert qu'après une exposition prolongée au serein. La chandelle ainsi fabriquée a brûlé, sans couler, beaucoup plus lentement que la chandelle ordinaire : elle donnait, peut-être, une flamme un peu moins volumineuse, mais sa lumière n'était pas surmontée de cette fumée épaisse qui rend si désagréable, par l'odeur qu'elle répand, la chandelle fabriquée par l'ancien procédé.

« Ici se présentait une difficulté : les résultats obtenus sur de petites masses auraient pu ne pas être identiques, lorsqu'on aurait opéré sur des masses plus considérables. M. Thibault a fait disparaître cette crainte en fondant, dans son laboratoire, 100 kilogrammes de suif, avec addition de l'acide sulfurique et de l'eau, dans les proportions que nous lui avions indiquées. Dans cette expérience, 100 kilogrammes de suif, en sorte, ont donné 92 de suif fondu, et 8 de déchet ; tandis que la même quantité du même suif, fondu le même jour par le procédé ordinaire, a donné 15 pour 100 de déchet. Dans une seconde fonte de 101 kilogrammes de suif de choix, M. Thibault a obtenu 96 de suif fondu et 5 de déchet : ordinairement la même quantité de ce suif lui donnait 8 à 10 pour 100 de déchet.

« Dans ces deux expériences, quoique l'on opérât à vase ouvert, l'odeur, bien que fort désagréable, n'offrait point le caractère particulier à celle qui s'élève du suif fondu par l'ancienne méthode.

« Le procédé indiqué par M. d'Arcet est donc éminemment avantageux pour la quantité et la qualité du produit. A cet avantage, il en réunit un autre : c'est de rendre inutile la presse aux cretons, parce que l'acide agit tellement sur la trame du tissu cellulaire qu'il en rend la rupture facile, en sorte que, pendant l'ébullition, toutes les parties graisseuses qui y étaient contenues peuvent facilement s'en échapper. Aussi, comme nous l'avons vu, les cretons ne consistent-ils plus qu'en une masse de tissu fibreux, sec et entièrement dépourvu de graisse. C'est donc une main-d'œuvre de moins et une machine désormais inutile ; il est vrai que les cretons ne pourraient plus servir à la confection de gâteaux employés à la nourriture de certains animaux, à moins qu'ils n'eussent été dégagés, par le lavage à l'eau bouillante, de l'acide qu'ils contiennent, car ils rougissent le papier bleu tournesol, ainsi que nous l'avons déjà fait remarquer ; mais ce désavantage est bien compensé par la quantité de suif qu'on obtient, par sa quantité et par l'économie dans la main-d'œuvre.

« D'une autre part, en exécutant ce procédé dans l'appareil de M. d'Arcet, modifié par nous par l'addition du diaphragme, on peut tenir fermée l'ouverture de la chaudière, et il n'est plus nécessaire d'avoir un ouvrier chargé de remuer le suif pour l'empêcher de roussir, ce qui présente encore l'avantage de ne laisser aucune vapeur s'échapper dans l'atelier, comme cela aurait eu lieu s'il y avait eu besoin de se servir du *mouveron* et de découvrir de temps à autre la chaudière.

« Le principal objet que devait avoir le conseil de salubrité était de parer aux graves inconvénients qui auraient résulté, d'abord pour l'établissement, et ensuite pour le voisinage, de la production d'une masse considérable de vapeurs extrêmement fétides; par le procédé qui consiste à brûler la fumée, c'est-à-dire à enlever aux vapeurs, par leur combustion, tout ce qu'elles ont de désagréable et d'odorant, on laisse au dehors un grand dégagement de fumée, encore incommode pour les habitations sur lesquelles le vent la pousserait; mais il y avait de plus, ainsi que nous l'avons déjà dit, les craintes d'incendie, par la mauvaise conduite du feu, qui pourrait occasionner le boursoufflement des matières et les obliger à passer par le tuyau destiné à conduire les vapeurs dans le fourneau.

« En faisant condenser, par l'autre procédé, les vapeurs au moyen d'un réfrigérant, on éloigne, d'une part, toute crainte d'incendie, et de l'autre on ne détermine au dehors aucune fumée; c'est ce qu'on se proposa d'obtenir en dirigeant les vapeurs dans l'égout de l'établissement; ce dernier avis fut adopté, et M. Démolou, architecte-voyer, chargé de la direction des travaux de construction de l'abattoir, à qui nous communiquâmes ce projet, en regarda l'exécution comme très-facile. Il alla même au-devant des inquiétudes de quelques membres du conseil, qui craignaient que les vapeurs, n'étant point assez tôt condensées, trouvassent jour à s'échapper par les ouvertures des égouts, en nous assurant que tout retour était impossible, puisque chaque ouverture d'égout devra plonger dans une *cuvette à la Desparcieux*.

« Pour nous résumer, nous croyons avoir pourvu à éloigner de l'abattoir tout danger pour l'établissement lui-même et pour le voisinage, en proposant :

« 1° De faire voûter les fondoirs pour placer les chaudières au premier étage ;

« 2° De faire plafonner toutes les charpentes ;

« 3° D'opérer la fonte à vase clos avec addition d'acide sulfurique, dans les proportions indiquées par M. d'Arcet.

« 4° De faire condenser les vapeurs dans les égouts de l'établissement ;

« 5° D'exiger la plus grande propreté dans les fonderies et de n'y pas laisser séjourner le suif en branches.

« *Nota*. Nous ne pensons pas toutefois que la proportion d'acide proposée par M. d'Arcet doive être rigoureusement observée dans tous les cas. Nous croyons, au contraire, qu'elle pourrait être augmentée avec avantage, lorsqu'on aurait à traiter des suifs mous et de qualité inférieure, comme la plupart de ceux qui nous viennent du Brésil et de la Russie. Il serait bon, dans l'intérêt des fabricants, de se livrer à quelques essais à cet égard.

« L'acide nitrique est aussi employé à la préparation des chandelles économiques. M. Guépin, dans son utile investigation, a pu se convaincre que ce moyen est pratiqué par des fabricants qui en font grand mystère ; car, ayant chez l'un d'eux détaché un sel cuivreux des parois d'une chaudière, servant à la fonte du suif, il lui a été facile de s'assurer que ce sel n'était autre qu'un nitrate. C'est un anglais, M. Heard, qui paraît avoir, le premier, fait usage de l'acide nitrique pour durcir le suif et les graisses animales; l'effet qu'on obtient par ce moyen est tel, qu'on rend ces matières d'une consistance très-ferme, et qu'elles sont alors susceptibles de résister à une température élevée sans se fondre. »

Nous dirons, en terminant, qu'il arrive fréquemment que les suifs qui ont été traités par le mode d'épuration de d'Arcet, c'est-à-dire par l'acide sulfurique un peu concentré, et quand les lavages n'ont pas été exécutés avec suffisamment de soin, que les chandelles qu'on en fabrique dégagent, en brûlant, de l'acide sulfureux qui provient de la décomposition, par la chaleur de la combustion, de l'acide sulfurique que le suif renferme encore. Ce dégagement d'acide sulfureux étant incommode et d'ailleurs fort insalubre, on conçoit combien il est nécessaire de pousser les lavages assez loin pour entraîner tout l'acide sulfurique qui peut encore rester emprisonné dans le suif, ou bien de le saturer par quelque substance basique susceptible de former avec lui un composé soluble que les lavages entraînent.

Le procédé de fonte des suifs de d'Arcet, donne, il est vrai, un produit plus dur, plus blanc, mais ce produit est assez grenu et moins homogène que les produits des suifs fondus par les procédés ordinaires. Ce défaut d'homogénéité est assez marqué pour que le suif ainsi traité laisse suinter une matière liquide dans les chaleurs de l'été, ce qui semble indiquer que ce mode de traitement a en partie décomposé le suif, a produit un peu d'acide stéarique qui augmente sa dureté et donne cet aspect grenu, et a mis en liberté une certaine quantité de glycérine.

§ 2. *Acide sulfurique et réactifs.*

On ne s'est pas contenté de fondre les suifs avec l'acide sulfurique seul, on a cherché aussi à combiner ces acides à d'autres réactifs, dans le but d'obtenir des résultats plus complets. Voici les divers procédés qui ont été proposés à ce sujet.

1° *Procédé de M. Pugh (Samuel), de Rouen.*

Description des procédés.

On met dans une chaudière de plomb d'un seul morceau et sans soudure, 115 à 125 litres d'eau, à laquelle on ajoute 8 kilogrammes d'acide sulfurique non concentré, de 50 à 56 degrés; on jette ensuite, dans la chaudière, 100 kilogrammes de suif en branches, qu'on a coupé préalablement en bien petits morceaux pour présenter la plus grande surface possible à l'action de l'acide; en ce moment, on allume le feu et l'on fait bouillir le tout jusqu'à ce que le tissu cellulaire, les vaisseaux lymphatiques, le mucilage gélatineux, le sang et la chair même qui se trouve attachée à la graisse soient dissous. Pendant cette opération, il faut souvent remuer le mélange avec une spatule de fer ou de bois parfaitement recouverte en plomb. Le suif étant bien fondu et dégagé des corps avec lesquels il se trouvait primitivement combiné et dans l'état de suif ordinaire, pour en perfectionner la qualité, il faudra y ajouter une quantité d'eau suffisante pour remplacer celle qui se trouve enlevée par l'évaporation : il faudra également continuer de faire bouillir le mélange en jetant dans la chaudière 2 kilogrammes de nitrate de potasse, par portions d'un demi-kilogramme à la fois, et l'on s'apercevra alors que le suif perdra de sa couleur.

Pour connaître le degré de cuisson convenable, on laissera tomber doucement quelques gouttes de ce suif fondu sur de l'eau froide, et après quelques minutes, en prenant ces petits échantillons et les pressant entre les doigts, on verra si le degré de fermeté du suif est au-dessus de celui ordinairement en usage. On fera remarquer ici que si la cuisson est portée trop loin, le suif devient extraordinairement ferme, mais aussi qu'il perd de sa beauté en prenant une couleur jaune pâle. Rien de plus facile que de saisir le moment convenable pour que le suif soit bien plus beau et beaucoup plus ferme que celui que l'on trouve dans le commerce.

La quantité d'acide sulfurique nécessaire pour cette opération dépend :

1° De la quantité plus ou moins grande de tissu cellulaire, etc., que le suif peut contenir ;

2° De la décomposition du nitrate de potasse. Il est à remarquer aussi qu'un excès d'acide sulfurique est plutôt nécessaire que nuisible, l'opération n'en étant que plus sûre et le produit plus abondant. Au lieu de nitrate quelconque, on peut employer de l'acide nitrique réduit par un égal volume d'eau. La quantité nécessaire sera visible par son effet. 2, 3 et 4 kilogrammes à 30° seront les doses ordinaires pour 10 kilogrammes de suif en branches.

Lorsque le suif est au point convenable, il faut retirer le feu et le laisser reposer pendant quelques heures, c'est-à-dire jusqu'à ce que le mélange soit dans un état paisible et sans aucun mouvement;

alors on retire le suif avec soin et on le met dans des vases disposés à cet effet, en suivant les usages déjà établis. Ce qui reste dans la chaudière doit être déposé dans des baquets, pour que le suif qui vient sur leur surface puisse être enlevé avec facilité quand il est figé. Il faut jeter la liqueur et les matières bourbeuses qui se trouvent dans les baquets en attendant le moment de les utiliser; on trouvera le moyen d'employer ces matières, principalement comme engrais, puisque la matière animale est tenue en dissolution par les acides sulfurique et nitrique; elles contiennent en outre, si l'on a employé le nitrate de potasse au lieu d'acide nitrique, une quantité de sulfate de potasse par la décomposition du nitrate employé.

Il est plus naturel pour l'économie de l'opération, de se servir d'acide sulfurique non concentré, au lieu d'acide concentré; car les frais de concentration seraient en pure perte, par la raison que l'on est obligé, en se servant de cette dernière espèce, c'est-à-dire d'acide concentré, de le réduire par une forte quantité d'eau : d'ailleurs l'acide sulfurique non concentré contient une portion d'acide nitrique qui, par la concentration de l'acide sulfurique, se trouve décomposé, l'oxygène faisant corps avec le soufre pendant que le gaz nitreux s'échappe. Il vaut encore mieux, toujours par esprit d'économie, employer le nitrate de potasse que l'acide nitrique.

Les proportions du nitrate de potasse ou de l'acide nitrique ne sont pas toujours de rigueur, et souvent on parvient au point désiré avec des quantités moindres; quelquefois cependant, mais rarement, on est obligé d'en employer davantage pour blanchir le suif et le rendre plus pur.

Les proportions ci-dessus indiquées, suivant M. Pugh, ont été basées sur de nombreux essais. Il faut avoir soin de remplacer de temps à autre l'eau qui se trouve perdue par l'évaporation.

M. Pugh conseille d'employer l'acide sulfurique non concentré, l'économie le prescrit aux fabricants qui se trouvent auprès d'une manufacture d'acide sulfurique, mais pour ceux qui se trouvent éloignés de quelques lieues de ces fabriques, il y aurait prodigalité de faire apporter chez eux l'acide non concentré; les frais de transport de la grande quantité d'eau que cet acide contient dans son état de non concentration surpasseraient de beaucoup la différence de prix de cet acide au prix de l'acide concentré. En employant, loin des fabriques d'acide, l'acide sulfurique concentré, on peut remplacer l'acide nitrique dont il a été dépouillé par la concentration, par une petite quantité de nitrate de potasse.

L'auteur conseille, avec raison, de remplacer dans la chaudière, de temps en temps, l'eau qui se dissipe par l'évaporation. Voici le moyen qu'on met en pratique pour tenir le bain de la chaudière toujours à la même hauteur :

A côté de la grande chaudière et du côté du tuyau de la cheminée, on pratique un petit fourneau qui est continuellement échauffé par la chaleur qui s'échappe du grand. Dans ce fourneau est fixé un petit chaudron contenant une vingtaine de litres d'eau, dont le fond est au niveau de la surface supérieure du grand fourneau. Ce chaudron porte un tuyau sur le côté, et près de son fond, qui sort en dehors et porte là un robinet qui peut verser l'eau dans la grande chaudière. On conçoit que l'eau du chaudron est toujours chaude, qu'en ouvrant plus ou moins le robinet, on peut alimenter sans peine continuellement la chaudière, de manière à lui fournir la même quantité d'eau qu'elle en perd par l'évaporation. Pour être sûr de ne pas dépasser la quantité voulue, on se sert d'une règle en plomb, graduée comme un mètre, on la plonge d'abord dans le bain, avant d'allumer le feu, on voit à quelle hauteur le liquide s'élève, on en prend note pour ne pas l'oublier, et de temps en temps on examine, lorsqu'on a ouvert le robinet, s'il n'est ni trop ouvert, ni trop fermé, et l'on règle par là son ouverture. Par ce moyen on introduit toujours de l'eau chaude qui n'interrompt pas l'ébullition.

La fumée du grand fourneau, traversant le petit en se rendant dans le tuyau ascendant, fournit assez de chaleur pour que le petit chaudron soit toujours en ébullition. On alimente le chaudron si cela est nécessaire.

M. Pugh a proposé un perfectionnement à ses procédés.

Si l'on veut opérer sur des suifs déjà fondus, et qui se trouvent souvent dans le commerce, la décomposition du nitrate de potasse par l'acide sulfurique suivant le procédé qui précède, ne produira que peu d'effet, parce que l'acide nitrique ne peut subir qu'une faible altération, sa décomposition ne pouvant s'opérer que par le peu de matière animale qui se trouve combinée avec la graisse par la fonte ordinaire; cette combinaison est occasionnée par la force trop considérable de la chaleur; mais si l'on ajoute quelques morceaux de viande bien découpée, ou une petite quantité de sucre, de cassonade ou d'esprit-de-vin, le suif deviendra bientôt azoté par la décomposition de l'acide nitrique : ainsi, pour rendre les corps gras plus fermes qu'ils ne sont dans leur état naturel, il faut combiner avec eux l'azote naissant; dans son état de gaz, il n'y aura pas de combinaison. Les huiles susceptibles d'être azotées sont celles d'olives, de spermacéti et de palme, et probablement quelques autres.

Pour bien réussir, il faut toujours beaucoup d'eau pour que l'acide nitrique ne soit pas décomposé par les corps gras, parce que sa combinaison avec l'oxygène de l'acide nitrique les brûle, les rend noirâtres et les éteint. Ainsi, il est de nécessité d'employer des corps (les suifs, les graisses et les huiles exceptés) qui décomposent l'acide nitrique par l'absorption de son oxygène, qui facilitera la combinaison de l'azote ou de son oxyde avec la graisse sur laquelle on travaille. De même, pour opérer sur les suifs déjà fondus, les graisses de toute espèce et certaines huiles, il faut suivre les procédés décrits précédemment, en ajoutant avec le nitrate de potasse, 1, 2, 3 ou 4 kilogrammes de chair bien découpée, ou de 1 à 2 kilogrammes de cassonade par 100 kilogrammes de suif ou graisse. Les quantités nécessaires pour cette opération sont variables; quelquefois elles excèdent celles que l'on vient de prescrire.

Pour rendre le suif d'une blancheur parfaite, au lieu d'un nitrate quelconque, on emploiera un chlorate (celui de potasse ou de soude) sans cassonade, sans chair ou autre corps; dans cette opération le chlorate est décomposé par l'acide sulfurique formant un sulfate de potasse ou de soude. Le chlore est donc dégagé et le suif devient blanc sans avoir gagné de consistance. L'effet que peut exercer le chlore sur les corps gras est bien connu ; mais la méthode paraît nouvelle et le produit n'est aucunement détérioré. L'action du chlore sous forme de gaz sur les corps gras les rend peu utiles pour l'éclairage, et la chandelle, d'abord belle à l'œil, coule et devient, en brûlant, d'un brun foncé ; enfin, sa qualité est tellement altérée qu'on peut la dire gâtée.

M. Pugh, par la méthode que l'on vient d'indiquer, pense que le suif conserve toutes ses bonnes qualités, avec l'avantage d'être d'une extrême beauté.

2° *Procédé de Thibault et Perrot de Nantes.*

On a vu dans le paragraphe précédent que le procédé de M. Samuel-Pugh, de Rouen, consistait dans la disposition d'une chaudière de plomb d'un seul morceau et sans soudure, dans laquelle on verse 130 à 150 litres d'eau, ajoutant 8 kilogrammes d'acide sulfurique non concentré, de 50 à 56 degrés, jetant ensuite dans la chaudière, 100 kilogrammes de suif en branche, coupé en très-petits morceaux, et lorsque le suif était bien fondu, y mélangeant 2 kilogrammes de nitrate de potasse, par portion d'un demi-kilogramme à la fois.

Mais l'évaporation de l'eau versée dans la chaudière venant à s'opérer par le résultat de l'ébullition, il était nécessaire de pourvoir au moyen de renouveler l'eau devenue indispensable : dans le système de M. Pugh, l'eau nouvelle que l'on devait introduire dans la chaudière, devait être élevée à la même température que celle qui y avait été premièrement versée ; pour atteindre ce résultat, il était obligé d'établir un appareil assez compliqué dont l'usage exige une grande surveillance et des précautions continuelles.

Après lui, Appert de Paris prit un brevet de 5 années. Sa méthode consistait à fondre le suif dans des vases clos; le suif y était placé avec de l'eau, dans la proportion d'un tiers d'eau contre deux tiers de suif. Le vase, hermétiquement fermé, était ensuite soumis à une température de 115 à 130 degrés; on entretenait ce degré de chaleur pendant une heure, et en le laissant descendre à 50 degrés environ : on ouvrait alors le vase, on séparait le suif de l'eau au moyen d'un poêlon, et on le mettait à refroidir dans un baquet.

Ce système peut donner peut-être de bons produits; mais il présente tous les dangers, si graves, des machines autoclaves.

Gannal, dans un établissement qu'il dirigeait dans la plaine de Monceaux, près Paris, était parvenu à diminuer l'odeur que donne le suif, pendant sa fusion, en y ajoutant une certaine quantité d'acides dont la nature n'a pas été indiquée; il la détruisait complétement en faisant passer les vapeurs qui s'élevaient des chaudières, à travers un lit de charbons embrasés.

D'Arcet a proposé des moyens analogues; il jette dans une chaudière de cuivre rouge, suffisamment grande, bien propre et ouverte, 100 kilogrammes de suif en branche coupé par petits morceaux, 50 kilogrammes d'eau et 1 kilogramme d'acide sulfurique, à 66 degrés. Ce procédé donne lieu à des vapeurs beaucoup moins fétides, mais qui sont encore très-désagréables. D'Arcet a cherché à combattre cet inconvénient, en faisant arriver les vapeurs du suif sous le foyer même des chaudières où s'opère la fusion. Comme on le voit, tous ces systèmes présentent, à côté des avantages qu'ils apportent, des inconvénients graves : les uns résultent des dangers que présentent les appareils, à raison de leur nature même; les autres, parce que leurs appareils sont compliqués, et d'un usage difficile et minutieux, ou bien insuffisants pour faire disparaître complétement tous les inconvénients de la fonte du suif à feu nu.

Aucun de ces systèmes ne s'explique sur la quantité des produits, ni sur la durée du temps pendant lequel on peut les conserver sans détérioration; il est même certain et constaté par l'expérience, que la clarification du suif ne peut s'opérer immédiatement en suivant la plupart des procédés qui viennent d'être résumés.

MM. Thibault et Perrot ont cherché, par le procédé qu'ils emploient, à perfectionner et à augmenter tous les avantages obtenus par leurs devanciers, tout en combattant et en détruisant les inconvénients résultant des divers systèmes qui ont été successivement proposés.

Abondance de produits, qualité durable, fermeté du suif et transparence tout à la fois; extrême simplicité d'appareils; économie dans la main-d'œuvre, absence entière d'odeur : tels sont les résultats qu'ils pensent avoir obtenus. Voici comment ils décrivent leur procédé.

« *Exposition du procédé.* — Fig. 12, 13 et 14, pl. 6. Dans une chaudière *a*, en cuivre rouge non étamé, diamètre 1m.65, hauteur 66 centimètres, fond convexe de 55 millimètres, mettez 150 kilogrammes, eau acidulée par l'acide sulfurique de 4 à 5 degrés, suivant la qualité du suif; allumez le feu, mettez ensuite 500 kilogrammes de suif en branche, sans être haché.

« Ayez soin d'enlever l'écume au fur et à mesure qu'elle se coagule à la surface; faites bouillir jusqu'à ce que le suif soit cuit, quelquefois deux heures de temps; lorsque le suif est cuit, retirez le feu cinq minutes d'avance, car le suif, s'écoulant promptement, la chaudière pourrait souffrir de son contact avec le feu : puis ouvrez le robinet *c*, et mettez le suif à se décanter dans le reposoir *b*.

« Le suif, au bout de 15 ou 20 minutes, a parfaitement déposé l'eau lixivielle et les impuretés, mais il a conservé une teinte rougeâtre, et une quantité d'acide sulfurique qui lui laisse de l'odeur, et pourrait l'empêcher de se conserver : pour obvier à ces inconvénients, nous procédons à une deuxième opération, dite raffinage.

« Dans la chaudière *h*, fig. 13, placée sous la clef *f* du reposoir *b*, où se trouve le suif, faites chauffer 200 kilogrammes d'eau; elle doit être au bouillon au moment où votre suif achève son dépôt : vous ouvrez alors le robinet *f* du reposoir *b*, et faites couler le suif dans l'eau bouillante.

« En même temps on verse un kil. et demi de potasse et un kil. et demi de crème de tartre préalablement dissous dans une quantité suffisante d'eau, et à l'aide d'une chaleur douce.

« L'effet est prompt et immédiat; on voit le suif changer de teinte, et au lieu de sa couleur rougeâtre et terne, il prend la nuance d'un beau jaune tendre, étant mêlé à l'eau; vous agitez fortement le tout pendant 10 à 15 minutes, avec un mouveron fait en forme de râteau, afin de bien faire remonter l'eau et laver le suif, et, par l'action de la potasse, enlever tout l'acide qui restait.

« Par le robinet j de la chaudière h, vous faites alors couler votre suif dans le reposoir i, et là le laissez déposer et refroidir jusqu'au point voulu, pour le verser dans des baquets et le conserver; ou, si vous le voulez, vous pouvez de suite le verser dans les moules à chandelles.

« Vous avez alors un suif blanc, sec, sonore et de durée. A force de travail et de recherches, nous avons vu que la raison pour laquelle les fontes de 4 à 500 kilogrammes ne réussissaient pas, était que, les chaudières où nous fondions étant trop profondes et n'ayant pas assez de surface, l'eau acidulée qui toujours se précipite sous la graisse, ne remontait pas assez facilement pour se mêler au suif, le cuire par l'action de l'acide, et l'assécher en réunissant parfaitement les deux parties graisseuses, l'oléine et la stéarine.

« Nous acidulons l'eau de 4 à 5 degrés; pour cela nous sommes guidés par la qualité du suif : dans certaines saisons, le suif est gras, huileux, notamment les mois de juin, juillet, août, septembre et quelquefois octobre; à ces époques, il faut aciduler l'eau à 5 degrés, jamais plus; la seule différence que nous croyons possible et même nécessaire, dans les proportions de notre procédé, serait d'avoir une plus grande quantité d'eau acidulée à 5 degrés, si on avait à traiter des suifs inférieurs ou des portions de suif plus chargées de tissus, telles que celles que les bouchers enlèvent sur la viande à l'étal, ou ce que l'on appelle vulgairement fras, flanc, etc.

« Si l'on employait les parties de choix du bœuf ou du mouton, sans aucune de celles citées plus haut, on pourrait alors avoir moins d'eau; car on conçoit que l'acide, par son action, en détruisant les parties non graisseuses, les transforme en une vase qui, plus elle est abondante, plus elle diminue la force de l'agent, et il serait à craindre que, par suite de l'évaporation provenant d'une ébullition prolongée, l'acide, se trouvant trop à nu, ne colorât le suif.

« Il est inutile de hacher le suif : tout au plus il serait obligatoire de diviser les fras ou flancs ; ce qui donne un grand avantage dans la main-d'œuvre sur l'ancien procédé.

« Lorsque la chaleur commence sous la chaudière, le suif rejette une écume qui quelquefois même est très-considérable ; aussi faut-il, pour prévenir tous les malheurs, avoir une chaudière d'une contenance supérieure à la quantité de suif à fondre.

« Cette écume provenant des parties de sang ou de chair contenues dans le suif, et qui sont putréfiées, exhale la seule odeur désagréable que l'on ressentirait pendant l'opération, si on ne l'enlevait au fur et à mesure qu'elle se forme ; au reste, on ne trouve pas d'odeur autre que celle de la vapeur d'eau acidulée.

« Enlevez cette écume avec soin, pour éviter toute odeur fétide.

« Nous avons au-dessus de la chaudière *a* une hotte *o*, pour recevoir la vapeur et la rejeter dehors par un tuyau latéral à la cheminée ; cette vapeur, sitôt en contact avec l'air, perd son odeur.

« L'ouvrier qui manipule doit reconnaître la cuisson du suif ; pour cela il y a une règle.

« Il prend dans un vase une quantité de suif en pleine ébullition ; après l'avoir fortement agité, en peu de minutes, le suif, s'il est cuit, se sépare facilement de l'eau et des impuretés, et paraît comme un liquide clair, quoique coloré et nageant sur l'eau.

« Si le suif n'était pas cuit, l'ouvrier y reconnaîtrait des parties granuleuses, qui sont des membranes divisées, mais non dissoutes par l'acide; il continue alors de chauffer jusqu'à parfaite cuisson.

« Votre suif étant cuit, il faut le mettre au repos.

« Mais alors sa couleur est rougeâtre, et de plus il contient quelques parties d'acide qui, à la longue, altéreraient sa qualité.

« C'est pour cela que nous avons cherché et que nous avons trouvé un procédé simple pour enlever la couleur, l'odeur, et purger le suif de tout l'acide qu'il contient.

« Le suif que nous avons obtenu par notre procédé est d'un blanc parfait, d'une grande sécheresse, et l'action de l'acide en réunissant les parties oléiques et stéariques, lui donne une homogénéité, une sécheresse au toucher, et un corps que n'a pas le suif cuit par le procédé habituel.

« De plus, les rendements sont plus avantageux : nous avons obtenu 90 à 92 pour 100 sur des suifs cuits par une saison favorable, et le plus fort déchet que nous ayons éprouvé, par un temps humide et pluvieux, a été, sur des suifs provenant, non de l'abat mais de l'étal, 15 à 16 p. 100, lorsque, par le procédé à feu nu, nous éprouvions de 14 à 22 p. 100 de déchet.

« Cela se conçoit, le suif cuit à feu nu n'obtient le degré de cuisson que par l'action immédiate du feu; pour achever de cuire les cretons, il faut encore plus de chaleur, en ce que, le liquide étant en partie retiré, la chaleur de la chaudière frappe plus immédiatement encore les membranes et le suif.

« Pendant cette opération une portion du suif se

carbonise, s'échappe en une fumée noire et épaisse, et cette carbonisation qui forme le grand déchet, est aussi ce qui donne au suif une couleur terne, qui se perd difficilement par un contact prolongé à l'air.

« Notre procédé a l'avantage de pouvoir être appliqué à une fonte en grand; car, par un simple jeu de chaudières, un ouvrier cuira sans peine 2,000 kilogr. par jour, avec l'aide d'un deuxième ouvrier pour charger la chaudière.

« Deux ouvriers conduiraient facilement un double jeu de chaudières, ce qui ferait chaque jour 4,000 kilogrammes. »

3° *Procédé P. Pochon.*

D'après les moyens aujourd'hui généralement en usage pour la fonte du suif en branche, non-seulement une partie considérable reste combinée avec les résidus et par conséquent se vend à un prix bien inférieur (environ un douzième du prix du suif pur), mais le suif même conserve une odeur de brûlé fort désagréable; en outre, on est obligé de fondre très-promptement, surtout pendant les chaleurs; sans cela, le suif se décompose et contracte une odeur insupportable, tandis que par les moyens qu'il va décrire, M. Pochon assure qu'on obtient les avantages suivants:

1° L'extraction complète de tout le suif que contient la matière brute et qu'elle est susceptible de rendre.

2° Conservation de la matière brute qui peut être gardée six mois, un an même, sans odeur désagréable ni décomposition.

3° La transformation de la partie de suif en branche qui ne peut être convertie en suif par les moyens ordinaires de la fonte et qui ne vaut que 10 fr. les

100 kilogr., en une matière qui pourrait valoir de 50 à 100 fr. les 100 kilogr., et peut-être plus.

Traitement des cretons qui sont le résultat de l'ancienne manière de fondre le suif en branche. — En appliquant les moyens de M. Pochon, au traitement des cretons qui sont le résultat de l'ancienne manière de fondre le suif en branche, on obtient les avantages suivants :

Non-seulement on retire tout le suif qui se trouve dans les cretons et que l'on n'a pu extraire par les moyens ordinaires, mais on convertit les résidus en une matière gélatineuse qui peut être employée à divers usages qui pourront porter la valeur de 50 à 100 fr. les 100 kilogr., tandis que ces résidus avant l'invention ne valaient que 8 à 10 fr.

Traitement des épluchures et des autres parties analogues de l'animal. — En traitant ces parties de la manière ci-après décrite, on les rendra plus propres aux usages auxquels elles sont applicables.

Description des moyens et procédés employés pour obtenir les résultats et avantages énumérés ci-dessus. — 1° Moyens et procédés relatifs à la fonte du suif en branche.

On commence par laver le suif en branche dans de l'eau faiblement acidulée : toute espèce d'acide est propre à ce lavage : l'acide sulfurique cependant est préférable. Cette première opération faite, on passe le suif en branche dans de l'eau de chaux (toute autre eau rendue alcaline peut également être employée à ce second lavage).

On met alors fondre le suif dans une chaudière de fer, et, pour la fusion, il faut employer de la lessive alcaline de 10 à 12°, au pèse-alcali. Préférant à toute autre la lessive de soude, on en met en quantité suffisante pour que la matière en soit couverte, et à mesure que la fusion s'opère, il en faut ajouter jusqu'à ce que tout soit parfaitement fondu : alors on y verse encore de la lessive d'un degré plus élevé (de 15 à 20), et l'on continue ainsi jusqu'à ce que la séparation de la matière d'avec la lessive soit parfaite ; puis on laisse refroidir. Cette séparation pourrait s'opérer de plusieurs manières, soit par du sel marin, du sel de table, ou de la forte lessive (l'inventeur préfère cette dernière).

Le refroidissement achevé, si l'opération a été bien conduite, la partie combinée avec de la lessive se trouvera former une couche à la superficie et une partie gélatineuse restera au fond : ces deux parties formeront ainsi deux corps parfaitement distincts.

Si l'opération est faite avec soin, la partie gélatineuse sera à l'état solide ; mais, dans le cas où une trop grande quantité de lessive aurait été appliquée (il est difficile d'établir avec précision la quantité strictement nécessaire, l'expérience seule peut servir de guide à cet égard), la partie gélatineuse se trouvera mélangée avec la lessive, et alors il faudra l'en séparer par la filtration à travers une grosse toile, ou par tout autre moyen, même par l'évaporation.

Pour fondre le suif en branche on pourrait aussi employer de l'eau alcaline de toute espèce, de l'eau et du sel même, mais la fonte ne serait pas parfaite.

Pour obtenir du suif pur, qui ne soit pas mélangé avec de la lessive, voici comme il faut procéder.

On commence par faire fondre le suif de la manière ordinaire, mais de préférence dans une chaudière en cuivre, et quand la fonte est achevée, au lieu de soumettre les résidus à la presse, comme cela se pratique ordinairement, on les met dans une autre chaudière de fer ou de fonte pour les faire fondre, comme il est indiqué plus haut, en parlant de la fonte du suif en branche, avec de la lessive caustique de 10 à 12°, préférant toujours la lessive de soude, et conduisant la fonte absolument de la même manière qu'il a déjà été dit pour le suif en branche, c'est-à-dire que l'on fait fondre ces résidus avec de la lessive caustique de 10 à 12°.

Le suif qui restait combiné avec ces résidus en sera séparé par la fonte, et le résultat sera converti en matière gélatineuse d'une nuance foncée.

Moyens et procédés relatifs au traitement des cretons. — Il faut maintenant expliquer les moyens de convertir en une matière gélatineuse les résidus appelés cretons, qui ont été soumis à la presse et qui proviennent de l'ancienne manière de fondre le suif en branche.

Pour arriver à cet important résultat, on réduit les cretons en petits morceaux, puis on les jette dans une chaudière en fonte, préférable à toute autre pour cette opération, on les fait fondre avec de la lessive de soude de 10 à 12°, en quantité suffisante pour couvrir la matière, et on continue d'y en mettre jusqu'à ce que tout ce qui est susceptible d'être fondu, le soit parfaitement.

Cela fait, avant que le suif soit refroidi, il conviendra de le passer par un tamis en fil de fer, afin d'en séparer les impuretés qui pourraient s'y trouver, et une fois refroidi il sera parfaitement à l'état gélatineux.

La partie du suif qui se trouvait mélangée avec les résidus restera combinée avec la lessive et formera une couche à la surface.

Moyens et procédés relatifs au traitement des épluchures et autres parties analogues de l'animal. — On commence par les laver dans de l'eau acidulée, avec de l'acide sulfurique par préférence; cette eau acidulée doit avoir 2 ou 3° au pèse-acide, ensuite on les lave une seconde fois avec de l'eau de chaux, après quoi on les fait fondre suivant le procédé indiqué pour le suif en branches.

4° *Procédé Masse, Tribouillet et Droit.*

Les appareils dont on se sert pour les opérations dont on va donner la description sont : une chaudière en plomb chauffée à feu nu, ou par un serpentin de même métal, dans lequel circule la vapeur ou un liquide chaud; ou bien une cuve en métal émaillé ou en bois, chauffée par un serpentin, comme on vient de le dire, ou, mieux encore, chauffée par une injection de vapeur libre portée à une température de 140 à 150° environ par son passage à travers des tubes chauffés.

Voici un premier procédé applicable au suif végétal et même à des corps gras d'origine animale. La matière étant fondue avec environ un tiers de son volume d'eau, on y ajoute 1 1/2 à 2 p. 100 de chlorate de potasse et 2 à 3 d'acide sulfurique concentré. On fait bouillir pendant une heure environ, on sépare l'agent chimique qu'on remplace par une quantité d'eau au moins égale, et on fait bouillir de nouveau pour opérer le lavage; la matière alors est propre à être coulée en bougies. L'agent chimique peut encore servir pour d'autres opérations.

Voici un deuxième procédé. Après avoir fondu la substance avec un volume d'eau égal au tiers du sien, on la met en contact avec de la chaux éteinte dans la proportion de 100 grammes de chaux pour 100 kilogr. de suif. On brasse bien le mélange, qu'on doit tenir constamment à la température nécessaire à son ébullition. Au bout d'un quart-d'heure ou 20 minutes, on neutralise la chaux par l'acide azotique ordinaire qu'on a soin d'ajouter en excès, de sorte qu'après la neutralisation de la chaux, il y ait encore 500 grammes d'acide par chaque 100 kilogr. de suif dans la chaudière.

Après trois quarts-d'heure d'ébullition, on a soin de remplacer l'eau évaporée par de l'eau bouillante qu'on continue d'ajouter ensuite de 20 en 20 minutes, jusqu'à ce que les matières aient acquis le maximum de dureté, ce qui exige deux heures au plus.

Quand on juge que le suif est suffisamment blanc et dur, on verse subitement dans la chaudière 10 litres d'eau froide par 100 kilogr. de matières, en ayant soin d'arrêter le feu. Après avoir laissé déposer le suif pendant une heure ou deux, on peut l'employer à fabriquer des bougies.

Le procédé doit être modifié ainsi qu'il suit, pour son application à la cire végétale, notamment celle du myrica.

On fait fondre 100 kilogr. de cire dans un litre d'eau, on introduit dans la chaudière ou la cuve 1 kilogr. d'un azotate alcalin, celui de soude, par exemple, on fait bouillir le mélange et on y ajoute peu à peu l'acide sulfurique concentré, jusqu'à la décomposition complète de l'azotate. On s'arrange pour que l'acide sulfurique soit en léger excès. Pendant cette opération, il se dégage de l'acide azotique, de l'acide de hypoazotique, etc., en sorte que l'on voit paraître des vapeurs rouges, qui deviennent d'autant plus abondantes que l'ébullition se prolonge davantage ; quand ces vapeurs sont très-abondantes, on doit juger qu'il ne reste pas beaucoup d'eau dans la chaudière : c'est pourquoi on en ajoute peu à peu, jusqu'à ce que les vapeurs redeviennent blanchâtres. On laisse continuer l'évaporation en introduisant l'acide sulfurique, comme il a été dit plus haut. On voit paraître de nouveau les vapeurs rouges, que l'on arrête à temps par l'addition de l'eau, comme on vient de l'indiquer.

Cette opération se continue ainsi jusqu'à ce que l'on juge la substance suffisamment blanchie et purifiée. A ce moment, on arrête l'opération par l'addition d'un excès d'eau à 66° C., et l'on cesse le feu. La cire ainsi obtenue doit être brassée ensuite avec son volume d'eau chaude pour la purifier davantage.

On pourrait remplacer dans cette opération l'acide sulfurique et l'azotate alcalin par l'acide azotique seul, dont on faciliterait la décomposition par une substance animale ou végétale convenablement choisie.

Si l'on veut chauffer par la vapeur, sans eau de condensation, on doit d'abord, soit à feu nu, soit par un serpentin fermé et avant l'emploi des agents chimiques, porter la matière à l'ébullition, puis la faire couler dans une cuve placée plus bas, dans laquelle on injecte de la vapeur surchauffée.

Voici un troisième procédé. Il peut arriver que dans l'opération précédente la substance ne soit pas suffisamment blanche, alors on emploie le chlore combiné à l'oxygène à l'état d'hypochlorite alcalin en dissolution très-concentrée. Pour cela on fait fondre et on ajoute le liquide en agitant constamment. Le tout se met en pâte, qui acquiert bientôt un degré de blancheur éclatante si l'on a soin de ménager l'opération et d'employer une liqueur suffisamment concentrée. Un litre d'hypochlorite doit suffire pour un kilogramme de substance; s'il en fallait davantage, cela indiquerait que la concentration du composé chloré ne serait pas suffisante. Quand la pâte est assez blanche, on y ajoute de l'acide sulfurique nécessaire pour neutraliser l'alcali, et cette quantité est facile à déterminer, car, en introduisant l'acide peu à peu, il arrive un moment où toute l'eau se sépare; c'est alors qu'il y a assez d'acide sulfurique.

Il faut observer qu'on doit se servir de l'acide quand la pâte est encore chaude; cela est important, car la division des molécules étant maintenue, on peut opérer immédiatement les lavages. Ces lavages se font simplement à l'eau, et deux heures au moins après l'addition de l'acide sulfurique. A mesure que l'on met de l'eau, on brasse et on laisse reposer; de sorte que l'eau, qui occupe le fond de la cuve, peut facilement être écoulée et remplacée par d'autre. Les lavages se continuent jusqu'à ce qu'il ne s'exhale plus d'odeurs de la cuve où ils se font; alors on clarifie la matière en la fondant dans la chaudière ou cuve où l'on a effectué le blanchiment et la purification. Il est toujours nécessaire d'y ajouter une petite quantité d'acide sulfurique.

Voici un quatrième procédé. En mélangeant la cire végétale dure, dite de carnauba, avec une quantité égale ou un peu moindre de suif végétal ou animal, et employant le premier procédé modifié, comme il est dit plus haut, on obtient un produit offrant beaucoup d'analogie avec la cire d'abeilles. Il peut être employé, comme elle, à frotter les appartements et à divers autres usages.

5° *Procédé Boillot.*

M. Boillot s'est fait breveter en 1856 pour le procédé suivant.

On fait fondre le suif avec très-peu d'eau (1 litre et demi pour 50 kilog. de suif), et on l'introduit dans une chaudière émaillée avec 500 grammes d'azotate de soude ou de potasse et le même poids d'acide sulfurique étendu de 3 fois son volume d'eau. On fait bouillir en agitant de temps à autre, et en ajoutant de l'eau pure en petite quantité pour empêcher de jaunir, et de demi en demi-heure, 10 à 15 grammes d'azotate de soude avec le même poids d'acide sulfurique et d'eau, on continue l'opération jusqu'à ce que la matière refroidie se concrète. On verse alors de l'eau chaude sur la matière pour la laver, on répète cette opération 2 à 3 fois, et on met en pains.

On fait fondre de nouveau la matière avec la même quantité d'eau et de la même manière, mais en employant le chlorate de potasse et l'acide sulfurique en mêmes proportions que ci-dessus. On continue à chauffer jusqu'à ce que la matière ait acquis seulement une teinte jaunâtre très-légère. Enfin pour purifier la matière ainsi blanchie, on répète les lavages à l'eau chaude et on moule en chandelles qu'on peut exposer à l'air 2 ou 3 jours pour leur donner le dernier degré de blancheur.

6° *Procédé Chiandi-Bey.*

Le premier appareil de M. Chiandi-Bey, breveté par lui en 1852, pour le traitement des suifs, appelé appareil tubulaire et qui est représenté dans les figures 15, 16 et 17, pl. 6, se compose d'un récipient à simple ou à double caisse en fer émaillé ou non, contenant le suif sur lequel on opère. Sous ce récipient plonge un ensemble de tubes D, D qui ont un centimètre au plus de diamètre, sont distants entre eux de 5 à 8 centimètres et sont coupés en sifflet au fond du récipient.

Ces tubes reçoivent de la vapeur au moyen d'un appareil distributeur composé d'une boîte ronde C au centre de laquelle se trouve fixé sous forme de table posée sur quatre pieds un égalisateur S, fig. 18, qui rompant le courant de la vapeur à son introduction dans la boîte, la disperse en tous sens et la distribue également à tous ces tubes. La vapeur pénétrant ainsi par ces tubes traverse le corps en fusion, le divise, et soit seule, soit en combinaison avec quelque agent chimique, entraîne les principes infects et colorants par une action qu'on poursuit le temps nécessaire.

L'effet des tubes injecteurs dépend de leur nombre et non de leur forme ou position et de la bonne distribution qu'ils opèrent de la vapeur dans la masse.

Le deuxième appareil est aussi un récipient en fer émaillé de forme ronde, contenant un agitateur à tringles verticales, lequel, par une combinaison d'engrenages, fait 500 à 1,000 révolutions par minute.

Ce récipient est chauffé à feu nu, à la vapeur, à l'air chaud, de manière à y maintenir une température de 120° à 150° C. L'axe de cet agitateur est creux et livre passage à de l'air chaud qui maintient le suif en fusion sans l'emploi d'un autre mode de chauffage.

Le mouvement rapide de rotation qu'on fait intervenir ici, a pour objet de favoriser l'absorption de l'oxygène, car l'expérience démontre qu'une rotation lente laisse exhaler l'oxygène aussi vite qu'il est absorbé, tandis qu'une rotation accélérée l'absorbe et l'accumule plus rapidement que l'exhalation ne le dégage, ce qui produit une action plus durable de l'oxygène sur la matière.

Outre les acides, les chlorures, etc., employés ordinairement, l'auteur fait aussi usage des acétates, des oxalates, des oxydes métalliques, de la calamine et du storax-calamite.

Il soumet le suif à l'action de l'appareil tubulaire jusqu'à ce que le blanchiment et la désinfection soient complets. Cette opération dure en moyenne 2 à 3 heures, et afin de l'accélérer et d'en rendre le résultat plus parfait, on verse dans le récipient, par chaque 100 kilog. de suif, de l'acide sulfurique ou de l'acide chlorhydrique dans la proportion de 1 kilog. étendu de 12 à 20 d'eau, soit 1 kilog. de chlorure, soit une solution de storax-calamite, 1 kil. environ, ou bien 1 à 2 kilog. de calamine réduite en poudre, ou bien encore de l'oxyde de plomb, 1 kilog., en faisant cette addition par petites quantités à divers intervalles successifs pendant le cours de l'opération.

Le suif est soumis à l'action rapide de l'agitateur

pendant une durée de 1 à 3 heures, suffisante pour que le blanchiment ait lieu complétement.

Par ce traitement, on obtient non-seulement le blanchiment en même temps qu'une désinfection, mais en outre la séparation partielle de l'oléine de la stéarine, ce qui donne un suif plus ferme, plus dur, et propre à la fabrication de produits de première qualité.

§ 3. *Acide sulfurique et acide nitrique.*

Procédé de M. A.-A. Canning, à Paris.

Le mérite de cette invention consiste, suivant l'inventeur, à rendre les corps gras solubles dans l'eau, et à la température ordinaire, sans le secours d'aucuns des alcalis qui, jusqu'ici, ont été la menstrue par laquelle cette solubilité a été obtenue;

A les transformer en une substance stéarique, solide, à une température plus élevée que celle de leur point de fusion naturelle;

Et enfin, à permettre l'emploi des huiles animales et des graisses les plus infectes, soit dans la fabrication des chandelles, soit dans celle des savons les plus estimés.

L'application de ce système se divise en diverses opérations qu'il importe de décrire séparément, et que la nomenclature des appareils que nous présentons ici, fera comprendre facilement.

Fig. 14 à 22, pl. 7, *a* est un entonnoir spécial pour verser l'acide. *b*, *b*, *b*, agitateurs. *c*, cuve à préparation, doublée en plomb. *d*, cuve de décomposition avec double fond. *e*, appareil autoclave muni d'un manomètre et de ses robinets. *f*, cuve à repos.

g, cuve à désinfecter. *h*, *h*, cuves à lavage et clarification. *j*, manomètre indicateur. *k*, filtre. *l*, *l*, *l*, tuyaux à vapeur.

Manière de procéder. — *Préparation.* — Lorsque les substances grasses à traiter ont été amenées par la chaleur à l'état liquide, si elles ne le sont naturellement, dans la cuve *c*, on y verse successivement, au moyen de l'entonnoir *a*, une quantité d'acide sulfurique à 66 degrés, dans la proportion du dixième au quart du poids de la graisse à traiter, et suivant sa qualité. Pendant que l'acide s'écoule, on brasse fortement le mélange au moyen de l'agitateur *b*, en ayant soin de tenir la cuve fermée pendant cette opération.

Lorsque tout l'acide est amalgamé, on ajoute 2 à 5 pour cent d'acide nitrique, suivant la proportion de l'acide sulfurique employé, et l'on fait recommencer le mouvement de l'agitateur *b* jusqu'à ce que cet acide soit complétement absorbé par le magma, que l'on enlève alors pour le placer dans la cuve *d*, où on l'abandonne au repos pendant vingt-quatre heures.

Décomposition. — Pour décomposer la matière ainsi préparée, on fait arriver dans la cuve *d* une petite quantité de vapeur libre qu'on laisse agir sur le magma, à l'effet de le ramollir; après quoi on verse dans la cuve, successivement, une quantité d'eau égale à la moitié du volume du magma, en brassant fortement pendant ce temps, jusqu'à ce que le mouvement de l'agitateur ait complétement détaché le magma du fond de la cuve, afin que l'eau puisse s'y précipiter. Après un repos jugé suffisant, on retire l'eau acide, par le robinet placé sous le double fond de la cuve, et on la met en réserve, soit pour l'employer en état dans les opérations suivantes, soit pour la concentrer de nouveau. On remplace cette première eau par une nouvelle quantité que l'on retire successivement jusqu'à ce qu'elle cesse d'être sensiblement acide à la langue.

Ce point obtenu, on fait recommencer le mouvement de l'agitateur, en versant successivement une nouvelle quantité d'eau à mesure qu'elle est absorbée par le magma, et jusqu'à ce qu'il soit en complète dissolution, ce que l'expérience indique facilement.

Cuisson. — Dans cet état, on transvase le tout dans l'appareil autoclave *e*, et l'on y introduit la vapeur qu'on laisse agir jusqu'à ce que le manomètre indicateur marque 125° C. Cette opération est très-importante, parce que, si elle n'est pas complète, il est presque impossible de dépouiller les graisses de l'acide auquel elles sont associées, et qui ne s'en sépare que par une forte pression.

On maintient l'ébullition au point indiqué plus haut pendant au moins une demi-heure; après quoi on laisse reposer pour soutirer la plus grande partie de l'eau qui s'est séparée et faire écouler la matière grasse dans la cuve à repos *f*, laquelle est hermétiquement fermée, à l'effet de maintenir la graisse à l'état liquide le plus longtemps possible.

Désinfection. — Lorsque l'on juge que les impuretés se sont précipitées, on fait écouler la portion claire de la graisse par un des robinets superposés dans la cuve *f*, et on la conduit à la cuve à désinfecter *g*, où on la fait brasser fortement au moyen de l'agitateur *b*, pendant que l'on y ajoute successivement une proportion de carbonate de magnésie et de chlorure de soude ou potasse mélangés avec de la chaux vive, et avec lesquels on l'amalgame complétement. Lorsque l'on a reconnu que l'action de ces divers agents est entière, ce qu'il est facile d'observer, on introduit de nouveau la vapeur dans la cuve et l'on recommence le mouvement de l'agitateur *b*, pendant que l'on verse successivement une quantité de l'eau acide provenant de la première opération, suffisante pour déterminer la réaction, et pour que la graisse pure vienne surnager à la surface offrant l'aspect d'huile, et en abandonnant du nitro-sulfate formé par les bases; en cet état on laisse agir la vapeur seule pendant encore une demi-heure, après quoi l'on verse deux seaux d'eau dans la cuve, et on laisse reposer.

Clarification. — Après un repos jugé suffisant, on fait écouler la portion claire de la graisse dans une cuve *h*, où on la fait brasser au moyen de l'agitateur pour la mélanger avec du tourteau d'œillette en poudre qui y a été préalablement placé, mélangé lui-même avec du noir animal en grains : cela fait, on laisse reposer pour soutirer sur le filtre *k*, d'où on la fait écouler dans une autre cuve *h*, où on la maintient liquide pour la clarifier, soit avec du lait, soit avec une dissolution de gélatine, et on laisse reposer encore en couvrant hermétiquement la cuve avec une couverture de laine. Après un repos suffisant, on soutire à clair et l'on coule en pains dans des moules.

Il est essentiel que dans ces diverses opérations, les ateliers soient maintenus à une température de 15 à 20 degrés.

Les graisses ainsi préparées ne sont plus huileuses au toucher, elles sont solides, sonores, et produisent des chandelles qui peuvent être exportées sous les latitudes les plus tempérées.

Les huiles de poisson et les graisses animales sont parfaitement désinfectées et très-propres à entrer, soit dans la fabrication des chandelles, soit, comme nous l'avons déjà dit, dans celle des savons les plus estimés.

On reconnaîtra donc comme constituant cette invention :

1° La solubilité des corps gras dans l'eau à la température ordinaire, sans le secours d'aucun alcali ;

2° La solidification spontanée de la plupart des huiles et graisses, par les procédés ci-dessus décrits.

3° Leur désacidification, par le seul fait de l'élévation de la température, sans l'emploi d'aucun réactif, et la reprise de l'acide employé à leur préparation ;

4° La désinfection des huiles de poisson et des graisses les plus infectes, par les procédés que nous venons d'indiquer.

§ 4. *Acide nitrique.*

Il y a déjà longtemps que d'anciens chimistes, tels que Gilbert, J.-B. Tromsdorff, Crell, etc., ont observé que l'acide sulfurique, lorsqu'on le mettait, sous certaines conditions, en contact avec le protoxyde de manganèse, possédait la propriété de détruire les couleurs végétales et de colorer la dissolution d'indigo.

Des expériences entreprises postérieurement nous ont appris qu'il se formait ainsi un acide manganique et un acide hypermanganique qui, lorsqu'ils se trouvent en contact avec les matières organiques, les décomposent avec séparation de l'oxygène et d'un peroxyde hydraté de manganèse.

Plus tard, un chimiste anglais, M. Watson, paraît avoir observé les mêmes faits, et a proposé, en conséquence, d'employer les combinaisons de l'acide manganique en excès avec l'acide sulfurique au blanchiment des suifs. Cette proposition a donné à M. Reibstein l'idée d'essayer, d'après la méthode qu'il indique, la préparation de l'acide hypermanganique uni à l'acide sulfurique, et de faire, après cette préparation, quelques essais de blanchiment des suifs.

Dans une capsule de verre, il a étendu de l'acide sulfurique anhydre de Nordhausen, avec une suffisante quantité d'eau pour que cet acide ne marquât plus que 54 à 58° à l'aréomètre de Baumé. A cet acide, encore chaud par son mélange avec l'eau, il a ajouté un excès de peroxyde de manganèse en poudre fine, et a agité avec beaucoup de soin le mélange. Au bout de deux jours, pendant lesquels ce mélange a été remué souvent, la liqueur éclaircie a pris une couleur rouge-cramoisi foncé, et a été étendue d'une quantité d'eau suffisante pour que la dissolution prît la teinte du suc de framboises étendu.

A l'aide de cet acide hypermanganique mêlé à l'acide sulfurique, mélange qui marquait environ 38° B., il a traité un demi-kilogr. de suif récemment fondu et de bonne qualité, de la manière que voici :

M. Reibstein a fait fondre le suif à une douce température, dans une capsule de porcelaine, et quand la température a atteint 60 à 62° C., il a pris 30 gr. de la liqueur manganique, et il l'a battue soigneusement avec le suif en fusion. Mais, comme la masse, au bout d'une demi-heure n'avait encore éprouvé aucun changement, il a ajouté encore 15 grammes de la liqueur blanchissante, et a élevé la température du suif jusqu'à 97°. A cette température le suif s'est éclairci en laissant déposer des flocons noirâtres ; il répandait alors une odeur semblable à celle des concombres frais. Après avoir atteint ce point, il a refroidi la masse avec de l'eau, et laissé encore pendant quelque temps sur le feu pour que le liquide puisse s'éclaircir complétement. Après le refroidissement, il a comparé ce suif avec celui qui n'avait éprouvé aucun traitement, et n'y a remarqué aucune différence bien sensible sous le rapport de la coloration. Dans cet état, il l'a soumis à une épreuve comparative sous celui de l'économie et de la combustion, et pour cela, il en a fait mouler des chandelles qu'il a comparées avec d'autres chandelles préparées avec du suif traité par une dissolution d'alun, décomposée ensuite par du carbonate de soude. Il est résulté de cette comparaison que ces dernières ont brûlé plus économiquement que les autres, et dans le rapport de 6 à 7.

Comme l'économie dans la combustion des chandelles est une considération importante, et qu'il est possible d'atteindre le blanc du suif aussi promptement en le traitant convenablement avec l'acide sulfurique, il croit ne pas devoir recommander le traitement par l'acide manganique.

On parvient très-bien à obtenir une oxydation plus rapide du suif, et à lui donner en même temps plus de consistance avec l'aide de l'acide nitrique fumant. Pour cela, dit M. Reibstein, on prend 1 kilogr. de suif fondu, et 4 grammes d'acide nitrique fumant, et on manipule ainsi qu'il suit : on place dans une petite marmite de porcelaine ou de grès, le suif qu'on y fait fondre, puis, lorsqu'il est en fusion, on y introduit l'acide nitrique dans les proportions indiquées ci-dessus; on chauffe en agitant constamment jusqu'à la température de 97° C. Lorsque cette odeur de concombre que nous avons signalée dans le traitement par l'acide manganique vient à se développer, ce suif, qui s'est épurée, a acquis une couleur jaune citron, et il s'en sépare des flocons brunâtres : on infroidit la masse avec de l'eau, et on laisse en repos pour éclaircir. Lorsque le suif est déposé, on le puise pour le verser dans les vaisseaux où on le recueille pour la fabrication des chandelles. Toutefois, il ne faudrait pas procéder immédiatement à cette fabrication avec ce suif ainsi épuré, attendu qu'en cet état, il renferme toujours un peu d'acide nitrique qui attaquerait les moules et les détériorerait.

Le suif, traité de cette manière, a une couleur jaune due à son oxydation; mais, en l'exposant à l'air, il ne tarde pas, au bout de deux à trois jours, à acquérir une teinte blanc de neige, et, dans cet état, les chandelles qu'on en fait fabriquer durent 8 à 9 heures, plus ou moins, suivant la température extérieure.

L'acide étendu qui reste dans les liqueurs formant les résidus, peut être employé avec économie à la macération ou au traitement des suifs bruts.

§ 5. *Acide chromique.*

M. Watt aîné avait proposé, il y a une trentaine d'années, un moyen prompt, mais dispendieux, de décoloration des suifs, qui consistait dans l'emploi du chromate double de potasse et d'un acide minéral concentré. Ce moyen n'était pas manufacturier, il l'a remplacé depuis par l'acide chromique qui a eu plus de succès, et sur l'emploi duquel il a donné les renseignements suivants :

« L'acide chromique est devenu, depuis quelques années, un agent fort important dans le blanchiment de divers articles et en particulier du suif et des huiles, et plus spécialement de l'huile de palme. Les meilleurs moyens pour en faire l'application, puis pour le revivifier de manière à pouvoir l'employer de nouveau et économiser les frais du bichromate de potasse toutes les fois qu'on a besoin d'acide chromique, ne peuvent donc manquer d'être très-avantageux pour tous ceux qui consomment de grandes quantités de cet article.

« Il y a douze ans environ, à la suite de nombreuses expériences et d'études persévérantes, j'ai trouvé qu'il n'y avait pas d'agent plus efficace pour blanchir les suifs impurs, bruns, et d'une odeur repoussante, ainsi que les huiles fortement colorées, et en particulier les huiles de palme, de lin et de navette, que l'acide chromique. Tous mes efforts s'étant donc dès-lors concentrés sur les moyens d'obtenir cet acide de la manière la plus économique et suffisamment pur pour le but proposé, le bichromate de potasse ou chromate rouge a été la combinaison par la décomposition de laquelle j'ai obtenu cet acide de la manière suivante :

« Pour blanchir un demi-tonneau (500 kilogr.) de suif brun ou d'huiles fortement colorées, il faut de 2 1/2 à 5 kilogr. de bichromate de potasse; pour décomposer ce sel, et mettre l'acide chromique en liberté, on opère de la manière suivante :

« Le bichromate de potasse, bien concassé, est introduit dans un vase en terre, en bois ou en plomb (mais non pas en fer, attendu que les acides réagiraient sur lui), et on verse dessus environ quatre fois autant d'eau bouillante. On agite soigneusement, puis ensuite on introduit, avec les précautions nécessaires, 1 1/2 kilogr. d'acide sulfurique ordinaire par chaque kilogramme de bichromate, et on agite de nouveau, jusqu'à ce que tout le sel soit dissous. Ce liquide est l'acide chromique mélangé à du sulfate de potasse et un excès d'acide sulfurique libre, qui contribue notablement à faciliter le blanchiment.

« L'opération suivante consiste à introduire cette liqueur dans le suif ou l'huile qu'on a fait fondre préalablement, et déposer complétement toutes les matières étrangères animales ou végétales. Lorsque ce suif est descendu à la température de 54° à 55° C., on l'introduit dans une cuve en bois d'un capacité suffisante pour en contenir un demi-tonneau et laisser encore assez de place pour pouvoir brasser. Aussitôt que le mélange liquide d'acide chromique, préparé comme il a été dit ci-dessus, est versé dans le suif ou dans l'huile, il faut brasser vigoureusement jusqu'à ce que toute coloration brune disparaisse et qu'elle soit remplacée par un vert tendre d'herbe.

« L'opération du blanchiment est alors terminée; on verse sur le mélange quatre seaux environ d'eau bouillante, et on recommence aussitôt à brasser pendant cinq minutes. On abandonne alors le tout au repos pendant deux heures, au bout desquelles la matière est devenue parfaitement blanche et propre à diverses applications industrielles.

« Nous étions auparavant dans l'usage d'ajouter 2

à 2 1/2 kilogr. d'acide chlorhydrique au composé ; mais mon frère, Ch. Watt jeune, de la grande fabrique de MM. Hawes, s'étant aperçu que cette addition augmentait les manipulations et la dépense, sans procurer un bénéfice bien réel, on a supprimé cette addition et employé uniquement l'acide sulfurique pour la décomposition du bichromate de potasse.

« La dépense pour blanchir un tonneau (1000 kilog.) de qualité inférieure ou d'huile fortement colorée étant d'environ 24 fr., en Angleterre, il était, par conséquent, nécessaire de trouver les moyens d'économiser l'acide chromique.

A cet effet, je convertissais, il y a quelques années encore, l'oxyde renfermé dans la liqueur verte qui reste après le blanchiment, en chromate de plomb ; mais j'ai trouvé alors que cet article devenait tellement abondant, que tous ceux qui employaient des quantités notables d'acide chromique se trouvaient obligés de se livrer à une autre branche de commerce tout-à-fait étrangère à leurs occupations habituelles, et en conséquence, mon frère eut l'idée de convertir en chromate de chaux qui est également efficace quand on l'applique au blanchiment et beaucoup moins dispendieux. Voici quel est son procédé :

« La liqueur verte qui reste après que le suif ou l'huile blanchis ont été décantés, est introduite dans une autre cuve, où on l'étend avec de l'eau. Alors, on y verse peu à peu de la chaux amenée à la consistance d'une crême épaisse, jusqu'à ce que tout l'acide sulfurique soit, à peu de chose près, saturé ; la liqueur claire est alors décantée dans une autre cuve, et c'est dans cette liqueur qu'on introduit de nouveau, graduellement et avec précaution, de la crême de chaux jusqu'à ce que tout l'oxyde vert (pulvérulent) soit précipité et que la liqueur soit claire et incolore. La liqueur étant de nouveau décantée, on verse de l'eau sur le précipité, et, après un temps de repos, on décante de nouveau, et on ajoute encore de nouvelle eau pour laver le précipité. Ce dernier est enfin séché, puis déposé sur une plaque en fer, et chauffé au rouge en agitant fréquemment. Le résidu perd peu à peu sa couleur verte et passe à l'état d'une poudre jaune, qui est la chromate de chaux, lequel, lorsqu'on le décompose par l'acide sulfurique en quantité suffisante pour qu'il y ait une petite quantité d'acide libre en excès, fournit un acide chromique tout aussi propre au blanchiment que celui qu'on obtient du bichromate de potasse.

« Par ce moyen, l'acide chromique peut être revivifié maintes et maintes fois et à l'infini, ce qui fait que ce mode de blanchiment par cet agent est à la fois le plus parfait et le plus économique de tous ceux qui ont été mis en pratique. Il est inutile de faire remarquer que, dans les grandes fabriques où l'on emploie beaucoup d'acide chromique, ce mode simple et économique de revivification sera extrêmement avantageux.

« En terminant, je prie d'observer qu'on a essayé, depuis nous, plusieurs autres moyens pour blanchir les suifs et les huiles : l'un d'eux, par exemple, consiste à employer ce qu'on appelle l'acide permanganique, mais cet agent abandonne si facilement son oxygène qu'il n'est pas maniable et devient, par là, aussi dispendieux et beaucoup plus incommode. Un autre moyen consiste à faire passer des courants d'air à travers les matières chauffées à une certaine température : ce procédé a été trouvé, dans la pratique, moins efficace que l'acide chromique, attendu qu'il donne lieu à des déchets considérables, et que les matières, lorsqu'on les convertit en savons, ont une coloration qui en déprécie la qualité. » (1)

§ 6. *Acide sulfurique et bioxyde de manganèse.*

MM. Eschenauer et Benecke, de Bordeaux, ont proposé en 1858, un moyen pour fondre et blanchir la graisse de bœuf par une seule opération et pour préparer le suif blanchi. Ce moyen consiste dans une cuisson prolongée avec le bioxyde de manganèse et l'acide sulfurique, puis dans l'enlèvement de toute trace de ces agents par une cuisson avec du tartre ou du bioxalate de potasse.

Les chandelles fabriquées avec la matière ainsi traitée sont, disent-ils, plus fermes, plus blanches, et brûlent en consumant leurs mèches, avec une lumière plus vive que celles fabriquées par les méthodes connues.

Pour opérer suivant leur moyen, on prend la graisse de bœuf brute, on la coupe en morceaux et on la dépose dans une cuve en bois doublée en plomb. On y ajoute un mélange de 1 p. 100 d'acide sulfurique, et 15 p. 100 d'eau, et on fait bouillir à la vapeur humide, pendant une demi-heure et même une heure, ou plutôt assez longtemps pour que les morceaux de graisse aient disparu et que le tout forme un liquide laiteux. Alors on ajoute 1 p. 100 de bioxyde de manganèse en poudre très-fine, et on poursuit vivement

(1) La patente pour blanchir et purifier les suifs bruns et les huiles fortement colorées, de M. Ch. Watt, avait déjà 13 années environ, en 1849.

la cuisson qu'on continue jusqu'à ce qu'un échantillon qu'on lève, mis dans un endroit chaud, se clarifie au bout de 10 minutes, au point que le suif refroidi paraisse tout blanc ou seulement légèrement noirci, ce qui exige une cuisson de une heure environ à partir du moment où l'on a ajouté le bioxyde de manganèse.

On peut opérer de même sur le suif fondu, seulement la clarification a lieu plus lentement.

Il est évident que le suif blanchi et préparé de cette manière, doit contenir des traces d'oxyde de manganèse et d'acide sulfurique pour se débarrasser de ces substances qui altèrent la blancheur ou feraient couler les chandelles. Voici le moyen proposé par les inventeurs.

Lorsque le suif préparé s'est clarifié, on le met dans une cuve en bois qu'on chauffe à la vapeur, et lorsqu'il est bien chaud on y ajoute de 1/4 jusqu'à 1 pour 100 de tartre en poudre dissous dans l'eau. On continue pendant une demi-heure à une heure à faire cuire vivement, puis on laisse reposer le tout jusqu'à ce que le suif soit d'une limpidité parfaite. En cet état, il est propre à mouler des chandelles.

Si on désire plus de fermeté, les auteurs conseillent de priver en partie le suif de son oléine au moyen de la presse, ce qui est plus facile avec le suif purifié qu'avec celui ordinaire.

Section VI. — FONTE A L'ACÉTATE DE PLOMB, PAR M. F. CAPPECCIONI.

On fait fondre le suif sans le porter à l'ébullition, et lorsqu'il est en pleine fusion, on y ajoute 7 millièmes d'acétate de plomb, on agite pour opérer l'incorporation. Au bout de quelque temps, on laisse un peu tomber le feu, et pendant que le suif est encore liquide, on y jette 15 millièmes d'encens en poudre et un millième d'essence de térébenthine. On entretient le suif à l'état fluide, et au bout de quelques heures les portions insolubles de l'encens se précipitent.

L'acétate de plomb donne au suif une grande fermeté, l'encens, par sa portion soluble, contribue à augmenter cette fermeté et à communiquer une odeur agréable, enfin l'essence modifie cette odeur et la fait ressembler à celle de la cire. En outre, cette essence donne plus d'éclat à la flamme.

Par ce mode de traitement des suifs, les chandelles ne coulent plus, elles ne répandent plus l'odeur désagréable du suif, elles sont plus fermes et plus durables que celles du suif ordinaire.

On peut varier la proportion des ingrédients suivant le degré de dureté qu'on désire, et substituer à l'acétate de plomb d'autres sels ou oxydes métalliques dits astringents. On peut également remplacer l'encens par des résines ou des gommes-résines, et l'acétate de plomb par la litharge dans la proportion de 16 millièmes du suif.

Quoi qu'il en soit, lorsque le suif est en fusion complète, on y ajoute l'acétate fondu dans un peu d'eau, mais par petites portions à la fois, et on brasse avec un mouveron en bois jusqu'à combinaison parfaite.

Section VII. — FONTE AU CHARBON (1).

Voici, suivant M. le professeur Stein, un moyen d'opérer la fonte sans odeur des suifs et matières grasses.

(1) Extrait du *Technologiste*, t. XVI, p. 629.

« La fonte des suifs, dit M. Stein, a, comme tout le monde sait, pour objet de dégager la matière grasse des membranes dans lesquelles elle est contenue, et par conséquent de déterminer la séparation de la première de celles-ci. On y parvient de deux manières différentes, soit en chauffant le suif en branches pour soumettre les membranes à une haute température qui les contracte et les rompt, c'est la *fonte par la voie sèche;* soit en traitant le suif par l'acide sulfurique étendu (procédé Lefèvre) ou une lessive alcaline étendue (procédé Evrard), qui tous deux dissolvent la matière cellulaire, ou du moins la rendent cassante, c'est la *fonte par voie humide.*

« Lorsqu'il s'agit de faire fondre du suif pur et récent, il est indifférent, sous le rapport hygiénique et économique, d'employer l'un ou l'autre de ces procédés, mais dans la fonte sèche, on obtient des cretons qui servent à nourrir les porcs, les chiens, ou à la fabrication du prussiate de potasse, tandis que les résidus de la fonte par la voie humide ne peuvent être utilisés que comme engrais. D'un autre côté, dès qu'il s'agit de faire fondre un suif fortement mélangé avec des membranes, des chairs et des nerfs, la fonte par la voie humide mérite la préférence, parce que par la voie sèche on brûle plus facilement ces dernières substances, et qu'il reste beaucoup de suif dans les résidus. Ceux-ci ne tardent pas à entrer en fermentation, et sont cause que lorsqu'on fond du suif, il se développe une odeur infecte et repoussante qui se répand dans le voisinage des fonderies, et est fort incommode et insalubre dans les villes.

« Ces inconvénients m'ont déterminé à m'occuper de cet objet et à entreprendre quelques expériences, dont je m'empresse de donner communication au public, pour que chacun en fasse son profit.

« Dans les fonderies, dans les savonneries au suif, il est impossible de n'employer que des matières pures et fraîches. On sépare bien autant que possible le suif des parties membraneuses ou autres avec lesquelles il est mélangé pour le faire fondre à part, mais on ne peut pas jeter celles-ci, et il faut nécessairement en tirer tout le parti possible. C'est ce qui n'est praticable avec profit que par la fusion, et c'est pour cela qu'on les rassemble jusqu'à ce qu'on en ait une quantité suffisante pour les traiter. Pendant cet abandon, la décomposition marche son train, surtout en été, et la conséquence inévitable, c'est le dégagement d'une odeur infecte lorsqu'on fond ces matières grasses.

« Avant de chercher à remédier à cet état de chose, il était nécessaire de rechercher si les procédés de fusion proposés jusqu'à présent étaient propres à faire disparaître l'odeur ou du moins à l'atténuer. A cet égard, il convenait de soumettre, en particulier, à des épreuves la méthode Evrard, qui prétend expressément, ce que du reste Lefèvre avait déclaré aussi avant lui, que par son moyen on fait fondre les suifs sans le moindre dégagement d'odeur. Afin que les expériences de ce genre puissent être utiles pour la pratique, il faut de toute nécessité qu'elles soient faites, autant que possible, dans les mêmes conditions que celles qu'on rencontre dans une exploitation usuelle. Je me suis donc associé pour les entreprendre avec M. Steinmetz, qui est aussi versé dans la théorie qu'habile praticien, et c'est dans sa savonnerie et sous son inspection spéciale que les fontes (à la vapeur) ont toutes eu lieu.

« *Essai de la méthode Evrard.* — On a fait fondre des suifs de bonne qualité, de qualité moyenne et de qualité inférieure, d'après les prescriptions de Evrard, avec une lessive caustique de soude de 3/8 pour 100, et on a observé ce qui suit :

« 1° Le suif de bonne qualité ne répand pas, pendant la fonte, d'odeur désagréable, ce qui n'était pas le cas quand on faisait fondre la même qualité avec du sel marin ou l'acide sulfurique. Le suif fondu se sépare parfaitement des cretons qui sont bien débarrassés de graisse, et après le refroidissement, il était d'un beau blanc et d'une odeur douce.

« 2° Le suif de qualité moyenne a monté, dès le commencement de la fusion, en une écume persistante, et a exigé plus de temps pour obtenir des cretons bien secs que la chose n'a lieu quand on fond avec l'acide sulfurique. L'odeur n'était pas repoussante, mais le suif s'est séparé avec plus de lenteur, et même par une addition de sel marin, cette séparation n'a pas été complète, de manière qu'on a été obligé de traiter le magma trouble par l'acide sulfurique, qui a développé une odeur très-désagréable. Après le refroidissement, le suif était, du reste, blanc et irréprochable.

« 3° Le suif de qualité inférieure qui, comme d'ordinaire, était déjà dans un état prononcé de décomposition, ne s'est fondu qu'imparfaitement. Même après avoir prolongé la fusion pendant très-longtemps, les cretons, encore chargés de beaucoup de matière grasse, ont été enlevés pour les fondre avec l'acide sulfurique. L'odeur, pendant la fonte et dans le voisinage des chaudières, était fortement ammoniacale et très-repoussante, même à distance. La matière grasse s'est séparée si imparfaitement, qu'il n'a pas été possible de faire le départ entre le suif et les cretons, et que le tout, après le refroidissement, avait une couleur gris sale. On a donc fait refondre avec l'acide sulfurique, ce qui a répandu au loin une odeur des plus insupportables.

« Cette expérience ayant démontré que le suif de basse qualité, celui dont il s'agissait tout spécialement, ne pouvait être fondu par la méthode Evrard sans répandre de l'odeur, on a entrepris une autre expérience, d'abord en petit pour trouver un procédé plus efficace.

« L'odeur du suif de basse qualité provient, comme on sait, de ce que les membranes et les parties musculaires qui s'y trouvent mélangées passent à l'état de décompositon et infectent le suif, qui, à l'état pur, est moins sujet à s'altérer. Le travail chimique, pour cela, doit avoir la plus grande analogie avec celui qui a lieu dans la formation du fromage, où de même une matière grasse et des matières azotées passent à l'état de fermentation par leur contact mutuel. Dans ce cas, on sait aujourd'hui que l'odeur provient principalement de la formation d'acides odorants qui se dégagent en émanations désagréables, non-seulement quand ils sont à l'état libre, mais même combinés à des bases. Il doit donc être possible de faire disparaître l'odeur du suif en fusion. Ou bien il faut arrêter la décomposition, ou bien rendre inodores les émanations odorantes. J'ai entrepris, suivant ces deux directions, quelques expériences intéressantes.

« Pour supprimer la décomposition putride ou pour l'empêcher, on peut proposer deux moyens: ou bien on fait usage d'un agent antiseptique, ou bien on détruit la matière qui provoque la putridité. Les agents antiseptiques sont ceux qui font jouer un rôle tel à l'oxygène de l'air, qu'il ne peut venir en contact sans détruire l'équilibre de composition dans l'atome susceptible de putridité, ou ceux qui peuvent se combiner avec cet atome en un composé stable. J'ai fait, parmi ces agents, usage de l'acide sulfureux, qui appartient à la première classe de ces antiseptiques, et du tannin, qui fait partie de la seconde, en introduisant dans du suif de qualité inférieure une solution aqueuse d'acide sulfureux et une décoction d'écorce de chêne. Le résultat, quoique n'ayant pas été satisfaisant dans ces deux cas, a été toutefois meilleur avec l'acide sulfureux.

« Si on fait agir l'oxygène à un très-grand état de concentration (à l'état naissant) sur une matière qui provoque la putridité, son action ne se borne pas uniquement à ébranler l'atome ou à provoquer un mouvement des éléments par suite duquel ceux-ci subissent, d'après les lois de l'affinité, un nouveau groupement, mais sa quantité suffit alors pour qu'il puisse s'en emparer et former, avec les éléments, des composés éminemment oxydés, qui sont fort différents des produits ordinaires de la putréfaction.

« J'ai fait l'application de ce moyen en me servant de l'acide azotique, du bichromate de potasse et de l'acide sulfurique, et du permanganate de potasse avec le même acide.

« L'acide azotique à la température ordinaire et à l'état étendu, n'opère pas assez énergiquement, et par la chaleur il attaque la matière grasse elle-même. Au contraire, les deux autres réactifs opèrent très-bien, et même d'une manière tellement satisfaisante, qu'un suif inférieur et en état complet de décomposition introduit dans de l'eau qui renferme 1 p. 100 du poids du suif de bichromate de potasse, dissous préalablement dans 10 fois son poids d'eau, et mélangé avec le double de son poids d'acide sulfurique du commerce, perd entièrement en peu de temps son odeur, et n'a plus besoin que d'une ébullition peu prolongée pour séparer la matière grasse des membranes (1).

« Le chromate de potasse ayant fourni ainsi en petit des résultats satisfaisants, on a entrepris avec lui plusieurs expériences en grand en prenant du suif de basse qualité, tel qu'on l'achetait aux négociants et aux bouchers, l'introduisant dans le mélange ci-dessus, ou en l'abandonnant jusqu'à ce qu'on en ait une provision suffisante pour procéder à la fonte. On a remarqué, toutefois, que dans quelques cas l'odeur putride apparaissait de nouveau au bout de quelques jours, et qu'il fallait opérer une nouvelle addition de bichromate de potasse et d'acide sulfurique. A la fonte, on remarquait seulement une odeur acide qui rappelait celle de l'acide carbonique, et les cretons étaient dégraissées dans le quart du temps nécessaire à celui où l'on fait fondre avec l'acide sulfurique seul. Toutefois, il faut bien avouer qu'on rencontre dans ce cas une circonstance très-fâcheuse,

(1) Tous les procédés indiqués jusqu'à présent par l'auteur sont bien connus et ont été expérimentés à maintes reprises. C'est, comme on l'a vu plus haut, à d'Arcet qu'on doit l'idée de l'emploi de l'acide sulfurique, à M. S. Pugh, celle de cet acide et du nitrate de potasse, celle de l'acide azotique à MM. Heard, Canning, Reibstein, etc.; celle du bichromate de potasse et d'acide chromique à MM. Watt, et celle des chlorures à M. Loisel, etc.

c'est que la matière grasse forme, avec le liquide aqueux, une sorte d'émulsion, et ne s'en sépare pas. En examinant la masse, j'ai trouvé qu'il s'était formé de la gélatine en abondance qui, par les propriétés agglutinantes que lui procure l'eau, donnait en grande partie lieu à ce phénomène.

« Supposant que le séjour du suif dans la liqueur sulfurique était la cause de la dissolution du tissu gélatineux, j'ai, dans mes expériences ultérieures, plongé le suif dans la solution la veille au soir de la fonte, puis je ne l'y ai plus plongé du tout avant cette opération, et ajouté dans ce dernier cas le mélange d'acide sulfurique et de bichromate dans la chaudière au moment de procéder à la fonte. L'émulsion, dans ces circonstances, a eu lieu tout de même, et il a été nécessaire de provoquer le départ du suif par un autre moyen. M. Steinmetz a employé avec le plus grand succès des lessives faibles. Le sel marin et l'alun remplissent le même but, mais sont d'un prix plus élevé.

« D'un côté les inconvénients qu'on vient de décrire, et de l'autre parce qu'il est impossible de déterminer, une fois pour toutes, la quantité du bichromate qu'il convient d'employer, mais qu'il faut la régler sur l'état plus ou moins avancé de putridité où la matière est arrivée, m'ont déterminé à rechercher un procédé plus simple, et j'ai fait en conséquence des expériences ayant pour but de rendre inodores les produits odorants de la putréfaction. Pour cela, je suis parti du point de vue indiqué précédemment, que ces produits sont des acides. Il s'agissait donc de les transformer en sels qui fussent inodores ou peu odorants.

« On pouvait également supposer dans ce cas qu'on atteindrait au but par deux moyens : ou bien le sel qu'on devait obtenir pouvait se former dans le liquide même, ou bien, comme les acides odorants sont volatils, en dehors du liquide. J'ai essayé, en vue du premier moyen, l'eau de chaux. Ce moyen doit évidemment opérer à peu près comme celui de M. Evrard, mais il présente avant tout l'avantage certain d'une dilution constamment la même et assez concentrée pour neutraliser, sans nul doute, l'acide présent sans saponifier la matière grasse, et d'ailleurs les combinaisons de ces acides avec la chaux étaient peut-être bien moins odorantes que celles avec la soude. En effet, l'odeur du suif infect disparaît notablement quand on le plonge dans l'eau de chaux, mais quand on le chauffe avec cette eau, elle se montre plus forte qu'auparavant, de façon qu'il a fallu renoncer à l'emploi de l'eau de chaux.

« J'ai alors cherché à former des sels qui, non-seulement n'auraient pas de mauvaise odeur, mais qui, quoique provenant d'acides infects, auraient même une odeur agréable. J'ai tenté d'obtenir des combinaisons éthérées. A cet effet, j'ai opéré par les moyens connus et pris de l'éther sulfurique, que j'ai ajouté au suif infect que j'avais plongé dans l'eau. L'odeur a disparu, et lors de la fonte elle ne s'est pas développée de nouveau, mais on a vu reparaître l'émulsion, et on a en conséquence abandonné ce moyen.

« Pour s'opposer à la formation de cette émulsion, il ne restait plus d'autre moyen que de faire fondre comme d'habitude avec l'acide sulfurique (ou par la voie sèche) et à neutraliser les substances odorantes à mesure qu'elles s'échapperaient du liquide. On sait qu'on a proposé pour cet objet d'amener les vapeurs sous la grille du foyer, et de détruire ainsi les corps odorants. Mais le résultat n'est pas tout à fait satisfaisant, parce que ces corps, à raison de leur volatilité, échappent, dans les circonstances indiquées, à l'action de la chaleur. J'ai donc essayé, pour les fixer, un mélange de chaux éteinte et de charbon de bois. La chaux devait arrêter les acides odorants, et le charbon ceux qui sont inodores. J'ai fait établir d'une manière étanche une cerce large de 8 à 10 centimètres sur le haut de la chaudière, sur laquelle, au lieu d'un tissu à tamis, était tendue une grosse toile d'emballage, et j'ai chargé celle-ci d'un mélange de chaux éteinte et de charbon de bois nouvellement préparé et en morceaux de la grosseur d'une noisette. Toutes les vapeurs qui s'échapperont de la chaudière doivent nécessairement se tamiser à travers le mélange, et on a observé qu'à leur sortie elles étaient parfaitement incolores.

« La fonte des suifs opérée avec emploi de l'appareil qu'on vient de décrire, et que j'appelle *sas à charbon*, remplit complétement toutes les conditions, et est éminemment propre à faire cesser toutes les plaintes qu'on a élevées dans les villes contre la fonte des suifs. Le sas à charbon a, de plus, ce grand avantage sur tous les autres procédés qui ont été proposés, qu'il est applicable tout aussi bien à la fonte par voie humide qu'à celle par voie sèche. Dans le dernier cas, il suffit d'introduire un faux-fond dans la chaudière pour éviter de brûler les cretons et d'adopter le même moyen pour la voie humide quand on fond, non pas à la vapeur, mais à feu nu. »

ection VIII. — VENTILATION ÉNERGIQUE ET DÉCOMPOSITION DES VAPEURS.

On trouve dans le *Bulletin de la société d'encouragement pour l'industrie nationale*, t. 7, p. 520, un pport sur les travaux d'assainissement et de fonte s matières qui ont été exécutés dans la savonnerie MM. Arlot et Ce, à la Villette-Paris, par M. Félix aucou, ingénieur civil, rapport que nous croyons voir reproduire textuellement à raison de l'intérêt 'il présente.

« L'usine de MM. Arlot et Ce était renommée, ns le quartier de la Petite-Villette, par les exhaisons que sa cheminée rejetait, à certaines heures, ns l'atmosphère. Ces exhalaisons étaient dues à un gagement abondant de vapeurs méphitiques, proites par le traitement des issues de boucheries, e l'on soumet à l'ébullition pour en extraire tout suif qu'elles renferment.

« A leur arrivée dans l'établissement, les matières ient jetées dans seize grandes chaudières contenant poids d'eau proportionnel, et cuites à feu nu par ize foyers correspondants, placés en contre-bas. rès une ébullition de quelques heures, le liquide ait traité par les moyens ordinaires pour l'extracn du suif, dont la plus grande partie était vendue, ndis que l'autre servait à fabriquer un savon parulier. En outre des seize chaudières à suif, l'usine nfermait des chaudières à savon chauffées égaleent à feu nu, mais dont les exhalaisons, très-faibles illeurs, n'ont rien de méphitique. Les fumées de s ces foyers étaient appelées, par deux grands naux souterrains, dans une seule et même cheminée de 33 mètres de haut sur 1m.50 de diamètre à la base.

« Avant qu'on n'exécutât le travail qui va être décrit, les vapeurs de chaque chaudière à suif étaient appelées sous la grille de son propre foyer par un canal séparé, partant du haut de la hotte et descendant verticalement sous la grille. On avait espéré, de cette façon, décomposer, au moins en partie, les vapeurs dégagées; mais, loin de se décomposer, elles ne faisaient que ralentir la combustion et nuisaient par conséquent au tirage. Ne pouvant, dès lors, s'écouler avec une vitesse suffisante par l'ouverture pratiquée dans la hotte, elles s'accumulaient au-dessus des matières en ébullition, et s'échappaient à travers les vides de la porte de la chaudière en se répandant dans les ateliers; dans les heures d'ébullition active, la vue en était obscurcie, et il était impossible de résister longtemps aux émanations fétides qui en résultaient.

« Appelé à examiner les meilleurs moyens à employer pour faire disparaître ces causes d'insalubrité, M. Foucou a cru devoir faire procéder d'abord à l'étude des produits dégagés par l'ébullition. A cet effet, on a recueilli dans des flacons, au-dessus des chaudières et à l'abri de l'air extérieur, une certaine quantité de vapeurs qui ont été analysées par M. de Luca, au laboratoire du collége de France, pendant l'été de 1858. La moyenne de ces analyses a fourni la composition suivante :

Acide carbonique.	1.15
Eau.	0.95
Oxygène.	18.02
Azote.	72.00

Carbures d'hydrogène.	7.66
Hydrogène sulfuré.	traces.

« Une aussi forte proportion de carbures d'hydrogène fit penser que, une fois décomposées sous l'influence de la chaleur, les vapeurs fourniraient une combustion active, capable de maintenir constamment une température élevée sur le trajet des nouvelles vapeurs à décomposer, et de faire ainsi disparaître les odeurs méphitiques.

« On construisit alors un petit foyer d'expérimentation à travers lequel on fit passer directement les vapeurs de deux chaudières. Cet appel direct eut pour premier résultat d'améliorer beaucoup le tirage de leurs foyers; on s'assura ensuite qu'il ne sortait du foyer d'expérimentation que de l'acide carbonique, de l'azote et de l'eau; enfin il fut impossible de distinguer au sommet de la petite cheminée de ce foyer aucune émanation méphitique.

« Sur ces données, on procéda à la construction définitive d'un grand foyer placé au pied de la cheminée de l'usine, et à travers lequel passent aujourd'hui toutes les vapeurs des chaudières à suif. Il en est résulté immédiatement : 1° La disparition complète des vapeurs qui se répandaient autrefois dans les ateliers ; 2° la décomposition de ces vapeurs avant leur sortie dans l'atmosphère.

« Ainsi que l'indiquent les figures 22 et 23 de la planche 8, on a construit un égout collecteur de $0^{m}.60$ sur $0^{m}.80$ avec égalité de section sur tout son parcours, et communiquant avec toutes les chaudières. Cet égout débouche dans le foyer, et, grâce à un diaphragme percé de trous, les vapeurs n'arrivent au-dessus de la couche de combustible qu'en veines très-divisées.

« Avant de se rendre dans la cheminée, ces vapeurs traversent une voûte épaisse en terre réfractaire, qui surplombe la grille sur l'arrière du foyer et qui est percée d'un grand nombre d'ouvertures en communication avec la cheminée. Cette voûte, étant portée au rouge-blanc, contribue à emmagasiner, sur le passage des vapeurs, une quantité considérable de chaleur; pour décomposer un poids quelconque de vapeur d'eau, une partie de cette chaleur doit être absorbée sans doute ; mais la combustion de l'hydrogène résultant de cette décomposition, restitue précisément la même quantité de chaleur, et il reste en excédant toute celle que fournit la combustion des 7.66 de carbures d'hydrogène. Or, cet excédant contribue, concurremment avec le combustible en ignition, à conserver, pendant tout le temps du travail, une haute température dans le foyer supplémentaire.

« On remarquera, en outre, que dans ce foyer on a séparé avec soin le lieu de la combustion du charbon, du lieu de la décomposition des vapeurs. De cette façon, il est toujours possible de se rendre maître du foyer et d'en modérer ou d'en accélérer, à volonté, la combustion ; car ce n'est jamais que de l'air pur qui passe à travers le combustible, et tout ce que les vapeurs des chaudières peuvent entraîner de gaz nuisibles à la combustion, ne traverse que la voûte au lieu de traverser le combustible, comme cela a été quelquefois pratiqué.

« La séparation absolue des deux fonctions, dans le foyer supplémentaire, est le point le plus important du travail, car elle a permis, non-seulement de régulariser la marche des diverses réactions chimiques nécessaires, mais encore de réaliser immédiatement un appel complet et énergique de toutes les vapeurs. Ces dernières, en traversant les orifices de la voûte réfractaire, n'y éprouvent, en effet, qu'une résistance très-faible, par rapport à celle qu'elles rencontreraient à travers l'épaisse couche du combustible.

« La grille du foyer a $0^m.90$ sur $1^m.20$; on y brûle du coke, afin d'avoir, dans le produit de la combustion, le moins de vapeur d'eau possible; dans ce cas particulier, d'ailleurs, l'expérience a démontré qu'une chaleur par rayonnement était préférable à une chaleur par contact de la flamme.

« Pour bien conduire l'opération, il faut d'abord allumer le foyer supplémentaire en même temps que ceux des chaudières, fermer le registre qui amène les vapeurs dans ce foyer, et ouvrir celui qui leur donne issue dans la cheminée par le canal souterrain des fumées. De cette manière, la voûte réfractaire s'échauffe sans avoir à subir aucune cause de refroidissement, et elle arrive promptement au rouge-blanc ainsi que les parois du foyer; c'est à ce moment environ que commence l'ébullition dans les chaudières. En établissant alors la communication de l'égout collecteur avec le foyer, les vapeurs sont aspirées avec force, décomposées au passage, et si l'on maintient convenablement le feu, il ne s'échappe, par la cheminée, ni vapeur ni exhalaison.

« L'expérience ayant été répétée un très-grand nombre de fois, et même en présence de quelques-uns de MM. les membres du conseil de salubrité, il est incontestable que la négligence du chauffeur ou le désir d'une économie mal entendue sur le coke, dont la dépense maximum n'excède pas 3 fr. par jour, pourraient seuls donner lieu à des plaintes de la part des habitations voisines.

« En résumé, M. Foucou croit pouvoir tirer du succès de cette opération les trois conséquences suivantes :

« 1° Il est possible, dans les usines qui disposent de grandes cheminées, de produire, par appel, une ventilation énergique des ateliers, et de débarrasser les ouvriers des émanations ou des vapeurs nuisibles au milieu desquelles ils travaillent quelquefois ;

« 2° La décomposition des vapeurs des chaudières à suif peut s'effectuer partout avec facilité et régularité, à la condition qu'on ne les fasse point passer sur le charbon incandescent ;

« 3° Cette décomposition entraîne l'anéantissement des émanations fétides longtemps avant leur sortie de la cheminée de l'usine.

Explication des figures.

Fig. 22, pl. 8. Plan général montrant le foyer supplémentaire, la grande cheminée d'appel et les seize chaudières à suif débarrassées des hottes qui les recouvrent.

Fig. 23. Section verticale partielle suivant la ligne x, y de la figure 22.

Fig. 24. Section verticale d'une chaudière suif à et de son foyer.

A, chaudière à suif dégageant les vapeurs méphitiques pendant l'ébullition des matières. B, hottes recouvrant les chaudières (fig. 24). C, porte de chargement pour chaque chaudière. D, foyers des chaudières au nombre de seize comme celles-ci. E, cheminée d'appel de l'usine servant à entraîner les vapeurs des chaudières et les fumées des foyers. F, canaux conduisant à la cheminée des fumées de tous les foyers de chaudières et en général de tous les foyers de l'usine. G, foyer supplémentaire où viennent se décomposer les vapeurs méphitiques des seize chaudières avant de se rendre dans la cheminée. H, égout collecteur dans lequel débouchent les hottes de toutes les chaudières et amenant au foyer G les vapeurs méphitiques. I (fig. 23), prise d'air auxiliaire ménagée pour le cas où les vapeurs des chaudières n'entraîneraient pas avec elles, en arrivant au foyer G, assez d'oxygène pour brûler les gaz combustibles qu'elles renferment. J, diaphragme percé d'ouvertures de 0m.01 de côté, donnant passage aux vapeurs méphitiques et les amenant, par conséquent, sur le foyer G dans un état très-divisé. K, voûte réfractaire percée d'un grand nombre de trous qui livrent passage aux produits de la combustion du foyer G, ainsi qu'à ceux de la décomposition des vapeurs méphitiques. L (fig. 23), registre vertical destiné à intercepter la communication entre le foyer G et la cheminée E. M, registre horizontal servant à établir à volonté une communication entre l'égout H et les canaux F, et à évacuer, par l'un de ces canaux, les vapeurs des chaudières pendant la mise en feu du foyer G. N, second registre vertical permettant, par sa fermeture, de détourner les fumées des foyers des chaudières et de les faire passer par le foyer G, en ayant soin, toutefois, d'ouvrir en même temps le registre M.

Section IX. -- ÉPURATION AU BISULFURE DE CARBONE.

Les procédés qui ont été décrits précédemment ne sont pas les seuls dont on puisse faire usage pour purifier les suifs et les corps gras en général, on peut se servir aussi, pour l'extraction de ces corps et pour les obtenir plus purs, de certaines substances volatiles, tels que le chloroforme, le éthers, la benzine, les essences et surtout du bisulfure de carbone. Ce mode d'extraction et de purification des corps gras par le bisulfure de carbone étant entre les mains de M. Deiss, devenu aujourd'hui l'objet d'une industrie fort importante, nous entrerons à cet égard dans quelques explications que nous emprunterons en partie à la spécification même du brevet qu'il a pris en 1855, et qui a été publié dans le tome 51 des *Brevets d'invention*, p. 320. Faisons d'abord connaître la nature et les propriétés du bisulfure de carbone.

Le bisulfure de carbone CS^2 a été découvert en 1796 par Lampadius; mais ce n'est que depuis une vingtaine d'années que les applications de ce produit ont été faites avec succès, et que les procédés de sa fabrication ont été l'objet de perfectionnements qui en ont abaissé considérablement le prix. Ainsi le kilog., qui, en 1840, coûtait 50 à 60 fr., ne se vend plus, en moyenne, que 50 centimes chez M. Deiss, le principal fabricant qui en produit environ 500 kilog. par jour.

Le principe des nombreux appareils pour préparer le bisulfure de carbone est à peu près le même, c'est-à-dire consiste toujours à faire passer la vapeur de soufre à travers du coke ou du charbon de bois chauffé au rouge vif, et à condenser les vapeurs de bisulfure aussi rapidement et aussi complétement que possible.

Le premier perfectionnement apporté à cette préparation a été l'emploi d'une grande cornue tubulée en terre cuite pour y chauffer le charbon. Un tube en verre ou en porcelaine passait à travers la tubulure, descendant jusque près du fond de la cornue et servait à l'introduction du soufre. Le col s'adaptait à une allonge refroidie par un courant d'eau et communiquant avec un condenseur. Cet appareil permettait déjà un rendement plus important.

Les divers appareils actuellement en usage dans la fabrication industrielle du bisulfure de carbone sont construits sur le même principe et ne diffèrent que par la forme de la cornue, le mode d'introduction du soufre et la construction différente du condenseur. Nous ne décrirons pas ici les appareils de M. Perroncel, celui de M. A. Gérard, ni celui de MM. Galy-Cazalat et Huillard, ou celui de M. Deiss, qui tous fournissent du bisulfure brut, c'est-à-dire contenant de l'hydrogène sulfuré et un excès de soufre dont on le débarrasse par une rectification, par exemple, comme M. Bonière dans une série d'appareils distillatoires chauffés au bain-marie, et renfermant, le premier, une solution de potasse caustique, et les autres des solutions de sels de plomb, de cuivre, de fer, etc. En traversant successivement, la vapeur de bisulfure y abandonne l'hydrogène sulfuré et d'autres substances étrangères, et se condense ensuite à l'état pur.

Le bisulfure de carbone pur est un liquide incolore, très-fluide, dont la densité, supérieure à celle de l'eau, est 1,272. Il est très-volatil, entre en ébullition à 46° C., et s'évapore rapidement à la température ordinaire, en produisant un froid intense. Son odeur est à la fois éthérée et alliacée, tandis que celui du sulfure brut est entièrement fétide et analogue à celle des choux pourris. Il dissout le phospore, le soufre, l'iode, les huiles, le camphre, les résines, les substances bitumineuses et aromatiques. Il est très-inflammable et brûle avec une flamme bleue produisant de l'acide carbonique et de l'acide sulfureux. La vapeur, mélangée avec l'air, constitue un mélange explosif dangereux; cette propriété, jointe à sa grande volatilité, nécessite des précautions minutieuses pour le manier et l'emmaganiser. Ces précautions doivent également comprendre une bonne aération dans les ateliers, à cause de l'action lente mais extrêmement pernicieuse que l'inhalation prolongée des vapeurs de bisulfure exerce sur la santé des ouvriers. A cet égard, on indique comme antidote l'usage interne d'une solution de carbonate de fer ou d'eau chargée d'acide carbonique.

Les applications du bisulfure de carbone sont presque toutes fondées sur son pouvoir dissolvant; c'est ainsi qu'on en fait usage pour amollir à l'état de pâte le caoutchouc et la gutta-percha, pour dissoudre le phosphore ordinaire dans le phosphore amorphe, le bitume et le soufre dans certaines roches, pour extraire les huiles essentielles, les principes aromatiques des semences et le parfum des fleurs pour enlever les taches de graisse, pour extraire les principes aromatiques actifs du poivre, des épices et autres substances, pour détruire les insectes, pour l'argenture galvanique, pour faire marcher des machines, etc.

Mais l'application la plus intéressante pour nous qui ait été faite du bisulfure de carbone est celle qui a été introduite par M. Deiss pour l'extraction des matières grasses des tissus des végétaux ou des animaux; par exemple, pour l'extraction du suif des os, le dégraissage des laines, des draps et déchets de laine, etc.

Disons d'abord que M. Deiss a reconnu que le bisulfure de carbone était non-seulement propre à l'extraction des corps gras liquides ou concrets, mais de plus, que c'était un agent précieux pour extraire les corps purs des fèces d'huile, des eaux savonneuses provenant du dégraissage des laines, des déchets de graisses des abattoirs, des dégras de toute provenance, des pains de creton, etc.

Pour faire le départ ou la purification de ces matières, il suffit de les traiter avec le double de leur poids de bisulfure de carbone, et de laisser le mélange en repos; au bout d'un certain temps il se forme deux couches bien distinctes : l'une, supérieure, contenant toutes les matières impures, et l'autre, inférieure, ou le bisulfure de carbone contenant en dissolution le corps gras. On sépare ce liquide, on le distille, et on obtient ce corps à peu près pur.

Mais, ainsi pratiquée, cette opération, pour devenir économique, a besoin d'être conduite un peu différemment, ou de recevoir diverses modifications qui l'ont enfin rendue pratique et avantageuse sous le point de vue industriel.

Le principe de cet emploi économique du bisulfure de carbone pour l'extraction des corps gras repose sur la régénération de ce bisulfure par la distillation ou par tout autre moyen et sur l'emploi de la vapeur d'eau surchauffée ou sous la pression d'une atmosphère pour chasser le bisulfure contenu dans les résidus des matières traitées, et enfin sur une insufflation de l'air ou divers traitements sur les corps gras qu'on extrait pour les dépouiller de quelques atomes de bisulfure qu'ils contiennent, après avoir régénéré celui-ci par la distillation.

Décrivons maintenant l'appareil dont se sert M. Deiss pour l'extraction du suif des os, des laines en suint, et, en général, des matières concrètes qui renferment des corps gras.

Les figures 12, 13 et 14, pl. 2, représentent en plan, coupe et élévation, l'appareil d'extraction de l'huile des graines oléagineuses, du suif des os et des laines.

A, réservoir au bisulfure de carbone sous forme de monte-jus; B, récipient aux matières dont on veut extraire l'huile ou la graisse, et qui peut osciller autour des points *t*, *t*; C, alambic ou appareil distillatoire du bisulfure de carbone provenant du récipient B et chauffé par un serpentin de vapeur d'eau à circulation libre; D, condenseur de la vapeur du bisulfure distillée dans l'alambic C; E, chaudière à vapeur; F, pompe aspirante et foulante; G, bâche à eau; H, récipient d'air comprimé.

a, *a*, tube de communication du réservoir A et du récipient B; *b*, *b*, *b*, raccords à vis destinés à isoler le récipient B du réservoir A, de l'alambic C et du condenseur D, ainsi que de la chaudière à vapeur, pour permettre son renversement.

a', *a'*, grilles sur lesquelles sont placées les graisses, les os ou autres matières et corps gras; *c*, tuyau amenant le mélange de bisulfure de carbone et de corps gras fluide du récipient B à l'alambic C; *c'*, *c'*, *c'*, *c'*, tuyau de communication de cet alambic au condenseur D; *d*, prise de vapeur sur le générateur E, pour la conduire au récipient B et à l'alambic C; *e*, *e*, *e*, serpentin à échappement libre de vapeur d'eau; *f*, *f*, serpentin percé de trous pour répandre au besoin de la vapeur d'eau dans le mélange de bisulfure et de corps gras fluide; *f'*, *f'*, serpentin également percé de trous pour répandre dans ledit mélange de l'air pris dans le réservoir H, où l'air est comprimé par la pompe F; *g*, tuyau d'admission de vapeur dans le récipient B; *g'*, *g'*, tuyau conduisant la vapeur de bisulfure de carbone, produite par l'admission de la vapeur d'eau dans les matières grasses, dans le condenseur D.

h, *h*, *h* et *h'*, lentilles et serpentin de condensation; *i*, *i*, tuyau de retour du bisulfure au réservoir A; *i'*, *i'*, tuyau de vidange du corps gras fluide de l'alambic; *j*, tuyau de purge de la vapeur d'eau condensée dans le récipient B; *r*, *r*, *r*, *r*, robinets divers isolant les appareils les uns des autres; *s*, robinet spécial destiné à l'isolement des produits distillés de l'appareil B, et de ceux contenus dans le tuyau *i*, *i*; *s'*, tube et robinet destiné à permettre la vérification des produits de l'appareil B, ainsi isolé; *t*, *t*, tourillons d'oscillation de cet appareil B.

Pour opérer avec cet appareil, on remplit le réservoir B de la matière dont on veut extraire l'huile ou la graisse, et cet appareil étant refermé on fait monter le bisulfure de carbone du monte-jus A par une pression d'eau ou d'air comprimé, au moyen de la pompe F. Le bisulfure se sature d'huile ou de graisse et se rend, par le tuyau *c*, dans l'alambic C; on arrête l'ascension du bisulfure quand il n'est plus coloré, ce qu'on peut constater par un petit robinet d'épreuve placé sur le tuyau *c*. On supprime la pression dans le réservoir A, et on y laisse écouler le bisulfure pur contenu dans ces matières premières dépouillées de leur corps gras. Alors on procède à la régénération tant du bisulfure de carbone contenu dans ces matières et qui n'a pu s'écouler naturellement, que de celui mélangé avec le corps gras de l'alambic C.

A cet effet, après avoir atteint dans le générateur E une pression de 5 atmosphères environ, on ouvre l'admission de la vapeur dans les appareils B et C, de telle sorte que l'appareil B en reçoive deux tiers et l'appareil C un tiers. La régénération du bisulfure commence immédiatement et est achevée lorsque les tubes *c'*, *c'*, *c'* deviennent froids, et quant à l'alambic C lorsqu'il ne distille plus que de l'eau des matières dégraissées dans l'appareil B; ce qui est facile à vérifier au moyen du robinet *s* et du petit tuyau à robinet *s'*, dont le premier *s* isole les produits distillés dans l'appareil B, de ceux distillés dans l'alambic C, et dont l'autre *s'* laisse écouler à volonté les produits pour leur vérification.

Il ne reste plus ensuite qu'à faire passer un courant d'air à travers les corps gras contenus dans l'alambic pour en extraire les derniers atomes de bisulfure de carbone et pour rendre ces corps gras complétement inodores.

On peut aussi se servir, pour accélérer l'opération, tout à la fois de l'injection d'air *f'* et d'une injection de vapeur d'eau *f*.

L'opération terminée, on retire l'huile ou le corps

gras par le tube i', i', et après avoir dévissé les raccords b, b, b, on fait basculer l'appareil B et on le vide pour le disposer pour une nouvelle opération.

M. Deiss assure, quand on traite le suif par le bisulfure de carbone, qu'une dissolution formée de ces deux matières laisse cristalliser par le refroidissement la stéarine et la margarine, et que le procédé pourrait être économique pour la fabrication des bougies stéariques. Toutefois, cette cristallisation de la stéarine ne se fait bien qu'à une température de quelques degrés au-dessous de zéro.

Après la distillation du bisulfure de carbone et l'insufflation de l'air dans les corps gras, ceux-ci contiennent encore quelques atomes de bisulfure dont il importe, au moins pour quelques usages, de les dépouiller complétement. Pour opérer ce dépouillement complet, M. Deiss s'est d'abord servi d'une table à surface métallique chauffée à la vapeur ou par tout autre moyen, sur laquelle il fait couler les corps gras ; pendant cet écoulement, le bisulfure se vaporise et ces corps arrivent à l'extrémité de la table, presque entièrement débarrassés de bisulfure. On les reçoit dans un réservoir convenable, on les fait repasser dans un autre appareil à plusieurs reprises, absolument de la même manière, jusqu'à ce qu'une petite quantité saponifiée ne révèle plus la présence du soufre par l'acétate de plomb. A ce moment les corps gras peuvent être considérés comme à peu près purs.

On peut aussi mélanger au corps gras qui contient encore quelques atomes de bisulfure 1 à 1 1/2 pour 100 d'ammoniaque liquide. Si le corps gras est liquide, l'opération se fait à froid, mais s'il est plus consistant, il faut qu'elle se fasse à chaud. On mêle intimement ces deux corps, puis on verse dans ce mélange de l'eau bouillante contenant assez d'acide sulfurique pour saturer l'ammoniaque. On laisse déposer, le corps gras surnage, et dans cet état est complétement inodore et incolore.

On peut remplacer l'ammoniaque par la soude, la potasse et la chaux caustiques, ainsi que par les carbonates et les bicarbonates de ces bases.

Dans quelques cas, il est utile d'employer le bisulfure de carbone bouillant, notamment quand il s'agit d'extraire des corps gras très-riches en stéarine et en margarine ; tels par exemple que les pains de creton provenant de la fonte des suifs.

Pour cela, on se sert de l'appareil décrit, seulement au lieu de faire monter le bisulfure par la pression de l'air ou de l'eau, on le fait monter par la pression de la vapeur du bisulfure lui-même qu'on met en ébullition dans le monte-jus qu'on enveloppe d'une chemise en tôle dans laquelle on injecte de la vapeur d'eau. Le bisulfure se met en ébullition et ses vapeurs ne trouvant pas d'issue pressent sur la colonne et le font monter à travers les matières. Ce procédé a d'ailleurs un avantage, c'est que, en supprimant la vapeur, il se forme un vide qui fait redescendre avec une grande rapidité dans le monte-jus l'excédant de bisulfure contenu dans l'appareil extracteur.

Avec quelque soin qu'aient été pratiquées les opérations précédentes, les corps gras qu'on obtient sont très-difficiles à purger entièrement des dernières traces de bisulfure, surtout lorsqu'on approche du terme de la distillation, et dans certaines applications, ces traces les feraient rejeter du commerce. Ces corps

nt donc besoin dans ce cas d'une opération supplé-
ıentaire à laquelle M. Deiss a donné le nom de *dé-
ulfuration*.

Les corps gras, après l'injection de la vapeur d'eau irecte dans les appareils, sont soutirés, placés dans n réservoir pour laisser déposer l'eau entraînée par ı vapeur, puis sont portés dans une chaudière en ɜr d'une capacité triple du volume du corps. On verse .ans cette chaudière autant d'eau que de corps gras, uis on ajoute un lait de chaux représentant en chaux ive de 10 à 14 pour 100 de la graisse. On allume le eu sous la chaudière et on brasse la masse jusqu'à e qu'une portion qu'on en retire prenne une consis-ance solide. Ordinairement 4 à 5 heures suffisent. Arrivé au terme de l'opération, le savon calcaire in-oluble qui surnage est enlevé et on le laisse durcir ı l'air; l'eau qui reste dans la chaudière et qui est ortement colorée en jaune contient le soufre. Le sa-von calcaire étant pulvérisé et décomposé par l'acide ulfurique étendu d'eau, laisse l'acide gras surna-geant, tandis que le sulfate de chaux tombe au fond.

Section X. — ÉPURATION PAR LE CHLORE, LA VAPEUR D'EAU, L'AIR CHAUFFÉ ET LA FORCE CENTRIFUGE.

On a proposé aussi un mode d'épuration et de blanchiment des graisses par l'emploi de la force centrifuge. Voici comment opère M. Score, inventeur de ce procédé.

L'invention a pour objet le traitement, au moyen d'agents de blanchiment, des graisses, pendant que ces matières sont très-divisées. Elle consiste à pro-jeter les graisses chaudes, au moyen de la force cen-trifuge, au travers d'une gaze métallique très-fine ou autre surface convenable, dans une atmosphère blanchissante contenue dans une chambre fermée. Il est bon que la chambre en question soit bien éclairée au moyen d'une couverture de verre. Voici la manière de procéder.

L'appareil ci-après décrit est le meilleur pour atteindre le but; mais on peut le modifier.

On emploie une citerne ou chambre circulaire, de préférence en métal, et revêtue de bois ou autre substance, pour empêcher le rayonnement de la chaleur. On peut varier la capacité de cette citerne; mais il est bien de lui donner un diamètre d'environ 3 1/2 mètres, et une profondeur de 60 centimètres environ. Dans le centre de cette citerne ou chambre est un axe vertical portant un cylindre d'environ 20 centimètres de diamètre, et dont la circonférence se compose d'une toile métallique fine et d'une feuille de métal finement perforée. Ce cylindre est semblable aux machines centrifuges ordinaires employées pour d'autres usages.

La partie supérieure de la citerne ou chambre à blanchir est couverte en verre, à l'exception du point dans lequel tourne l'axe. La partie inférieure est munie d'un robinet pour faire couler l'huile, graisse ou résine, dans un petit vase d'où l'on pompe le liquide dans un réservoir ou vase supérieur chauffé par la vapeur au moyen d'une chemise, ou par des tuyaux, comme cela se fait ordinairement, pour tenir chaudes et fluides les graisses; du réservoir ou vase supérieur le liquide coule par un tube (réglé par un robinet) dans la citerne ou chambre circulaire. Au fond de cette citerne on introduit, au moyen de tuyaux, de l'air chauffé à une température d'envion 105 à 110° C., ces tuyaux ont des capuchons pour mpêcher les matières grasses d'y pénétrer. Il y a ussi un ou plusieurs tuyaux pour pouvoir introuire de la vapeur à une température d'environ 100°.

On peut, si l'on désire, introduire du chlore; mais emploi seul de la vapeur et de l'air chauffé procure es résultats très-satisfaisants. Tous ces tuyaux sont nunis de robinets ou soupapes pour régler l'alimenation.

On donne à l'axe du cylindre un mouvement raide de rotation, et les matières grasses à l'état uide sont, par l'effet de la force centrifuge, lancées ans la citerne ou chambre circulaire en jets excesivement divisés, de manière à présenter la plus rande surface possible à l'atmosphère blanchissante qui se trouve en dedans de la citerne, ce qui facilite es procédés de blanchiment.

Sur la partie supérieure de la citerne est un passage conduisant dans la cheminée pour le dégagement de l'atmosphère ou air contenu dans la citerne circulaire; on règle cette sortie au moyen d'une soupape ou d'un registre. Lorsque l'odeur des graisses est nuisible, il est convenable que le passage de sortie, au lieu de déboucher directement à l'air libre, communique avec le cendrier fermé d'un foyer, afin que l'odeur de ces graisses soit détruite par le passage à travers le feu.

On ne peut guère donner de règles fixes, quant à l'alimentation plus ou moins grande de vapeur et d'air chauffé à admettre dans la chambre circulaire. L'ouvrier sera bientôt, par la pratique et ses soins à observer les progrès du blanchiment à mesure que les substances grasses liquides s'écoulent de la chambre à blanchir, à même de s'assurer du moment et de la quantité la plus convenable pour agir avec succès, suivant la nature particulière des matières grasses qu'il a à blanchir.

Section XI. — ÉPURATION AU PEROXYDE DE PLOMB.

M. F.-F. Mayer, de New-York, a proposé d'employer l'oxyde puce de plomb soit pur, soit en combinaison avec une autre substance, pour blanchir et raffiner les matières grasses d'origine végétale et animale ou les cires végétales, mais nous n'avons reçu aucun détail sur l'emploi de ce réactif pour cet objet.

Section XII. — ÉPURATION PAR L'OXYGÈNE NAISSANT, L'ACIDE SULFUREUX, LES HYDROCARBURES, ETC.

M. Léo de la Peyrouse a fait connaître, en 1867, un procédé particulier pour l'épuration des suifs. Voici comment il procède à cette opération :

Le suif en branches est fondu avec 25 pour 100 au moins de son poids d'eau, dans un vase en bois doublé en plomb, dans lequel circule un serpentin ou un tuyau de vapeur pour élever la température et déterminer la fonte du suif. Pour désintégrer le tissu cellulaire dans lequel le suif pur est contenu, on ajoute environ 2 1/2 pour 100 en poids d'acide sulfurique du commerce, préalablement étendu dans 3 à 4 parties d'eau, puis on détermine un dégagement d'oxygène naissant au moyen des peroxydes minéraux, surtout du peroxyde de manganèse mélangé à une suffisante quantité d'acide sulfurique à 45° Baumé, qu'on emploie dans le rapport de 1 à 5 pour 100 en poids du suif.

Suivant M. de la Peyrouse, on obtient ainsi un suif d'une grande blancheur et de beaucoup de fermeté.

L'acide sulfureux naissant donnerait aussi, suivant lui, de bons résultats, et il en serait de même des chlorures et perchlorures de zinc et d'étain, à la densité de 40° à 45° Baumé, qui fournissent une fermeté portée à sa dernière limite, sans que le corps gras perde aucune de ses propriétés éclairantes.

Les mêmes procédés s'appliquent à l'épuration des suifs en pain.

Les hydrocarbures qu'on extrait de la tourbe, des matières bitumineuses, des résines, etc., et qui bouillent entre 75 et 100°, ajoutés aux suifs fondus dans la proportion de 2 à 5 pour 100, donnent également, avec ou sans pression, un produit sec, brillant, d'un beau blanc, propre à l'éclairage, et qu'on peut substituer aux matières servant à fabriquer des bougies ou mélanger avec elles.

Section XIII. — ÉPURATION AVEC L'ARGILE.

M. Laporte a proposé de filtrer le suif fondu en le mélangeant avec de l'argile. Pour cela on prend 100 kilogr. de suif et 10 kilogr. d'argile, qu'on a chauffée jusqu'à ce qu'elle soit bien sèche, on la pulvérise et on l'introduit dans le vase qui contient le suif en fusion, on agite le tout constamment pendant au moins une heure, et on laisse reposer pour que l'argile se précipite. On décante et on filtre dans un filtre en grès ou un manchon foulé, et c'est avec le suif ainsi épuré, qu'on fabrique des chandelles qui, suivant M. Laporte, se comportent comme les bougies stéariques, c'est-à-dire brûlent avec une mèche fine et tressée, sans champignon ni fumée ou que l'on ait besoin de la moucher.

Le résidu qui se trouve dans le manchon, mélangé à l'argile, sert à fabriquer un bon savon, en le traitant par une lessive de soude ou de potasse.

M. Laporte épure les huiles de coco, de palme, de ricin par des moyens analogues.

Section XIV. — ÉPURATION A LA COLLE DE POISSON.

M. S. Sequelin a proposé, en 1866, de purifier les matières grasses et cireuses en les faisant fondre au moyen d'un bain d'eau chaude ou à la vapeur à une température de 80° C., puis d'y ajouter par 100 kilog. environ 70 grammes de colle de poisson de Russie, coupée bien menue. Cette colle a, selon lui, pour effet d'entraîner toutes les impuretés, et après un repos de 30 heures environ, pendant lequel on maintient constamment à l'état liquide, à une température de 70° à 75°. On coule la matière purifiée dans des moules où elle se solidifie, et est alors prête à tous les usages (1).

ARTICLE III. — **Rendement des divers procédés de fonte.**

Avant de terminer ce que nous avions à dire sur la fonte des suifs, nous indiquerons la quantité de pro-

(1) Les établissements où l'on s'occupe de la fonte des graisses et des suifs en branches à feu nu, de la fabrication des suifs bruns, sont rangés dans la première classe des établissements insalubres et incommodes, c'est-à-dire de ceux qui doivent être éloignés des habitations particulières, et où la permission pour la formation d'un pareil établissement est accordée par le préfet du département, d'après une demande en autorisation, accompagnée des plans des lieux et des constructions projetées et une enquête *de commodo et incommodo*.

duits marchands que peuvent fournir quelques-unes des diverses méthodes indiquées ci-dessus.

Les auteurs ne sont pas d'accord sur ce produit, et l'estiment plus ou moins haut; mais cela peut tenir à la nature ou à la qualité des suifs et aux soins apportés à l'opération.

Suivant M. Payen, la fonte sèche ou à feu nu produit 80 à 82 p. 100, et celle par le procédé d'Arcet de 83 à 85.

M. H. Perutz, chimiste manufacturier, dit que le produit peut varier entre 80 et 88 p. 100, suivant la qualité du suif, son état d'humidité, son âge, etc. Par exemple le suif de rognons fournit davantage que celui des autres parties du corps de l'animal.

M. Gaultier de Claubry affirme que la méthode à feu nu ne donne que 81,3 p. 100, tandis que celle de D'Arcet rend de 85 à 86.

Suivant M. Feist, la méthode Lefebure, lorsqu'on emploie l'acide sulfurique, donnerait 92 p. 100, et quand on se servirait d'acide azotique 91,5 (?)

Le procédé Evrard fournirait, d'après le même, 88 p. 100 de beau suif blanc et sans odeur, et 8 pour 100 qu'on peut extraire des lessives.

Mais, nous le répétons, il y a tant de circonstances diverses qui peuvent influer sur ce rendement, qu'il est impossible d'établir un chiffre fixe de celui-ci, et le seul conseil qu'on puisse donner à cet égard, c'est de faire choix d'un bon procédé et de manipuler avec soin, le rendement, relativement à la qualité de la matière première, sera presque toujours satisfaisant.

ARTICLE IV. — **Durcissement des suifs.**

Section I. — PAR REFROIDISSEMENT LENT.

Nous avons vu, en nous occupant de la composition des matières grasses, que celles-ci se composaient, en général, de divers principes auxquels on a donné les noms de stéarine, margarine et oléine; que deux de ces principes, la stéarine et la margarine, étaient solides, tandis que l'oléine était fluide.

Les corps gras n'étant pas tous composés avec les mêmes rapports entre ces principes, et ceux-ci pouvant varier dans leur proportion, non-seulement dans les divers corps gras, mais aussi dans une même graisse, empruntée à la même espèce d'animal, il est facile de concevoir qu'un corps gras sera d'autant plus mou, onctueux et fusible qu'il renfermera une plus forte proportion d'oléine, et réciproquement qu'il sera d'autant plus ferme et moins coulant sous l'influence de la chaleur, qu'il contiendra une proportion plus élevée de stéarine et de margarine.

Or, il est facile de concevoir les avantages, dans la fabrication des chandelles, d'une matière ferme, ne se fondant qu'avec une certaine lenteur et une certaine proportion sous l'influence de la chaleur. En effet, une matière molle et trop fusible donne des chandelles grasses au toucher, tachant tout ce qui les approche, se ramollissant dans les jours d'été et coulant sous l'influence de la combustion, et ainsi fort peu économiques. Au contraire, les chandelles fabriquées avec des matières fermes et moins fusibles peuvent être maniées sans graisser les doigts et les corps qu'on en approche; elles conservent encore assez de fermeté, même aux températures les plus hautes de l'été, et enfin sous l'influence de la combustion qui s'opère autour de la mèche, la matière forme bien le godet, ne coule pas, et livre le suif fondu à cette mèche d'une manière bien égale et uniforme, qui procure un éclairage d'un éclat plus constant.

Rappelons, à ce sujet, que le suif de bœuf fond à 37° C., et renferme 65 p. 100 environ de stéarine cristallisable et fusible à 43 ou 44°, mais que le suif de mouton est plus dur, moins fusible, et ne fond qu'à 40°.

C'est après avoir constaté ces divers avantages qu'on a cherché les moyens de transformer les suifs en une matière plus ferme et moins fusible en leur soustrayant une portion de leur oléine, ou en y ajoutant de la stéarine.

Le premier qui ait eu cette idée avant qu'on connût la véritable composition immédiate des corps gras a été W. Boltz, en Angleterre, dont le système consiste à soumettre le suif à un refroidissement lent et gradué pendant qu'on l'agite constamment. Or, comme on sait que l'oléine peut encore rester fluide à 0°, tandis que la margarine se fige aux environs de 47°, et la stéarine souvent à 65°, il en résulte qu'en descendant un peu au-dessous de ces dernières températures, les deux matières concrètes sont déjà solidifiées, tandis que l'oléine est encore à l'état fluide. Si, dans cet état, on soumet dans des sacs en tissu convenable la matière fondue à une pression graduée, l'oléine s'écoulera à travers les mailles du tissu, tandis que les matières concrètes, stéarine et margarine, dont le mélange aura bien plus de fermeté que le suif primitif, pourront être recueillies et sous le nom de stéarine pressée, servir à la fabrication de beaux produits.

Tous ces résultats avaient déjà été prévus par Braconnot, ainsi que nous allons l'exposer dans un instant.

Mais il n'est pas de procédé qui ne présente un côté faible; celui de M. Boltz est même assez grave pour avoir beaucoup limité son emploi; voici, du reste, en quoi il consiste.

Nous avons dit au commencement de ce manuel que la graisse de mouton se composait de 80 parties de matières grasses concrètes, stéarine et margarine, et 20 parties d'oléine, et celle de bœuf, de 65 à 70 parties de matières concrètes et 30 parties d'oléine.

Dans le procédé de M. Boltz, on n'extrait pas par la pression ces 20 ou 30 parties d'oléine, mais on en retire bien de 15 à 20 parties; or, l'oléine est un liquide que produisent en abondance et à bas prix les fabriques de bougies stéariques et qui, par conséquent, est d'un placement assez difficile, ce qui occasionne au fabricant qui opère par ce procédé une perte qu'on doit chercher à couvrir par une élévation du prix de vente du produit qui, ainsi, est moins recherché et n'est plus à la portée du petit consommateur qui est toujours le plus nombreux.

Quoi qu'il en soit, nous ferons connaître par la suite avec plus de détails le procédé de M. Boltz.

MM. Binet et Taurin, de Paris, se sont fait breveter, en 1849, pour un appareil à opérer cette cristallisation et la pression des corps gras.

Dans le système de MM. Binet et Taurin, l'opération pour la cristallisation consiste à mettre le corps gras qu'on veut cristalliser dans un vase qu'on plonge ensuite dans un réservoir contenant un liquide ayant une certaine capacité calorifique, chauffé au degré convenable par la vapeur ou autre moyen. On maintient la température pendant tout le temps nécessaire à l'opération.

Une cuve A, fig. 19, pl. 4, est garnie d'un serpentin E, par lequel arrive la vapeur; sur son fond est un entonnoir B, garni de son tuyau qui vient aboutir sur le devant de la cuve et dont le bout porte un robinet C. Dans cette cuve A en est placée une seconde D, dont le fond est un treillage en bois supporté par quatre pieds de 0m.05 de hauteur pour empêcher la matière, lorsqu'elle est cristallisée, de descendre jusqu'au fond de la première cuve. C'est dans la seconde cuve D qu'on met le corps gras; on remplit d'eau la première A jusqu'à ce que le corps gras reste à 0m.10 au-dessous du bord de la seconde D, sur laquelle on pose un couvercle qui la ferme hermétiquement. Au bout d'une heure on arrête l'opération, on découvre la cuve D, on couvre au contraire la cuve A dont on charge le couvercle de paillassons et de couvertures en assez grande quantité pour empêcher un refroidissement trop rapide dans le haut.

L'appareil dans cet état conserve longtemps sa chaleur, et c'est pendant ce temps que la cristallisation s'opère progressivement. Lorsque le thermomètre fixé sur le couvercle ne marque plus que 18° C., on ouvre le robinet C, l'eau s'écoule et on reçoit l'huile dans un vase jusqu'à épuisement; la quantité ainsi obtenue est de 20 pour 100. La matière cristallisée est ensuite soumise à une pression légère qui donne encore 10 pour 100 d'huile.

Ces huiles ont une valeur plus élevée que l'acide oléique et ne subissent pas le déchet de 10 pour 100 comme ce dernier par l'extraction de la glycérine lors de la saponification.

MM. Binet et Taurin ont aussi rejeté dans la pression à chaud des corps gras les plaques pleines en fer chauffées à la vapeur, et les plaques creuses fermant bien, à l'exception de quelques trous pour l'échappement de la vapeur qu'on y introduit, comme ne permettant pas d'apprécier au juste le degré de chaleur qu'on y introduit, sa distribution et sa marche progressive, et ont donné la préférence à l'emploi de l'eau renfermée dans un vase clos ou ouvert, où on peut à chaque instant contrôler la température, sa marche et sa distribution.

Section II. — PAR TURBINAGE.

MM. Binet et Taurin ont également proposé en 1849, une forme d'hydro-extracteur généralement applicable au traitement des corps gras et dont voici la description.

L'arbre vertical A, fig. 20, pl. 4, au lieu d'être plein est creux dans la partie supérieure jusqu'au niveau du fond du cylindre intérieur B. Cette disposition a pour but d'introduire par l'intérieur de l'arbre, soit de l'eau chaude, de l'air, de la vapeur ou un gaz élevés à la température voulue pour faciliter le dégagement du liquide oléagineux suivant le point de fusion auquel on veut obtenir ce dernier.

La paroi intérieure du cylindre C est garnie d'une toile I fixée en haut et en bas, interposée entre la matière et la paroi pour retenir la partie concrète du corps gras qui, sans cela, sortirait en vermicelle par les trous de ce cylindre.

Pour pouvoir placer et retirer plus facilement les corps gras soumis à l'action de la force centrifuge, on place un disque évidé ou rondelle en bois ou en métal D, au fond de l'intervalle entre les deux cylindres. Cette rondelle est garnie de deux poignées E, pour pouvoir l'enlever facilement.

Les corps gras ne laissant pas comme les étoffes des interstices permettant à l'air de s'introduire dans l'appareil pour les essorer, il était nécessaire de laisser un espace pour l'introduction de l'air. A cet effet, on dispose un cylindre F indiqué au pointillé dans la figure.

Pour opérer, il faut d'abord placer le disque D et le cylindre F dans l'appareil, charger le corps gras cristallisé ou non sur le disque, retirer le cercle F et mettre l'appareil en mouvement avec une vitesse de 1,500 à 2,000 tours par minute.

Si l'on veut obtenir une plus grande quantité de liquide, il faut introduire, au moyen d'un entonnoir G, l'eau chaude, l'air, la vapeur ou un gaz par l'arbre vertical. Après le nombre de tours voulu, l'oléine sort par les trous pratiqués dans le cylindre C, et s'écoule par un tube pour être recueillie.

Le tube H doit remplir les mêmes fonctions que la partie creuse de l'arbre vertical A dans le cas où on ne veut pas employer un arbre creux. Ce tube plonge entre les deux cylindres B et C, et il est percé de trous pour injecter l'eau, l'air, etc. Il se déplace au moyen d'un raccord fixe en dehors de l'appareil et qui sert en même temps à le maintenir. Cette disposition est indispensable pour la manœuvre du cercle F et du disque D.

L'introduction de la vapeur dans des plaques creuses ne permettant pas de reconnaître le degré de température qu'on obtient, on arrive à de meilleurs résultats par celle de l'eau chaude au degré voulu, et pour opérer d'une manière continue ou intermittente l'écoulement de l'eau introduite dans les plaques par le robinet A, on établit un robinet qui peut être placé en contre-bas ou en contre-haut desdites plaques, surtout en contre-haut, comme on le voit en B, fig. 21 et 22, parce qu'il empêche le mélange de l'eau avec les résidus du corps gras. On peut, au moyen de l'intermittence, conserver dans les plaques, pendant le temps voulu, la chaleur produite par l'eau qui, comme on sait, possède une grande capacité calorifique. Par ce moyen, il y a une forte économie de combustible.

Section III. — PAR VOIE CHIMIQUE.

M. Braconnot réfléchissant sur la variation infinie qu'on observe dans la consistance des graisses, et pensant que le suif et l'huile semblent être les deux extrêmes de cette consistance, crut apercevoir que par le mélange de ces deux corps en différentes proportions, la nature pouvait produire cette diversité de corps gras qu'on observe dans les êtres organisés. Parmi tous les réactifs chimiques, il n'en trouva aucun qui pût lui donner les moyens de séparer l'huile et le suif. Un moyen mécanique lui réussit parfaitement; le procédé est fondé sur la propriété physique qu'a l'huile de s'imbiber parfaitement dans le papier gris, lequel n'est pas taché par le suif dans son état de pureté.

Voici la manière d'opérer, en prenant pour exemple le beurre fondu des Vosges. Braconnot comprimait le beurre pendant plusieurs jours, à l'aide d'une forte presse, à la température de zéro, entre plusieurs feuilles de papier brouillard, en ayant soin de renouveler celui-ci jusqu'à ce qu'il cesse de le tacher. Il le poussait de nouveau à une température de 15° (Réaumur) et finissait par obtenir une matière blanche, cassante, au moins aussi compacte que le suif le plus dur, d'une odeur et d'une saveur de suif très-prononcées. Soupçonnant que cette substance pouvait retenir encore quelques traces de matière huileuse, il la fit fondre et y mêla une petite quantité d'essence de térébenthine récemment distillée; la matière figée et pressée jusqu'à siccité dans du papier brouillard, offrit une substance qu'il maintint en fusion pendant quelque temps. Figée, elle était sèche, cassante avec éclat, et se fondait au même degré de chaleur que le suif absolu de bœuf, 46° (Réaumur).

Pour obtenir l'huile de beurre, il humecta d'eau tiède le papier gris dans lequel le beurre avait été comprimé; puis il en fit un nouet qu'il soumit à l'action de la presse, et il en résulta une huile parfaitement fluide.

C'est d'après ce procédé que M. Braconnot fit les expériences dont nous allons donner le tableau.

DÉSIGNATION DES SUBSTANCES GRASSES OU HUILES EMPLOYÉES.	SUR 100 PARTIES DE SUBSTANCE EMPLOYÉE.	
	Suif.	Huile.
	parties.	parties.
Beurre fondu des Vosges, récolté dans la plaine pendant l'été.. . .	40	60
Id. récolté dans les montagnes (1) pendant l'hiver.	65	35
Axonge de porc.	38	62
Moelle de bœuf.	76	24
Moelle de mouton.	26	74
Graisse d'oie.	32	68
Graisse de canard.	28	72
Graisse de dindon.	26	74
Huile d'olive.	28	72
Huile d'amande douce.	24	76
Huile de colza.	46	54

En résumé, le procédé de Braconnot pour obtenir une matière propre à l'éclairage plus dure que le suif ordinaire, consiste à mélanger celui-ci à l'état fondu avec une petite quantité d'une huile essentielle, d'essence de térébenthine, par exemple, et à soumettre la masse pâteuse fournie par le refroidissement à une pression modérée qui entraîne l'oléine dissoute dans l'essence et laisse un résidu solide et dur de matière concrète qu'il suffit de faire bouillir avec de l'eau pour lui enlever l'odeur de l'essence.

(1) Braconnot fait observer que les proportions différentes de suif et d'huile que l'on remarque ici dans les beurres de même origine, ne dépendent pas seulement des saisons différentes pendant lesquelles ils sont récoltés, mais de la constitution physique des vaches, du lieu qu'elles habitent et de leurs aliments. On a remarqué que lorsqu'elles sont nourries de fourrages secs, elles fournissent un beurre dur, compacte, d'un blanc mat et d'une qualité inférieure.

Les opérations qu'exige ce procédé sont un peu trop compliquées pour devenir industrielles; elles obligent en outre à se servir d'essences qui, dans un fondoir, augmentent notablement les chances d'incendie, enfin elles laissent des eaux de résidu chargées d'essence et d'oléine qui n'ont aucune application industrielle ou économique et dont l'évacuation doit même donner lieu à des difficultés, soit dans les cours d'eau, soit sur la voie publique.

Braconnot, qui avait étudié avec soin les suifs de bœuf et de mouton avant que leur composition immédiate fût bien nettement connue, avait cependant parfaitement constaté les causes de leur plus ou moins grande fermeté; on en jugera par l'extrait suivant de l'un de ses mémoires.

« Le suif n'existe point à l'état de pureté absolue dans les animaux, et jusqu'à présent il a été méconnu dans cet état : le plus ferme que l'on puisse se procurer contient encore une certaine quantité d'huile; celui qui entoure les reins du mouton en contient plus que celui du bœuf provenant de la même région; celui des chandelles en fournit une assez grande quantité, car cent parties de suif, à la température de 5° (Réaumur), m'ont donné trente parties d'huile.

« On parvient à priver ces suifs de leur huile en les faisant fondre, et y ajoutant de l'essence de térébenthine nouvellement distillée. Le mélange, figé et pressé dans un linge, ou, ce qui vaut encore mieux, dans du papier brouillard, laisse le suif dans son état de pureté; il ne s'agit plus que de le tenir en fusion pendant quelque temps, et de le laisser refroidir.

« Le suif absolu de mouton, ainsi obtenu, est un

corps assez analogue à la cire, et paraît même d'une compacité plus sèche et plus cassante; mais il ne jouit pas de la même ductilité, car il se laisse facilement réduire en poudre; il cire d'ailleurs les corps et les rend luisants tout aussi bien que la cire d'abeilles, en faisant entendre un cri que l'on connaît à cette substance lorsqu'on la frotte.

« Le suif absolu de mouton fond à la température de 49° (Réaumur) : la cire jaune fond précisément au même degré de chaleur, suivant Bostock; mais ce suif est moins soluble que la cire et que le blanc de baleine dans l'alcool bouillant; celui-ci peut cependant en dissoudre assez pour que la liqueur se trouble en refroidissant. L'éther bouillant le dissout beaucoup mieux, et par le refroidissement il se forme un précipité en larges flocons gélatineux.

« Le suif absolu de bœuf est blanc, quoique ayant naturellement une couleur jaunâtre lorsqu'il n'a pas été épuré, ce qui fait présumer que cette couleur tient à l'huile; il a un aspect plus gras que le suif de mouton; il est d'ailleurs plus fusible, puisqu'il se liquéfie à 46° (Réaumur); aussi est-il moins propre à la confection des bougies que le suif absolu de mouton, lequel, obtenu par quelques moyens faciles, pourra offrir aux arts et au commerce une substance capable de remplacer la cire dans quelques circonstances. »

Section IV. — PAR L'ACIDE HYPOAZOTIQUE.

L'acide hypoazotique ou gaz nitreux jouit d'une propriété qui a été découverte par Tillet en 1780, que M. Poutet, de Marseille, a étudiée et cherché à mettre à profit en 1832, et dont M. Félix Boudet a fait plus tard une étude chimique complète et approfondie.

Lorsqu'on met en contact l'acide hypoazotique avec l'oléine, celle-ci se concrète et se transforme en une matière plus ferme et plus concrète que le suif et à laquelle on a donné le nom d'élaïdine. Dans la pratique ordinaire, cette élaïdine n'est pas pure, elle renferme toujours de la margarine et une certaine matière huileuse qui se colore en rouge par la potasse et dont on peut la débarrasser.

Sous cet état, l'élaïdine ressemble à la stéarine ; elle fond à 32°, est presque insoluble dans l'alcool et très-soluble dans l'éther ; soumise à la distillation sèche, elle donne de l'acroléine, de l'acide élaïdique et des carbures d'hydrogène. Les alcalis la saponifient en produisant de la glycérine et un élaïdate alcalin.

L'oléine soumise à l'action de l'acide azotique ou des vapeurs nitreuses se transforme aussi en élaïdine.

On conçoit maintenant qu'il doit être possible d'améliorer la qualité des suifs, c'est-à-dire de les durcir, de leur donner plus de fermeté et de les rendre moins fusibles en transformant une grande partie des 20 à 30 pour 100 d'oléine qu'ils renferment en élaïdine.

Le premier qui se soit occupé d'appliquer cette propriété aux suifs est M. Heard, en Angleterre, et voici la traduction de la patente qu'il a prise pour cet objet et qui a été insérée dans le *Repertory of arts.*

« Le but que l'auteur s'est proposé a été de durcir le suif et les graisses animales au point de les rendre susceptibles de résister à une température élevée sans se fondre. Il obtient cet effet en mêlant au suif en pain, soit de l'acide nitrique, soit de l'acide nitreux ou nitromuriatique, dans des proportions déterminées par la qualité de la matière employée. M. Heard préfère l'acide nitrique qui doit être très-pur et d'une pesanteur spécifique de 1,500. La quantité qu'il en ajoute, par chaque livre de suif ou de graisse, varie depuis une demi-drachme à trois quarts d'once (1). Il a trouvé que, lorsqu'on emploie du suif en branches de première qualité, il suffit d'une demi-drachme d'acide, tandis qu'il faut doubler la dose en traitant des suifs ou des graisses de qualité inférieure et de consistance molle.

« On fait fondre le suif sur un feu doux, et après y avoir ajouté la quantité suffisante d'acide, on l'entretient en fusion en remuant continuellement jusqu'à ce qu'il ait pris une teinte orangé ; alors on le retire du feu, et quand il est refroidi, on le soumet à l'action d'une presse très-forte ; la pression en sépare un fluide huileux qui s'était combiné avec l'acide.

« Le suif ainsi préparé conserve une couleur jaune, mais il est aisé de le blanchir en l'exposant à l'air et à la lumière. On en fabrique des chandelles qui ne coulent pas et dont la qualité est supérieure à celle des chandelles maintenant en usage.

« Ce procédé est préférable à celui qu'on emploie pour les chandelles économiques ; le suif est plus dur, plus ferme et coule moins. »

Ce procédé a été essayé à plusieurs reprises, mais il ne paraît pas avoir complétement satisfait aux conditions exigées dans les établissements industriels.

(1) La livre dont il est ici question est la livre anglaise, *avoir du poids*. Elle est égale à 453 grammes ; elle se divise en 16 onces dont chacune est égale à 28 grammes 340 ; chaque once se divise en 16 drachmes dont chacune égale 1 gramme 771.

Quelques années plus tard, M. Boutigny a démonré qu'il y avait beaucoup d'avantage à substituer à 'action de l'acide nitrique ou aux vapeurs nitreuses ordinaires, l'acide hypoazotique qu'on prépare en faiant réagir de l'acide azotique sur une matière orga-ique, lavant ensuite les produits volatils dans l'acide ulfurique chaud destiné à détruire les dernières traes d'acide azotique. Mais malgré que ces observations ous aient plus intimement initiés à la connaissance le l'action des acides azotés sur les corps gras, elles 'ont pas beaucoup avancé le côté pratique de la uestion.

Section V. — PAR L'AMMONIAQUE.

M. Faure, de Bordeaux, a proposé de fondre les uifs à la vapeur et de les durcir par le moyen suiant : on se sert d'une chaudière dont la partie suérieure est une demi-sphère, la partie moyenne un ylindre et la partie inférieure un cône renversé pour aciliter l'écoulement du suif. On remplit de suif la haudière par le haut au moyen d'un entonnoir garni 'un robinet pour l'ouvrir et le fermer à volonté. orsque la chaudière est pleine de suif, on place une outeille remplie d'alcali volatil (ammoniaque liquide) ur la machine à vapeur, la chaleur dégage l'alcali, ui se rend dans la chaudière au suif par un conduit ui entre par le haut et va jusqu'au fond de cette haudière. L'alcali durcit le suif, et au bout de 24 eures l'opération est terminée.

Section VI. — PAR LE SOUFRE ET LE PHOSPHORE.

M. Tilghman, de Philadelphie, a proposé, en 1855, n moyen pour durcir les corps gras neutres ou acides, en les portant à une haute température et en les exposant à l'action d'une légère proportion de soufre et de phosphore. Après que ce résultat a été obtenu, la portion de ces agents chimiques restée en combinaison avec le corps gras est enlevée par l'action d'un oxyde métallique ou d'autres substances ayant une grande affinité pour le soufre ou le phosphore.

On emploie, par exemple, le soufre, qui est d'un prix moins élevé, dans la proportion de 1/4 à 2 et 3 pour 100 du poids du corps gras sur lequel on opère, en ayant soin de se borner à la quantité rigoureusement nécessaire. Le corps gras est chauffé dans un vase en terre ou en fonte fermé hermétiquement, pourvu d'un agitateur et d'ouvertures et de tuyaux pour l'échappement des gaz.

Dès que le corps gras est fondu, on y ajoute et fait dissoudre le soufre ; le corps gras est alors graduellement chauffé jusqu'au point voisin de son ébullition et maintenu à cette température aussi longtemps qu'il se dégage librement du gaz sulfhydrique. Alors on ajoute graduellement et en agitant tout le temps la masse, une quantité d'oxyde de cuivre ou d'oxyde de plomb suffisante pour se combiner avec tout le soufre qui reste encore dans le corps gras, et après avoir maintenu encore pendant quelque temps cette haute température, on cesse d'agiter, on laisse déposer le sulfure de cuivre ou de plomb qui s'est formé, et on décante ou fait écouler le corps gras.

On peut employer au même objet le plomb ou le cuivre métalliques dans un état très-divisé, ainsi que l'oxyde de manganèse, et remplacer le soufre par les sulfures alcalins.

CHAPITRE IV.

DES MÈCHES.

ARTICLE Ier. — Nature et fonction des mèches.

Le but qu'on se propose en fabriquant les chandelles, consiste à former avec du suif un corps qui éclaire suffisamment, et d'une manière uniforme en consumant le moins de suif possible, sans que la matière grasse coule ou qu'elle répande aucune mauvaise odeur. Pour cela on a imaginé de placer au milieu du cylindre que forme la chandelle, et en la fabriquant, un petit faisceau de substance filamenteuse qui lui sert d'axe, et qu'on nomme mèche. C'est cette mèche imbibée de suif qu'on allume, et la combustion continue tout le temps que le suif qui se fond au pied de la mèche fournit l'aliment nécessaire, ainsi que nous l'expliquerons dans un instant.

Il n'était pas indifférent de prendre une substance quelconque pour former les mèches; toutes ne sont pas propres à cet usage. Il faut que la substance filamenteuse dont la mèche est formée soit de nature à s'imbiber facilement de substance graisseuse liquide; que les brins par leur réunion puissent former entre eux un faisceau de tubes capillaires qui permettent à la partie graisseuse liquide de s'élever au-dessus du niveau, dans le petit godet qu'elle forme à l'extrémité supérieure de la chandelle, et qui abreuve le pied de la mèche. Nous allons examiner quelle est la substance qui possède ces qualités.

ARTICLE II. — **Substances propres à faire les mèches.**

Il suffisait d'examiner la contexture des filaments pris parmi les substances animales, tels que les poils, les cheveux, les crins, les laines, la soie, etc., et la manière dont elles se comportent au feu, pour juger qu'elles ne peuvent pas être employées à faire des mèches. En effet, on a beau humecter d'huile ou de graisse fondue un brin de fil de laine ou de soie, on ne peut parvenir à l'allumer; il se crispe par l'approche d'un corps embrasé et se réduit aussitôt en charbon. Parmi les substances minérales, l'amiante pourrait former de bonnes mèches, mais son incombustibilité rendrait ces mèches d'un service incommode pour les chandelles ordinaires. La cherté et la rareté de cette substance seraient un autre obstacle. On pourrait l'employer dans les chandelles percées, comme nous le verrons plus tard.

Les substances végétales sont les seules qui présentent toutes les qualités que l'on peut désirer dans de bonnes mèches : parmi ces substances, le coton est la seule dont on retire le plus grand avantage. Pour faire de bonnes chandelles, on doit donc employer des mèches de coton filé fin et égal; il doit être blanc, bien net, sans aucun ordure; car la moindre saleté forme de suite, en brûlant, un charbon qui, se détachant de la mèche, tombe dans le suif fondu qui inonde le pied, et fait couler la chandelle. Plus le coton est fin, plus les tubes capillaires que les fils forment entre eux sont nombreux et petits, de sorte que la graisse est élevée plus haut, et alors le blanc qui reste au pied de la mèche est plus considérable au-dessous du point où se fait la combustion.

Il y a quelques années qu'on proposa de faire des mèches avec du bois de sapin; on en exécuta quelques-unes, mais la lumière qu'elles répandaient n'était pas à beaucoup près comparable à celle des mèches de coton.

M. Duffour, orfèvre à Bourges, présenta, en 1811, à la société d'encouragement, des mèches formées d'une substance indigène propre à remplacer le coton pour les chandelles et pour les lampes. L'auteur annonça que cette substance végétale est très-commune en France, et qu'elle coûte sensiblement moins que le coton; il n'a jamais voulu la faire connaître. Au tact, au premier aspect, cette substance ressemble à du coton filé commun; elle a une partie de sa douceur et ses qualités apparentes. Pour reconnaître l'utilité de ces mèches, on a brûlé pendant plusieurs jours des chandelles à mèches nouvelles, comparativement à des chandelles à mèches de coton, de même grosseur et de même poids; on a trouvé que les unes et les autres avaient les mêmes qualités. Mais comme l'on ne connaît pas la substance qu'employait l'auteur, on ne peut rien dire qui puisse guider le fabricant sur ce point. Nous lui conseillerons par conséquent de s'en tenir au beau coton bien blanc, bien sec, filé fin et égal, et tel que nous l'avons indiqué plus haut.

En 1853, M. Palès a proposé d'insérer dans les mèches un fil en laiton ou autre métal galvanisé et très-ténu, qui, en la maintenant droite, empêche la chandelle de couler, et a, selon lui, la propriété d'augmenter la flamme.

M. Blanchon s'est fait breveter en 1854, pour des mèches à chandelles faites avec la moelle des plantes, tels que le sureau, le jonc, etc., qu'on fait sécher, et recouvre d'une couche légère de cire ou de matière grasse. L'usage de ces mèches ne s'est pas propagé.

Depuis longtemps on a proposé, à l'imitation des lampes à double courant d'air, d'établir des mèches creuses ou tubulaires, afin d'obtenir une lumière plus brillante et plus fixe, mais le courant d'air au centre est difficile à établir avec les appareils ou chandeliers dont on se sert pour brûler la bougie ou les chandelles, à moins d'en modifier la forme, ou bien, comme on l'a proposé récemment, de percer latéralement la bougie ou la chandelle de trous placés à des hauteurs diverses qui communiquent avec le canal au centre. Nous ne pensons pas que ces inventions aient jamais reçu d'application sur une grande échelle.

Beaucoup d'autres propositions ont sans doute été faites pour modifier cet organe des chandelles et des bougies, mais avec assez peu de succès, car on en est toujours revenu à la mèche ordinaire tressée ou non en simple coton.

On a proposé à plusieurs reprises d'imprégner les mèches de chandelles avec des substances qui les consument entièrement lors de la combustion sans qu'elles aient besoin d'être mouchées. MM. Cottereau et Bonnemain, de Paris, qui ont fait à cet égard des expériences, ont trouvé par exemple que le coton-poudre a l'inconvénient de faire couler considérablement les chandelles, mais qu'il est beaucoup d'autres substances qui jouissent de la propriété en question, surtout des mélanges, tels que ceux d'un nitrate, d'un chlorate et d'un phosphate, ou de ces mêmes sels avec l'acide sulfurique, l'acide phosphorique ou l'acide nitrique ou bien ces acides mélangés entre eux. Ils ont toutefois donné la préférence au mélange suivant :

Acide sulfurique à 66 degrés.	2 gram.
Phosphate de soude cristallisé. . . .	3

On fait dissoudre le phosphate de soude dans une petite quantité d'eau, on ajoute l'acide sulfurique, et on verse sur ce mélange assez d'eau pour compléter un litre. On agite fortement et on trempe les mèches en coton ordinaires qui, lorsqu'elles sont bien imbibées, sont retirées de la liqueur sans les presser, puis séchées et tressées. On peut tresser à l'avance, mais alors les mèches sont plus longues à sécher. Il faut avoir soin d'employer pour ces mèches du coton de bonne qualité, et de ne pas faire de tresses trop serrées ni trop lâches.

Enfin, on a aussi proposé de faire des mèches composées de plusieurs torons composés chacun de deux ou d'un plus grand nombre de fils distincts, de tordre ces torons dans la même direction que ces fils, mais de soumettre et tordre ces torons entre eux dans une direction opposée. Cette disposition, sans donner plus de densité à la mèche, lui donne plus de soutien.

On a aussi eu l'idée de faire la mèche d'un seul toron dont on forme une chaînette.

ARTICLE III. — Manière de préparer les mèches.

Nous avons recommandé d'employer pour mèche du coton fin, nous n'avons pas entendu par là qu'on dût prendre du fil à former des mousselines; il serait trop coûteux et ce serait inutile. Il suffit de prendre du fil de coton semblable à celui qui sert à faire de gros calicots. Ce qu'il y a d'important, c'est que l'on choisisse celui qui est filé le plus uni, sans nœuds, sans saletés, et sans aucune partie de coton qui ne soit liée avec le fil, de sorte qu'il soit partout cylindrique d'un bout à l'autre. Les chandelles les mieux fabriquées, sous le rapport de la bonté et de la blancheur du suif, coulent quelquefois, par le peu de soin que l'on a mis dans la confection de la mèche. Nous répéterons ici que les malpropretés qui quelquefois se trouvent dans la mèche, ainsi que les petits boutons de coton qu'on voit souvent répandus le long du fil, lorsqu'il n'a pas été fait avec beaucoup de soin, se réduisent en charbon plutôt que la mèche, s'en détachent brûlants, tombent à son pied dans le suif fondu, y portent une chaleur excessive, qui en fait fondre une trop grande quantité pour que la combustion puisse la consumer, et alors la chandelle coule.

Il ne sera pas hors de propos d'expliquer le mécanisme de la combustion du suif dans les chandelles, afin de justifier ce que nous avons déjà dit sur le choix à faire du fil de coton, et de donner une parfaite intelligence de ce que nous avons à dire sur la préparation des mèches.

Lorsqu'on allume une chandelle qui a déjà brûlé, tout le monde sait que la flamme descend d'abord jusque sur le suif au pied de la mèche, et paraît vouloir s'éteindre; qu'elle ne se ranime que lorsque la chaleur a fondu une certaine quantité de suif, qui se rassemble dans une espèce de petit godet au milieu duquel la mèche paraît implantée. La flamme ne descend pas aussi bas que d'abord, et la mèche reste blanche jusqu'à 7 à 8 millimètres au-dessus du suif liquéfié au-dessous d'elle. La combustion s'opère donc dans la partie supérieure de la mèche, et reçoit son aliment du suif fondu qui est beaucoup au-dessous de ce point.

Des personnes peu instruites, qui veulent raisonner sur cet objet, soutiennent que la combustion attire le suif : ce n'est point ainsi que cela a lieu; c'est une cause physique qui produit cet effet. L'expérience a prouvé que lorsqu'on plonge un petit tube de verre dans un liquide susceptible de mouiller, ce liquide s'élève d'autant plus haut dans le tube, au-dessus du niveau du même liquide dans le verre où il est plongé, que le tube est plus petit, de sorte que si l'on conçoit un tuyau comme un cheveu, le liquide monte à une assez grande hauteur. On a donné à ce phénomène le nom de *capillarité*, et aux petits tubes dont nous nous occupons, le nom de *tubes capillaires*, du nom latin *capilli*, qui signifie *cheveux*.

Il suit de là, qu'en considérant un faisceau de fils de coton, destinés à former une mèche, on peut regarder cette réunion comme un assemblage de cylindres, appliqués les uns contre les autres, et laissant entre eux un espace vide, qui forme tube. Il n'est pas nécessaire que le tube soit absolument capillaire, pour que cette propriété se manifeste; on aperçoit l'effet de la capillarité, dans des tubes de 5 millimètres de diamètre. Il est constant que plus le tube est petit, et plus la liqueur s'élève haut; cependant il n'en faudrait pas conclure de ce que la liqueur s'élève dans les *tubes capillaires*, en raison directe de leur diamètre, qu'on pourrait déterminer d'avance, et par le calcul, la hauteur exacte à laquelle elle s'élèverait dans un tube d'un diamètre donné, par la connaissance de la hauteur à laquelle elle se serait élevée dans un autre tube plus ou moins gros, qui aurait servi à faire l'expérience. Il faudrait pour cela connaître la cause qui produit cet effet, et cette cause est encore peu connue.

Quoi qu'il en soit, l'effet existe, et c'est ce qui nous suffit. Cette loi de la *capillarité* s'applique à tous les corps assez poreux et capables d'admettre des liquides et qui peuvent être considérés comme un assemblage de *tubes capillaires*. C'est par l'effet de la capillarité, que dans les plantes la sève monte de la racine jusqu'au bout des branches. C'est aussi par l'effet de la capillarité, que la graisse liquide monte dans les mèches jusqu'à son extrémité, et que là, elle est décomposée par la combustion, et produit la flamme qui éclaire. Nous ne développerons pas ici la théorie de la combustion, nous sortirions de notre sujet. Il nous suffit d'avoir expliqué la cause de l'ascension de la graisse liquide, et d'avoir ainsi détruit les fausses assertions que la combustion attire la graisse liquide ou les huiles, la combustion étant totalement étrangère à cet effet.

D'après ce que nous venons de dire, il est incontestable que lorsque la mèche est formée de gros fils de coton, les interstices qui existent entre ces cylindres sont plus grands que lorsque les fils de coton sont plus petits, et par conséquent la graisse doit s'élever plus haut dans les derniers que dans les premiers. Mais il est encore d'autres considérations importantes, sur la nécessité d'employer du fil de coton fin pour la confection des mèches, de préférence au fil de coton gros. Prenons un exemple afin de nous faire bien entendre : formons avec le même suif deux chandelles de même dimension; donnons à chacune une mèche de même diamètre, mais dont la première A, soit formée de dix fils, et la seconde B, de 100; supposons, pour la facilité des calculs, que la première présente 10 tubes capillaires, et la seconde 100; ces tubes capillaires seront dans l'une et l'autre assez petits pour faire monter le suif fondu jusqu'au bout de la mèche; allumons-les toutes les deux et voyons ce qui va se passer.

La graisse fondue s'élève dans la mèche de la chandelle A avec beaucoup d'abondance dans les tubes capillaires, qui sont très-gros; cette graisse est en plus grande quantité que la combustion n'en peut consumer; mais la chaleur est si forte au foyer, que la graisse est volatilisée, il se forme une fumée épaisse accompagnée d'une vapeur âcre, qui incommode beaucoup, et la consommation est considérable. La mèche de la chandelle B, au contraire, présente des tubes capillaires dix fois plus petits; le suif fondu s'élève si l'on veut en même quantité, mais les brins de coton étant dix fois plus fins sont mieux et plus également imbibés, la combustion est parfaite, aucune vapeur, aucune fumée ne s'élève, et la consommation est moindre. Il n'est donc pas étonnant que, dans ce cas, la chandelle B dure plus longtemps que la chandelle A, et l'on a observé que des chandelles dont la mèche était formée de beau coton fin, n'avaient pas besoin d'être mouchées, qu'elles ne coulaient jamais, et répandaient une belle lumière.

On achète le coton filé en écheveaux; des femmes le dévident en pelotons; pour cela elles se servent de dévidoirs, que les chandeliers appellent *tournettes* : ce sont deux liteaux assemblés en croix, et qu'on nomme *croisées*. Chaque branche est percée de beaucoup de trous; des chevilles, que l'on implante dans ces trous, inclinés du dedans au dehors, se trouvent inclinées de même et empêchent, par cette disposition, l'écheveau de sortir de sa place.

C'est ordinairement trois fils que les dévideuses rassemblent pour en former les pelottes : pour cela elles ont des *tournettes* qui portent sur le même pied ou axe vertical, trois *croisées* l'une au-dessus de l'autre; ces *croisées* tournent indépendamment l'une de l'autre, et la machine n'occupe pas plus d'espace que s'il n'y avait qu'une *tournette*.

On sent que pour aller plus vite et employer moins de temps, ce qui est très-important dans les manufactures, il faut dévider en une seule fois le nombre d'écheveaux que l'on se propose d'employer. Aujourd'hui que les filateurs sont obligés de numéroter leurs fils d'après le nombre d'écheveaux, d'une longueur égale, contenus dans un demi kilogramme, il est facile de savoir combien on doit employer de fils à la fois pour former les pelotons. Supposons que le fabricant ait choisi le n° 20, comme le plus propre pour une certaine sorte de chandelles : comme ce n° 20 suppose vingt écheveaux dans 1/2 kilogramme, il devrait faire dévider ces vingt écheveaux à la fois, mais comme chaque mèche est doublée, ainsi qu'on le verra plus loin, il n'en emploie que dix. Alors la dévideuse prend le nombre de tournettes nécessaires pour former, d'une seule fois, son peloton de dix fils.

Nous n'ignorons pas que cela ne se fait pas ainsi, mais il est évident que cela serait plus économique.

La dévideuse fait ordinairement son peloton de trois fils; l'ouvrier qui les assemble et les coupe, prend plusieurs pelotons qui puissent lui donner ensemble le nombre de fils qu'il veut avoir : il les met dans un panier A, fig. 8, pl. 1, posé par terre ou sur un tabouret B à côté de son établi, qui porte le couteau à mèches que je vais décrire et devant lequel il se place assis.

ARTICLE IV. — Coupoir ou banc à couper les mèches.

La figure 9 de la pl. 1 montre cet instrument. Il est composé d'une table C, C, dont la planche supérieure qui forme le dessus est surmontée d'une seconde planche ouverte dans son milieu d'un trou longitudinal *a*, dans lequel peut glisser à coulisse la planchette *b*, qui porte la broche de fer *c*, fixée verticalement sur cette planchette. Un bouton *d* en bois tourné, placé vers le bout de cette planchette, sert à la tirer en dehors. Une clef à vis *f* sert à fixer la planchette et par conséquent la broche de fer, au point convenable, selon la longueur que l'on veut donner aux mèches. Vers le bout de la table, à la gauche de l'ouvrier, est fixé solidement un couteau vertical *g* dont le tranchant est tourné du côté D de l'ouvrier.

Le dessus de la table entaillé peut être fait de trois pièces : deux planches de même longueur que le dessus, et d'une troisième pièce qui les assemble toutes les deux, en laissant entre elles la distance convenable pour faire jouer la planchette. Ces trois pièces, ajustées à languettes, doivent être collées ensemble; l'excédant des languettes sert à faire glisser la planchette. Le second dessus doit être chevillé avec le premier dessus plein, afin de ne faire qu'une seule et même pièce.

A côté de la table se place un tabouret B sur lequel on pose un panier ou crible aux pelotons.

L'ouvrier, qui est souvent une femme, s'asseoit sur un escabeau, au-devant de l'établi; il fixe la longueur qu'il doit donner aux mèches, depuis la broche *c* jusqu'au couteau *g*, et serre la vis *f*, qui rend la coulisse immobile ainsi que la broche *c*. Il prend les bouts des pelotes réunis de la main droite, il les porte ensemble sur la broche *c*, l'entoure à moitié, et dirigeant la même main vers le couteau *g*, il coupe la mèche à la même longueur où la première moitié se présente. On sent qu'alors la mèche est doublée.

Cet ouvrier doit faire bien attention qu'un des bouts du coton ne soit pas plus long que l'autre, ce qui rendrait la mèche défectueuse, et selon le langage des chandeliers, la rendrait *barlongue*. Il place cette mèche entre la paume de ses deux mains, sans la sortir de dessus la broche *c*, et en faisant glisser ses mains l'une sur l'autre, il la tord un peu, afin d'empêcher les fils de se séparer, et pour former autour de la broche une espèce d'anse, qu'on désigne sous le nom de *collet de la mèche*. Après cela, et sans enlever la mèche de dessus la broche, il la jette sur le bord de la table sur sa droite.

L'ouvrier est dans l'usage, pendant cette opération, de ne pas abandonner les bouts de coton qui restent dans sa main gauche après qu'il a coupé la mèche; Lenormand s'étant aperçu que ces bouts le gênent pour la tordre, a conseillé de placer sous la table un out de liteau étroit et mince, de 0m.16 de long, fixé ar une ou deux vis au-dessous de la table, et sail-nt de 27 mill. au plus : ce liteau fait ressort, l'ou-rier y pose son faisceau de fils, il l'engage légère-ent entre lui et la table, où il est tenu fixe ; alors il les deux mains libres, il opère sans gêne, et reprend e suite son faisceau pour former une seconde mèche, omme il a formé la première. L'on a trouvé ce pro-édé commode, et on l'emploie.

Lorsque l'ouvrier a préparé ainsi un nombre de ièches suffisant pour garnir une broche ou *baguette*, les examine après les avoir arrangées à plat les nes à côté des autres, mais sans les sortir de la roche. S'il aperçoit quelque fil qui se détache du aisceau, il l'enlève, et ayant rassemblé le bout de outes les mèches il les ébarbe ; ensuite, appuyant une e ses mains sur ces mèches près du collet, il les omprime, les lie ensemble, et les renverse vers le out de la table ; ce paquet se nomme une *bro-hée*.

Les *brochées* n'ont pas toutes un même nombre de nèches, elles varient selon leur grosseur, ou, ce qui evient au même, selon le nombre de chandelles né-essaires pour former un demi kilogramme. Elle est le 12 pour des chandelles de 4 ; 14 pour celles de ; 15 pour celles de 6 ; 16 pour celles de 8, etc.

Le mot *brochée* n'est employé que pour les mèches qui doivent servir pour les chandelles à la *baguette*, ar lorsqu'il s'agit des mèches pour les chandelles noulées, on ne les compte pas, on en remplit toute a broche du coupoir ; lorsqu'elle est pleine, on les ransporte sur de petites baguettes qu'on remplit en entier. Elles se touchent toutes, mais afin qu'elles n'en sortent pas, on les lie avec les deux mèches des bouts, et on les porte auprès des tables des moules ainsi qu'on le verra plus bas.

Quant aux mèches destinées aux chandelles à la plonge, lorsque la broche du coupoir en est remplie on les transporte sur des baguettes de bois léger bien lisses dans toute leur longueur, un peu plus petites que la broche du coupoir, et se terminant en pointe par un de leurs bouts afin d'en faciliter l'introduction dans l'anse du collet de la mèche. Ces baguettes, qu'on nomme *broches à chandelles*, ont toujours $0^{m}.80$ de longueur.

La grosseur des mèches doit varier, non-seulement relativement à la grosseur des chandelles, mais encore à la plus ou moins grande facilité avec laquelle le suif fond. D'après ce que nous avons dit sur la différente qualité des suifs, on doit concevoir que cette observation est importante. Tous les suifs ne fondent pas au même degré de chaleur, par conséquent la mèche doit être d'autant plus petite que le suif est plus dur à fondre. Nous avons vu une chandelle, de 5 au demi-kilogr., formée toute de stéarine pure, dont la mèche était aussi petite que celle des bougies, et qui brûlait avec une belle flamme blanche, elle donnait une lumière aussi vive qu'une chandelle ordinaire de 5 au demi-kilogr. dont la mèche était plus que double de la première. Pendant que cette chandelle ordinaire avait consumé 3 cent. de sa hauteur, celle de stéarine avait à peine consumé le collet, que tout le monde sait être de forme conique.

Ainsi, l'on voit qu'on doit proportionner la grosseur de la mèche : 1° à la température à laquelles nd le suif qu'on emploie; 2° à la grosseur des fils ii composent la mèche: 3° à la température oyenne de l'atmosphère du pays de consommation; à la grosseur de la chandelle, toutes conditions l'on ne parvient à établir et à fixer que par des exriences répétées.

Nous avons dit que moins il y a de chandelles au mi-kilogr., plus la mèche doit avoir de grosseur. 1 se sert assez souvent en Allemagne, pour fabrier ces mèches, du fil n° 16 anglais qui répond aux • 13 à 14 français, et voici quel est le nombre de s qui entrent dans les mèches des diverses chaniles.

ur les chandelles	des 4	au demi-kilog.	56 à 62 fils.
—	des 5	—	52 à 55 —
—	des 6	—	49 à 52 —
—	des 7	—	38 à 42 —
—	des 8	—	28 à 32 —

Il resterait à indiquer certaines préparations que icessitent souvent les chandelles moulées, mais nous ı parlerons lorsque nous nous occuperons de ce ode de fabrication.

RTICLE V. — Perfectionnements dans la fabrication et l'apprêt des mèches.

Section I. — APPAREILS A COUPER LES MÈCHES DE LONGUEUR.

Le coupage des mèches par le procédé vulgaire, crit ci-dessus, étant une opération qui exige du mps, on a cherché des moyens pour l'accélérer, ais parmi divers appareils imaginés pour cet objet, nous n'en ferons ici connaître que trois, qui nous paraissent remplir le but.

I. Les fils à mèches sont chargés sur les bobines *f*, *f*, *f* (fig. 11 et 12, pl. 3), et pour introduire ces fils dans la pince, on se sert d'un rouleau *a* dans lequel on a découpé pour cet objet des rainures circulaires; B est cette pièce qu'on voit de côté sur une plus grande échelle dans la figure 13. Au milieu, les deux tringles de bois *c*, *c'* dont elle se compose sont un peu plus épaisses, et, de chaque côté, elles sont armées d'un ressort en acier qui les maintient à la distance convenable, et, de plus, elles portent de chaque côté un coulant qu'on pousse vers le milieu lorsque ces tringles doivent être rapprochées l'une de l'autre, c'est-à-dire qu'on ramène ces coulants au milieu lorsque les extrémités des mèches doivent être pincées entre les tringles *c*, *c'*, et qu'on les repousse aux extrémités quand celles-ci doivent être desserrées.

Le coupage des mèches s'opère au moyen d'un couteau fixe *g*, placé derrière la pince, au-dessus duquel joue un couteau *k* mobile sur charnière, et qui est pourvu d'une poignée.

Dans la petite auge *h*, on a versé du suif qu'on maintient à l'état fluide au moyen de la vapeur et immédiatement derrière est une barre carrée *o*, montée sur la petite table *b*.

Lorsque l'appareil doit être mis en activité, les mèches, déroulées sur les bobines, sont insérées dans la pince B, et les coulants sont rapprochés du milieu, de façon que, quand cette pince sera fermée, ces mèches soient retenues avec fermeté. On relève alors la lame mobile *k*, on tire toutes les mèches passées dans la pince jusque sur l'auge *h*, où on en plonge extrémité dans le suif fondu; on les range sur la ible *b*, où on les assujettit en plaçant dessus la arre *o*; on ouvre alors la pince et on presse la lame iobile *k* sur celle fixe, enfin on coupe toutes les mèhes qui ont ainsi même longueur.

II. Nous donnerons encore la description d'une)achine américaine à tordre et couper les mèches, ui présente quelques avantages sous le rapport de la apidité du travail.

Cette machine, qu'on voit en élévation dans la fiure 27, pl. 7, se compose de deux parties A et B, t le mécanisme de celle supérieure ou B, laquelle ait corps avec celle A, est mis en action par une pélale C. Cette partie supérieure B est un châssis rouant sur galets, et qui se compose d'un certain nombre le cassetins servant à loger autant de fusées de fil de oton enfilées sur des broches. Les bouts de ces fusées)assent à travers des bobines creuses placées sous le outeau D, et de là sur la planche à rouler F, sur 'extrémité gauche de laquelle est articulé le couteau, et qui remplit en même temps le rôle de lame inférieure. Quand on abaisse la barre de pincement E, la mèche se trouve bien nettement tirée de longueur et tendue, et pour la tordre on se sert de la boîte à rouler F, H, qui se compose de deux planches se mouvant sur galets au moyen d'une manivelle I, placée à l'extrémité droite de l'appareil à retordre, et aussitôt que les mèches ont été arrêtées par la barre de pincement E, et qu'elles ont été coupées par le couteau D, elles sont retordues, puis, le couteau D se relève par l'effet du contre-poids J. Près de l'appareil à retordre est disposée une boîte latérale dont la capacité est réglée suivant la quantité de mèches dont on a besoin et dans laquelle on réunit les mèches.

Il est évident que pendant les mouvements de la machine, les fils de coton sont tirés de longueur, saisis par la barre de pincement, coupés par le couteau, tordus et rangés dans la boîte latérale de manière qu'il ne reste plus qu'à les plonger bien également dans le suif, toutes opérations qui se font avec rapidité.

III. M. Bolley, dans sa *Chimie technologique*, a décrit un appareil fort simple pour couper les mèches et qu'on voit représenté dans la figure 14, planche 3.

a est un cylindre en bois dont la circonférence a la même étendue qu'une longueur de mèche. A l'aide d'un axe en fer, ce cylindre roule sur des coussinets encastrés dans les parois d'une caisse *g* un peu plus large que le cylindre n'est épais. Celui-ci présente sur sa surface convexe, et parallèlement à son axe, une coupure *d*, et sur son axe en dehors de la caisse *g* est une poulie *b* qui est commandée au moyen d'une corde à boyau par une grande roue à gorge *c*. Cette roue est mise en mouvement à la main à l'aide d'une manivelle ou d'une pédale, et tandis que l'ouvrier fait d'une main tourner cette roue, et par conséquent le cylindre *a*, il dirige de l'autre la mèche qu'il enroule en spirale sur le cylindre.

Lorsque ce cylindre est entièrement chargé de cette mèche, il l'enlève de ses coussinets, insère un couteau ou des ciseaux dans la fente et tranche d'un seul coup toutes les longueurs de mèches qui, si on a chargé le cylindre sur plusieurs épaisseurs, ne sont pas d'une longueur absolument identique, mais à fort peu près, et tombent dans un panier.

On comprend du reste que suivant les longueurs

de chandelles qu'on fabrique, il faut avoir des cylindres de rechange.

Du reste, nous verrons bientôt, lorsque nous nous occuperons du moulage des chandelles, comment les grands appareils imaginés pour cet objet dispensent du coupage préalable des mèches qui ne s'opère qu'après cette opération et où la mèche est continue.

Section II. — MÈCHES CREUSES.

Les chandelles à mèches creuses sont incontestablement supérieures à celles fabriquées à mèches pleines; cette supériorité consiste principalement dans l'arrangement et la disposition de la mèche qui est légèrement tricotée à la mécanique et offre alors un cordon souple, élastique et creux. Pour que cette mèche ait assez de force et de consistance, il faut, suivant MM. F. Kieninwitz, de Saint-Raffin (Moselle), la tremper dans une solution d'alun, qui, tout en lui donnant la consistance nécessaire, la préservera encore contre l'action trop subite de la flamme; 15 grammes d'alun délayé dans 1 litre d'eau distillée suffisent pour apprêter un demi-kilogramme de telles mèches : après que la mèche est suffisamment sèche, on passe à travers une aiguille en fil-de-fer de la longueur de la chandelle, on l'ajuste dans le moule pour le remplir ensuite du suif préparé au moyen d'un procédé usité et connu.

Le suif étant suffisamment figé et refroidi, la chandelle est ôtée du moule, et on retire l'aiguille passée dans l'intérieur de la mèche.

Là finit toute opération, et la chandelle ainsi confectionnée, n'absorbant, à cause de l'extrême finesse de la mèche, qu'une quantité de suif absolument nécessaire pour répandre une clarté satisfaisante, dure trois heures de plus qu'une chandelle ordinaire des mêmes grandeur, grosseur et poids, et à mèche ordinaire, ne coule jamais et, de plus, ne donne ni fumée ni odeur.

Section III. — APPAREIL A PRÉPARER LES MÈCHES DE CHANDELLES.

On a vu que pour mettre les mèches de chandelle en état d'être plongées dans le suif, il faut doubler le fil à mèche, le couper, le tordre, et empiler sur une baguette un certain nombre de ces mèches, toutes à des distances égales l'une de l'autre : l'appareil imaginé par M. Benoît et représenté fig. 23, 24, 25, pl. 7, exécute toutes les opérations pour vingt-quatre mèches à la fois, et pourrait les faire pour un plus grand nombre dans le même temps. Il supprime non-seulement cette longue et ennuyeuse coupe de mèches, une à une, mais encore la retaille, soit en coupant ou brûlant les petits filets qui dépassent le gros de la mèche, car les ouvriers les plus intelligents, occupés à distancer les mèches, dépassent rarement quatre-vingt broches à l'heure, tandis qu'avec l'appareil on peut confectionner cent broches à l'heure, et toutes prêtes à tremper. La mèche du métier plutôt roulée que tordue, présente des faces unies, facilite la belle confection des chandelles à la baguette ; les tubes capillaires de cette mèche sont plus corrects ; la chandelle de ces mèches donne une lumière plus régulière et plus belle, résultat de la tension des fils, de la régularité des tubes, de ce que les mèches sont à l'abri des saletés des mains du coupeur, des ordures du tamis, ou boîte où sont déposées les pelotes de coton pour la confection à la main, de l'air, de la poussière et du crépissement des cotons taillés à l'avance. Ces pelotes d'une forme particulière et de nouvelle invention, ne sont en usage dans aucune filature, permettent d'en placer plusieurs les unes sur les autres, et de se dévider aussi facilement que s'il n'y en avait qu'une.

Cet appareil se compose de trois parties principales:

Fig. 23, 24 et 25, pl. 7. 1° La planche où se déroulent les fils à mèche;

2° La table où sont tendues, doublées, enfilées, coupées et tordues les mèches ;

3° Le guide qui sert à tendre, à doubler autour des baguettes, et à espacer régulièrement les mèches, à quoi il faut ajouter le couteau qui sert à couper les mèches et les baguettes pour les enfiler.

Les deux tiges verticales *a* supportent à leur partie moyenne une planchette *b*, où sont fixées les broches destinées à recevoir les pelotes de coton à mèches. A leur partie supérieure, ces tiges supportent deux traverses : l'une postérieure *c* contient 24 orifices en métal par où passent les fils à mèches ; l'autre antérieure *d* en contient autant pour le même but, et de plus supporte une petite planche où sont fixées 24 broches destinées à recevoir des fuseaux garnis de lin, pour le cas où l'on voudrait en mêler à la mèche; ces fils de lin passent alors par les orifices de la traverse antérieure, et se mêlent aux fils de coton : grâce au frottement que chaque groupe de fils à mèches éprouve en passant par ce double orifice, ils peuvent être tendus fortement, ce qui permet de tordre les mèches avec une grande régularité.

La table est placée devant la planchette, laquelle se joint par ses parties solides; elle se compose principalement de deux systèmes de planches *e* et *f*, séparés l'un de l'autre par une crémaillère, ou râteau; chaque système de planche, l'un antérieur *e*, l'autre postérieur *f*, se compose de deux planches superposées, garnies l'une et l'autre, à leur face interne, d'une basane présentant son côté dépoli.

La planche supérieure *f* du système postérieur est levée, ces deux planches peuvent glisser l'une sur l'autre, et c'est en faisant le mouvement de 0m.30 environ, qu'elles serviront à tordre les mèches.

Pour faire glisser facilement ces planches l'une sur l'autre, une poulie est fixée à quelque distance de l'appareil; sur cette poulie *g*, passe une ficelle qui tient d'un bout à la planche supérieure, et de l'autre à la planche inférieure : alors, en faisant mouvoir la planche inférieure ou supérieure, dans un sens, soit avec la main, soit à l'aide d'un levier fort simple *h*, adapté à cette planche, on fera mouvoir l'une sur l'autre, en sens opposé, ces deux planches; c'est par ce mouvement que les mèches sont tordues.

En avant du système de planche antérieur, et en arrière du système postérieur, est placée une planche *i* qui glisse avec effort dans les rainures pratiquées aux traverses latérales de la table et se fixe à l'extérieur de ces traverses à l'aide d'une vis *j*; cette planche supporte deux broches *k*, terminées en crochet, destinées à recevoir les baguettes aux distances voulues pour chaque sorte de chandelle.

La crémaillère porte un nombre de dents égal au nombre de mèches qu'on veut obtenir; elle est double et formée par deux lames de zinc; c'est en passant entre ces deux lames que le couteau tranche les mèches,

Le guide se compose d'une lame de zinc *l*, taillée comme les crémaillères; au bas de chaque vide de dents est pratiqué un trou rond pour faciliter le passage des fils : cette lame est placée entre deux petites planches qui lui servent à la fois de soutien et de coulisses, de manière que la lame de zinc peut être haussée, baissée à volonté, et par ce mouvement le coton se trouve serré dans chaque conduit.

Le couteau est formé d'une lame de fer de faux, large, mince et bien affilée, fixée dans un manche, et placée à la portée de l'opérateur, au bout et entre les deux lames de crémaillère.

Les baguettes sont en bois de sapin et placées à droite et à gauche de l'opérateur qui met, le petit bout en haut d'un côté et le gros bout de l'autre; l'ouvrier prenant alternativement les broches de l'une et l'autre main, les reporte chargées d'une seule; tous les gros bouts se trouveront du même côté.

La planche *i* peut être supprimée en fixant les crochets *k*, dans chaque traverse latérale de la table, au moyen de trous faits dans ces traverses aux longueurs déterminées pour la chandelle.

Le soutien peut être un morceau de bois vertical, dans lequel, à hauteur de poulie, est pratiquée une mortaise qui sert de soutien à la poulie; à la superficie de ce soutien, qui a 54 millimètres de largeur sur 24 millimètres d'épaisseur, est une traverse de la longueur des planches les plus larges, parce que, pour être roulée partout, il faut que les planches soient, à quelque chose près, aussi larges que les mèches sont longues, la plus grande quantité des chandelles ont de 217 à 244 millimètres. Nous avons des planches de cette largeur.

Le fabricant de chandelles, selon l'usage, adopte pour ces longueurs des élargisseurs en petites planches qui s'emmanchent aux plus grandes. Trois clous d'épingles étêtées, placés deux vers les extrémités, l'autre au milieu, s'introduisent dans des trous de vrille faits aux principales planches.

Les deux tiges verticales *a* ne sont de rigueur que lorsque l'appareil est destiné à être changé de place; quand, au contraire, il doit être fixe, on remplace avec avantage ces tiges par quatre potences attachées au plancher.

Ces quatre potences seront placées par deux de chaque côté, aux distances voulues pour recevoir, celles de derrière, la traverse postérieure *c*, celles de devant la traverse antérieure *d* et la planche où sont fixées les broches destinées à recevoir des fuseaux garnis de fil de lin; la planche *b* sera descendue derrière la planche *i*.

On remarque que le couteau affilé de deux côtés, ne sort pas d'entre les crémaillères; quand il se trouve à droite il est pris de la main gauche pour couper les fils, et quand il se trouve à gauche, il est repris de la main droite.

S'il ne coupait que d'un côté, il faudrait toujours le prendre du même bord, pour aller commencer à couper à l'autre extrémité.

Manière d'opérer. — Le plan figuré ne représente que deux fils pour plus de simplicité; les fils sortant des râteliers ou orifices passent dans les trous du guide, et viennent primitivement se fixer entre les planches du système antérieur *e*; l'opérateur lève alors la planche *f* supérieure de l'autre système, qui n'est représenté qu'en partie, l'applique contre un outien préparé à cet effet, prenant le guide, soit l'une, soit de deux mains, la pousse vers la partie postérieure de la table ; par ce mouvement on dévide, on tend et on couche sur la planche inférieure du système *f*, les vingt-quatre mèches qui sont retenues et passées par les 24 cavités des dents de la crémaillère, l'opérateur passe alors une baguette sur les mèches derrière les crochets *k*, puis ramenant le guide vers lui, il double, par ce mouvement, les fils à la mèche, il rabat la planche levée et posant son guide dessus, passe le couteau entre les deux lames de la crémaillère, et coupe les bouts engrenés dans les planches de devant *f*; il lève alors la planche supérieure de devant, met ces petits bouts de côté, couvre la planche inférieure de fils doublés autour d'une baguette, comme il l'a fait tout-à-l'heure pour la planche postérieure, rabat la planche levée, pose son guide de dessus, et, passant de nouveau son couteau contre les deux lames de la crémaillère, il coupe les mèches contenues entre les deux planches postérieures *f* : il faut alors faire glisser ces deux planches postérieures l'une sur l'autre, par les moyens indiqués plus haut, puis relevant la planche supérieure, il trouvera tendues sur la planche inférieure, vingt-quatre mèches tordues aussi régulièrement que possible, enfilées à une baguette à des espaces égaux, en un mot propres à être plongées dans le suif fondu. On enlève cette baguette, on la place, et on continue l'opération de la même manière ; c'est-à-dire on couvre encore de mèches enfilées à une baguette, la planche *f* inférieure de derrière, on rabat la planche supérieure *f* ; puis posant le guide dessus, on coupe les mèches contenues entre les deux planches de devant *e*.

On tord ces mèches en faisant glisser les deux planches l'une sur l'autre, on lève la planche supérieure, on enlève la baguette de mèches tordues, on recouvre de mèches la planche inférieure, on rabat la planche supérieure, on pose dessous le guide, puis on coupe les mèches contenues entre les deux planches de derrière, on tord ces mèches et ainsi de suite.

Section IV. — MÈCHES TRESSÉES, DE M. W. HAYES DE LONDRES.

Cette invention est relative à des perfectionnements dans la fabrication des chandelles, avec mèches tressées, et consiste à combiner avec ces mèches, une corole, un filé ou toute autre préparation filamenteuse analogue.

L'emploi de mèches tressées, dans la fabrication des chandelles, a été, dit M. Hayes, limité, jusqu'à ce moment, aux chandelles fabriquées avec du suif pressé ou préparé, ou avec d'autres matières qui ne se fondent qu'à une température comparativement élevée, et qui aient assez de résistance pour que la chaleur provenant de l'inclinaison de la mèche ne fasse pas consumer trop vite le côté de la chandelle vers lequel penche la mèche. En employant des mèches tressées dans les chandelles fabriquées avec du suif ordinaire ou non préparé, ou avec d'autres matières qui fondent à une température comparativement basse, on a trouvé que ces mèches inclinent trop librement d'un côté, et que la matière dont la chandelle est fabriquée se fond, par conséquent, trop vite de ce côté, ce qui la fait couler.

Quoique cette invention soit applicable à des chandelles fabriquées avec des matières qui se fondent à des températures comparativement élevées, telles que du suif pressé, de la margarine, de la stéarine, du spermacéti, de la cire etc., étant destinée à rendre les mèches tressées propres à consumer plus uniformément les matières dont les chandelles sont fabriquées, parce que la mèche est mieux soutenue; elle est particulièrement destinée à être employée dans la fabrication des chandelles faites avec du suif ordinaire, de l'huile de noix de coco, ou avec toute autre matière qu'une chaleur comparativement faible met en fusion.

Avec ces mèches, ces chandelles brûlent avec une grande régularité, sans qu'on ait besoin, à cet effet, de chandeliers particuliers, ni que les chandelles aient besoin d'être mouchées. La corde (tresse, ficelle ou fil servant d'âme à la mèche tressée) se combine avec la mèche ou y est attachée : cette combinaison se fait de différentes manières. Pour la combinaison, on joint cette corde à l'un des brins ou branches de la mèche qu'elle suit dans le tressage ; on peut y incorporer deux ou trois cordes, tresses ou autres préparations, et, dans ce cas, on joint à deux des brins ou branches de la mèche tressée, ou à tous trois, une corde, tresse ou filé à chaque fait d'une substance ou composition autre que celle dont sont composées les branches de la mèche ; cette différence est nécessaire pour empêcher la trop grande tendance des mèches tressées à pencher de côté, surtout quand elles sont employées dans des chandelles fabriquées avec du suif ordinaire. En indiquant ces différentes espèces de cordes ou ficelles, on se borne à annoncer que le but de l'invention est d'empêcher la courbure de la mèche tressée, en y appliquant des matières fibreuses confectionnées, jointes aux matières dont se composent ordinairement les mèches employées dans la fabrication des chandelles; mais on ne se limite pas à un mode particulier quelconque de préparer et réduire ces matières fibreuses en cordes, ficelles ou filés propres audit usage. Quand on veut attacher la corde aux mèches tressées, après avoir confectionné celles-ci, on les entoure légèrement d'un fil fin, de coton, ou toute autre matière filamenteuse, à des distances régulières, combinant ainsi la mèche avec la corde, ou bien on enfile, à l'aide d'une aiguille, dans l'un des côtés de la mèche tressée, une petite corde ou ficelle bien tendue et tordue, en coton, chanvre ou tout autre filé convenable, faisant observer toutefois, que quelle que soit la nature de la corde ou filé attaché à la mèche, il ne faut pas que ses forces ou dimensions soient telles, relativement à la mèche, qu'il empêche celle-ci de sortir de la flamme suffisamment pour que la partie brûlée se dissipe.

En attachant ou adaptant une corde ou tout autre filé à une mèche tressée, on doit la placer du côté où les brins ou branches dont cette mèche est formée montent dans la direction du centre vers l'extérieur, car pendant que la chandelle brûle, ces mèches tendent toujours à pencher ou se courber vers le côté où les brins montent du bord au côté extérieur vers le centre. Cette observation se comprendra facilement en examinant le dessin.

Explication du dessin.— La fig. 28, pl. 7, représente une mèche tressée, sur une grande échelle, dans laquelle les brins ou branches dont elle est composée montent dans une direction du centre vers l'extérieur.

a, est une petite corde bien tendue, attachée à la mèche par un fil *b*.

On pense que c'est le meilleur mode d'attacher la corde à la mèche.

La figure 26 représente une partie d'une mèche tressée sur une grande échelle du côté opposé à celui représenté par la fig. 28 et dans laquelle on voit les brins ou branches monter de l'extérieur vers le centre : c'est vers ce côté que se penche ou se courbe la mèche pendant qu'elle brûle. Ces mèches tressées sont faites comme on les fait ordinairement, mais un peu moins serrées ; elles se composent de trois brins ou branches, formées chacune de plusieurs fils plats de coton, placés les uns à côté des autres, qu'on tresse ainsi. La corde en coton tordu qu'on y adapte est composée de trois brins ou torons, composés chacun de 3 fils ; chaque toron est formé et filé séparément avant de former la corde : quant aux dimensions relatives de la mèche et de la corde, il faut que, dans le poids d'une longueur quelconque, des deux ensemble, la mèche forme 8 parties et demie, et la corde 3 parties, c'est-à-dire qu'il faut 8 parties et demie en poids de mèche sur trois de corde.

On a cru devoir préciser ainsi les quantités relatives, parce qu'il est essentiel que la corde, ou toute autre préparation d'une matière fibreuse en filé, ne soit pas trop forte pour la mèche à laquelle elle est adaptée, ce qui l'empêcherait de sortir suffisamment de la flamme.

Avant de fabriquer en grand, il conviendrait de faire un essai avec quelques chandelles, pour s'assurer des forces et diminutions à donner tant à la mèche qu'à la corde, et lorsqu'on sera bien fixé à cet égard, on pourra, avec assurance, continuer la fabrication avec les mêmes matières.

Avec un peu de pratique, un ouvrier sera bientôt à même de juger tout ce qui a rapport à cette invention. Lorsque la matière, dont les chandelles sont fabriquées, se fond à une température élevée, la mèche tressée exige moins le contrôle de la corde; les mèches et cordes qu'on vient de décrire sont celles destinées pour les chandelles ordinaires de suif.

Après avoir décrit la manière de fabriquer les mèches, on fera maintenant connaître leur action. On a déjà dit que, lorsque les mèches tressées ordinaires sont brûlées dans des chandelles ordinaires, l'excès de chaleur provenant de la prépondérance de la flamme, sur un côté, fait fondre rapidement, de ce côté, le suif ou autre substance, et fait couler ce côté de la chandelle. L'addition de la corde tordue, ou d'une autre matière fibreuse ou corde, lorsqu'elle est incorporée avec la mèche tressée, empêche cette mèche de trop pencher d'un côté dans la flamme, et lorsqu'elle est attachée à un côté de la mèche (opposé), elle fait descendre la flamme du côté de la mèche, opposé à celui qui penche extérieurement, et empêche cette inclinaison, contre-balançant ainsi l'excès de la chaleur de l'autre côté, et la chandelle brûle également, doucement et donne plus de clarté.

Il est avantageux quelquefois de mettre dans une seule chandelle deux mèches tressées avec chacune une corde ou filé, comme on l'a expliqué ci-dessus. Ces cordes, dans ce cas, se placent en regard l'une de l'autre; par cet arrangement les deux mèches penchent chacune d'un côté opposé en sortant de la flamme, et à cet effet on doit préférer, dans ce cas, des ficelles ou filés de chanvre. On fera encore observer qu'on a déjà proposé de faire des chandelles avec deux mèches tressées; on ne réclame donc pas ce procédé sans que les mèches soient combinées avec des cordes fabriquées de matières fibreuses, conformément à cette invention.

Pour faire des chandelles moulées, on place les mèches combinées, composées d'une tresse et d'une corde ou filé, ou d'une préparation pareille de matière fibreuse, dans les moules, de la manière ordinaire, en ayant soin toutefois de placer la mèche convenablement, c'est-à-dire dans son véritable sens, comme on l'a expliqué ci-dessus; on achève ensuite la chandelle de la manière ordinaire.

Pour les autres, on plonge les mèches successivement dans le suif, comme par le procédé ordinaire, ayant soin que, au commencement, le coton soit bien allongé.

Section V. — MÈCHES TRESSÉES ET CREUSES DE M. GUILBERT.

Les chandelles et bougies ordinaires ont, suivant M. Guilbert, de graves inconvénients; dans la combustion des matières qui les composent, la lumière n'est belle qu'autant que les gaz qui s'en échappent rencontrent la quantité d'air nécessaire pour opérer la combustion complète. Le manque d'air produit une combustion incomplète, et par suite une température peu élevée, ce qui nuit à l'éclat de la flamme et donne de la fumée; avec de mauvaises mèches, une partie du combustible se vaporise en pure perte sans prendre feu, et en donnant de la fumée et une odeur de matière grasse à demi décomposée : c'est ce qui arrive dans les chandelles qu'on néglige de moucher ou dont les mèches sont mal faites.

Le premier perfectionnement de M. Guilbert porte sur la mèche, en substituant à celles ordinaires des mèches tissées et rondes analogues à celles des lampes.

Ensuite, en observant avec attention la flamme d'une chandelle, on aperçoit aisément à travers l'enveloppe brillante un point obscur. C'est dans cet espace que l'auteur fait arriver de l'air, de sorte que l'oxygène de l'air active et facilite la combustion du gaz au centre de la flamme, et que celle-ci n'est plus obscurcie comme dans les chandelles ordinaires.

Enfin, un des plus graves inconvénients des chandelles, et ce qui leur fait préférer la bougie malgré son prix, c'est qu'il faut les moucher souvent : on a évité ce désagrément au moyen d'une mèche mobile, courant dans le conduit intérieur et retenue par un cercle à l'extérieur.

Par suite de ces perfectionnements, M. Guilbert assure que les nouvelles chandelles ne donnant ni odeur ni fumée, répandent une lumière beaucoup plus incisive que les chandelles ordinaires, et n'ont pas besoin d'être mouchées.

Description du procédé. — On met dans un moule à chandelles une mèche tissée, ronde, plus ou moins grosse, selon le numéro, légèrement enduite, à l'intérieur, d'une couche de colle; on place dans la mèche un mandrin en fer creux; on verse le suif dans le moule comme à l'ordinaire, puis on retire la chandelle quand elle est durcie, puis le mandrin forme un conduit par lequel l'air ambiant vient activer la combustion des gaz au centre de la flamme. Pour les chandelles ordinaires, on remplit le vide avec du suif liquide, et la chandelle est comme les chandelles ordinaires, sauf la mèche qui, ronde et tissée, ne laisse échapper aucune flammèche, consume moins de combustible et ne permet pas au suif de couler.

Pour les chandelles à mèche, on place un mandrin dans un moule, on verse le suif, puis on retire le mandrin comme il a été dit ci-dessus ; on place dans un conduit intérieur de la chandelle un tube en fer-blanc très-court, dépassant un peu le haut de la chandelle. La mèche est contenue par un petit tube extérieur en forme de chapeau qui couvre la chandelle et vient la reborder à l'extérieur par un cercle ; la mèche tissée et ronde, droite dans ce tube, vient poser à plat sur la partie liquide du suif, et tout l'appareil descend au fur et à mesure que la chandelle se consume.

Section VI. — MÈCHES TRESSÉES ET IMBIBÉES DE DIVERSES SUBSTANCES.

Nous croyons utile ici de rappeler les tentatives qui ont été faites pour perfectionner les mèches des bougies stéariques, et les procédés auxquels on s'est arrêté et qui paraissent devoir intéresser les fabricants de chandelles. Nous empruntons ces détails à notre *Manuel du Fabricant de Bougies stéariques* (1).

C'est à M. de Milly qu'on doit l'idée d'imprégner les mèches tressées en coton d'acide borique.

Pour les préparer, on les trempe pendant 3 heures dans une solution d'acide borique dans l'eau, formée de 1 kilogramme d'acide pour 50 litres d'eau, et après

(1) *Manuel du Fabricant de Bougies stéariques et de Bougies de paraffine, ou Traité complet de stéarinerie*, par M. F. Malepeyre. 2 vol. in-18 avec 8 pl. 1869. Librairie encyclopédique de Roret.

les avoir extraites de ce bain, on en exprime l'excès du liquide et on les fait sécher dans une étuve après avoir étalé les écheveaux de coton sur des claies.

On compose encore un bain pour mèches avec 5 litres d'eau, 75 grammes d'acide borique, 15 grammes d'alcool concentré et 8 grammes d'acide sulfurique. Avant de plonger dans le bain, on mouille les mèches avec l'alcool, afin de favoriser et hâter la pénétration de la solution saline dans les fils du coton. Au bout d'une heure ou plus on enlève du bain, on exprime et on fait sécher jusqu'à expulsion complète de toute humidité.

Voici un moyen prompt et exact qui a été employé par M. Golfier-Besseyre, pour trouver la quantité d'acide borique dans l'apprêt des mèches.

« On prend, dit-il, une certaine quantité de longueur de tresse qu'on divise en plusieurs bouts, et on les plonge à froid, mais de manière à les bien imbiber, l'un dans une dissolution contenant 1 pour 100 d'acide borique, les autres dans des dissolutions contenant 2, 3, 4 pour 100 du même acide; on met alors sécher. Quand ces bouts sont bien secs, on plonge ces mèches dans l'acide stéarique qu'on veut employer, on les retire aussitôt, et dès que leur refroidissement leur permet de se tenir raides, on les allume et on observe leur manière de brûler, qui doit être à fort peu près la même que dans la bougie qu'on veut fabriquer. »

D'Arcet avait proposé le borate d'ammoniaque dont on fait une dissolution marquant 2 à 3° Baumé. L'emploi de ce composé donne lieu à quelques observations :

Quelques fabricants de bougies et de chandelles

nt aussi introduit une petite quantité de bismuth, ous forme de nitrate, de phosphate d'ammoniaque, :c., dans la préparation de leurs mèches pour s'opposer à l'accumulation dans celles-ci de matières harbonneuses et du champignonnage.

Suivant MM. Massé et Tribouillet, la mèche propre brûler ces acides gras doit être d'abord trempée ans l'acide nitrique étendu, séchée, puis trempée ans une solution saturée à 20° C. d'acide borique uquel on ajoute de l'acide acétique. Ils ont employé galement une dissolution d'acétate de plomb.

Nous venons de dire qu'avant d'employer les mèhes il est nécessaire de les immerger complétement, t pendant un certain temps, dans diverses dissoluions, et qu'après l'imbibition complète on les retirait, uis on les tordait ou on les pressait et on les étenlait pour les faire sécher.

Les mèches venant d'être tressées contiennent des ilaments, barbes ou peluches qui nuisent à l'ascension capillaire de la matière liquéfiée par la chaleur.

Pour détruire ces barbes, M. Binet a eu l'idée le griller les mèches en les faisant passer dans une lamme, soit d'esprit-de-vin, ou de gaz, ou d'huile, ce qui rend la mèche complétement nette.

M. Halff fait des mèches de bougies avec les matières ligneuses, le papier en feuille, le coton, etc., qu'il plonge dans un mélange d'acides nitrique et sulfurique qui les rend inflammables.

MM. Cottereau et Bonnemain ont remarqué que ce mélange rendait le coton explosif, en conséquence ils ont employé des mélanges d'un nitrate, d'un chlorate ou d'un phosphate avec les acides nitrique, phosphorique, sulfurique ou simplement les premiers sels, ou des mélanges seuls des acides indiqués; mais ils ont donné la préférence à un mélange de 2 grammes d'acide sulfurique à 66° et 3 grammes de phosphate de soude cristallisé qu'on étend d'eau et dans lequel on plonge les mèches qui se mouchent alors elles-mêmes.

Section VII. — MACHINE A FAIRE LES MÈCHES DE CHANDELLES.

Voici la description de cette machine, imaginée par MM. Crafword et Wright, à Rouen.

La figure 1, pl. 8, représente cette machine.

1. Châssis qui peut être de toutes les dimensions voulues;

2. Tiroir contenant les cotons : il y aurait autant de tiroirs qu'il faudrait de coton de différentes forces;

3. Charriot sur quatre roues, qui est mis en mouvement par un marche-pied dans le châssis, et qui a des ressorts attachés par des cordes au marche-pied, afin que l'ouvrier puisse, par l'action du pied, le mettre en mouvement, c'est-à-dire, le faire avancer ou reculer;

4. Couteau qui est maintenu dans une position perpendiculaire par des poids de contre-balance ou contre-poids : quand on veut s'en servir, l'ouvrier le fait descendre par la pression de la main : avec ce couteau, on coupe les mèches, quand elles sont en rapport avec la partie de la machine marquée 6, et qu'elles sont bien tendues;

5. Tablette mobile attachée par un ressort et qui se tient ouverte pendant que l'ouvrier place les cotons pour les mèches, en rapport avec la planche à tordre 6; mais cette opération étant faite, la tablette

qui est rendue pesante par une bordure en planche, presse sur les mèches et sert à les retenir bien tendues;

6. Planche à tordre : les cotons étant placés au nombre voulu et qui sera indéfini, puisque la machine, selon sa grandeur, en fera plus ou moins, de la manière représentée dans le dessin, la portion de la planche du dessus (la partie supérieure 6, tenue perpendiculairement par un contre-poids comme le couteau) est tirée par la main de l'ouvrier, de manière à tomber juste sur la partie inférieure, et il la soutient dans cette position en pressant sur un bouton représenté dans le dessin; alors il applique son pied au marche-pied, le chariot recule, les cotons sont bien tendus (tordus et en état d'être employés), et avec le couteau, il les coupe entre le chariot et la planche à tordre; ensuite il fait un tour de la manivelle de la planche et les cotons sont tordus et en état d'être employés comme mèches et plongés dans le suif.

L'opération de cette planche à tordre est ainsi expliquée : la partie inférieure a des ouvertures pour recevoir les mèches et se trouve jointe à la partie supérieure par un cylindre et une courroie; quand la manivelle tourne, la partie inférieure va dans un sens, et la partie supérieure dans le sens opposé, et alors les mèches sont tordues;

7. Baguette ou tringle sur laquelle les cotons sont placés, en rapport avec le chariot, à des distances en ligne directe des ouvertures de la partie inférieure de la planche à tordre; les cotons sont mis en double, afin d'être tordus entre le chariot et le 7. Quand la planche a fonctionné, on enlève la baguette 7, et les

mèches se trouvent, comme dans la fabrication à la main, prêtes à être plongées dans le suif.

8. Planche mobile que l'on peut reculer ou avancer pour donner plus ou moins de longueur aux mèches, selon la longueur voulue de la chandelle.

9, 9, 9. Baguettes ou tringles pour maintenir les cotons dans une position sûre et régulière;

10, 10. Ressorts du chariot dont il est parlé ci-dessus.

Section VII. — MÉTIER A MÈCHES DE CHANDELLES.

Cette machine, inventée par M. Benoist, à Neufbourg (Eure), est ainsi établie :

Une boîte *a*, fig. 1 et 2, pl. 7, se compose d'un tiroir rentrant sous l'appareil quand on est au repos : sur les deux bords de ce tiroir au point *c*, s'élèvent deux tiges verticales *b*, qui supportent une traverse *d* entre les dents de laquelle glissent, en se dévidant, les fils qui servent à composer les mèches, les deux tiges de la traverse se démontent et se placent dans le tiroir sur les cotons.

La table se compose de deux systèmes de cuirs ou planches *e*, *f*, séparées par deux lames de métal dentelées. Chaque système se compose, soit de deux planches superposées, garnies de basane à leur face interne, soit de deux cuirs ou basanes, collés sur une toile de 2 mètres de long sur 16 centimètres de large. Pour faire glisser facilement les planches inférieures, quatre petits rouleaux sont incrustés dans les traverses du bâti.

Le mouvement en sens contraire des planches superposées s'obtient au moyen d'un pignon et de deux crémaillères *r*, *s* fixés, le pignon à la boîte et les crémaillères aux planches. C'est en prenant la planche supérieure par une poignée, la menant de gauche à droite par le système postérieur et de droite à gauche par le système inférieur, et faisant un mouvement de 15 centimètres environ, que l'on tord les mèches, tant avec les planches qu'avec les cuirs. En avant comme en arrière de chaque système de planches sont fixés, de chaque côté de la boîte, aux distances voulues pour chaque sorte de chandelle, deux crochets mobiles destinés à retenir les baguettes.

La crémaillère se compose de deux lames dentelées ; le nombre des dents est égal au nombre de mèches que l'on veut obtenir ; c'est en passant entre ces deux lames que le couteau coupe les mèches.

Le guide se compose, soit d'une lame de métal percée de trous, soit d'une planchette percée de trous garnis de tubes de verre.

Le couteau, de forme triangulaire, est emmanché à écrou dans un coursier à languettes, lesquelles passent dans deux rainures pratiquées dans les traverses de la table. A chaque bout du coursier est vissé un piton où est attaché chaque bout de la corde coulant, de chaque côté de la boîte, sur les poulies *g* et venant se fixer à l'un des angles de la boîte à une poignée ou anneau. C'est en la conduisant de droite à gauche et de gauche à droite que l'on fait passer le couteau entre les deux lames pour couper les mèches.

En *l* est figuré un moule pour imprimer les mèches en sortant du métier ; et en *m* est l'égouttoir. Du côté opposé on a figuré un mécanisme pour rouler les mèches imprimées de suif et leur donner la forme cylindrique.

Il se compose en *n* de deux planches de 36 centimètres de large sur 3 d'épaisseur, posées sur le côté, sur les crochets *q*. Entre ces planches on voit en *r*, une broche chargée de mèches prêtes à être roulées au moyen de la poulie *p*, sur laquelle passe une corde tenant, d'un bout, à la planche antérieure, de l'autre à la planche postérieure. Il suffit de prendre la poignée *s* en faisant mouvoir cette planche, l'autre se meut en sens contraire ; c'est en faisant ce mouvement que les mèches encore chaudes s'arrondissent parfaitement.

Ce procédé, pratiqué à la main, serait pénible et d'une extrême lenteur : avec le procédé que nous indiquons, il devient aisé et plus prompt d'au moins trois quarts.

Manière d'opérer. — Le tiroir étant ouvert, les fils pris en dedans de la pelote passent par le râtelier et par les trous du guide et passent aussi entre les planches du système inférieur *e*. Prenant le guide, l'opérateur l'élève jusqu'au dessus des crochets ; en faisant ce mouvement il tend les mèches ; il prend une baguette, la place sur les cotons derrière les crochets, puis rapportant le guide vers lui, il double les cotons, prend la planche supérieure, la pose sur les mèches et pose son guide dessus où il est retenu par deux petits crochets : il coupe, avec le couteau, les bouts engagés entre les planches, abat la planche supérieure sur ou à côté de lui, couvre la planche de dessous du système inférieur de cotons en descendant le guide jusqu'au-delà des crochets, puis, passant une baguette sur les fils, il remonte le guide vers le râtelier et double les cotons, pose la planche supérieure sur les mèches, pose son guide dessus et coupe de nouveau; il fait alors mouvoir de gauche à droite la planche de dessus du système supérieur, la crémaillère communique à la planche de dessous un mouvement en sens contraire au moyen du pignon. C'est par ce double mouvement que les mèches sont tordues : en soulevant légèrement la planche de dessus, il retire les mèches d'entre les planches, les dépose, soit sur le moule, soit ailleurs; relevant la planche de dessus, il la renverse sur le côté, contre la tige verticale *b*; puis, repoussant la planche de dessous, il couvre de nouveau la planche inférieure, pose une baguette, double les fils, remet la planche de dessus, y pose son guide de nouveau, coupe, tord et enlève les mèches comme il l'a déjà fait une première fois, ainsi de suite.

Section IX. — MÈCHES DOUBLES.

On a vu qu'on fabriquait parfois des chandelles à deux mèches qui, comme un bec de gaz, donnent une flamme en éventail très-éclairante. Ces mèches tressées s'inclinant de part et d'autre n'ont pas besoin d'être mouchées. Pour maintenir ces mèches séparées entre elles et à distance dans la fabrication, on introduit aujourd'hui entre elles dans le moule un fil de métal de chaque côté duquel on dispose une mèche qu'on maintient sur ce fil en plongeant ensemble dans du suif fondu, le fil et les deux mèches, et laissant refroidir. Quand la chandelle a été coulée et que la matière est refroidie, on enlève le fil métallique et on remplit le vide qu'il a laissé avec du suif fondu.

Les fils employés dans cette fabrication sont généralement à section circulaire, mais alors il est difficile de maintenir les deux mèches bien séparées entre elles et à égale distance de haut en bas, quelle que soit la grosseur du fil métallique.

M. W. Palmer a proposé, en 1865, de se servir pour cet objet d'un fil plat ou de bandes étroites de tôle mince qui partagent mieux les mèches et permettent de les mettre entre elles à telle distance qu'on désire. Pour donner à ces fils ou à ces bandes la force suffisante et les maintenir droites, on y réserve sur chaque face opposée une nervure. Pour se servir de ce fil, on pose la mèche à cheval sur l'extrémité inférieure qui doit entrer dans le culot du moule, on couche cette mèche sur les deux côtés, on introduit le tout dans le moule, on coule le suif, et quand il est refroidi, on retire le fil, et le vide qu'il laisse est comblé par du suif fondu de qualité différente ou de même qualité que la matière qui constitue le corps de la chandelle.

Ce moyen permet de rapprocher davantage les mèches et d'employer, pour combler l'intervalle entre elles, une moindre quantité de suif.

Nous allons encore décrire quelques dispositions qu'on a proposé de donner aux mèches.

Section X. — MÈCHES QU'ON NE MOUCHE PAS.

On sait qu'on fait usage dans la fabrication des bougies stéariques de mèches tressées qui n'ont pas besoin d'être coupées ou mouchées, et se consument à mesure de la combustion de la matière. On a cherché à appliquer ce système aux chandelles, mais toutes les tentatives paraissent avoir échoué.

Cependant, en 1858, M. Gresland a pris un brevet pour un procédé qui lui a paru résoudre le problème. Ce procédé consiste à réunir en un seul brin un certain nombre de fils de coton qui varie avec la grosseur de la chandelle, à donner une légère torsion à ce brin, puis à enrouler dessus un fil de coton suivant une hélice allongée.

Les mèches ainsi confectionnées peuvent être employées à un seul brin ou à plusieurs, car on peut rouler 2 ou 3 brins et former des mèches à 2 et 3 branches pour chandelles de diverses grosseurs.

Les mèches ainsi faites et ayant subi une certaine préparation jouissent, suivant l'inventeur, de la propriété de se courber en brûlant, de manière que l'extrémité de la mèche se trouvant en contact avec l'air se consume comme dans les bougies. Les chandelles qui en sont munies brûlent en conséquence jusqu'à la fin sans qu'il soit besoin de les moucher, et en donnant une lumière toujours égale.

Section XI. — MÈCHES TRESSÉES A CINQ BRINS.

Un Américain, M. Tatam, s'est fait breveter en France, en 1858, pour la fabrication d'une mèche tressée, jouissant, suivant lui, d'un haut degré de capillarité et susceptible par son mode de préparation de sortir suffisamment de la flamme pour se consumer complétement.

Avec les mèches tressées à 3 brins, si on serre tant soit peu la tresse pour que la mèche puisse se tenir debout dans la flamme jusqu'à une certaine hauteur, on détruit sa capillarité et on la rend impropre à être appliquée aux matières de qualité inférieure.

La mèche tressée de M. Tatam jouit d'une capillarité suffisante pour donner une belle flamme claire avec moitié moins de matière filamenteuse qu'il n'en faut pour la mèche à 3 brins. Il en résulte donc moins de fumée et moins de cendres en même temps qu'il y a économie de 35 à 40 pour 100 de matière. Cette mèche se construit à 5 brins au lieu de 3, de telle sorte qu'un côté de la mèche est rond et l'autre plat ou concave. Cette mèche à 5 brins s'obtient en multipliant les engrenages et les bobines de la machine pour les mèches à 3 brins.

Pour tresser ces mèches, on fait usage de 4 roues distributrices portant chacune 5 dents. Les bobines se placent dans chaque quatrième dent, de manière à conserver la même distance avec la ligne centrale dans la machine. En passant ainsi autour des roues, les bobines se déroulent dans un sens opposé, ce qui n'a pas lieu avec la machine ordinaire à tresser les mèches à 5 brins.

Section XII. — MÈCHES PRÉPARÉES.

MM. Eschenauer et Benecke, de Bordeaux, ont fait remarquer dans un brevet, pris en 1858, que plus la matière à faire la chandelle est limpide et fond à basse température, plus la mèche doit être grosse, sans cela la chandelle coule. C'est ce qui fait que les mèches des chandelles de suif doivent être plus grosses et moins serrées que celles pour les bougies de stéarine. Ces mèches doivent recevoir une préparation, mais qui ne renferme pas d'acide sulfurique, autrement la chandelle coulerait. La meilleure composition qu'aient rencontrée les inventeurs est la suivante :

Eau de pluie.	1 litre.
Acide borique cristallisé.	15 gram.

ou bien :

Acide borique liquide.	8 —
Carbonate d'ammoniaque.	5 —

On chauffe dans un vase bien étamé ou en porcelaine jusqu'à ce que l'acide borique soit dissous et on le conserve dans un vase de grès jusqu'au moment où on doit en faire usage, en ayant soin de remplacer l'eau qui s'est évaporée de manière à ce qu'il y ait toujours un litre de liqueur.

On fait tremper les mèches pendant une heure dans cette liqueur, on les exprime, on les étend bien écartées sur une surface dure pour les sécher, mais sans les suspendre, parce que le liquide s'amasserait à la partie inférieure.

Plus la préparation contient d'acide borique et moins la mèche se courbe en brûlant, de façon que par l'addition d'une quantité plus ou moins forte d'acide, on possède le moyen de faire plus ou moins courber la mèche, mais avec une forte dose la lumière perd en clarté, tandis que si on en prend moins que celle indiquée, il est à craindre que la mèche se courbe trop et fasse couler la chandelle.

CHAPITRE V.

FABRICATION DES CHANDELLES.

D'après ce que nous avons exposé dans les Chapitres II et III, sur la manière de fondre les graisses *en branches*, on a vu que le suif est livré aux chandeliers dans des futailles, ou en pains qui ont été fondus dans des moules coniques qu'on nomme *jattes*. Nous avons fait observer aussi que la graisse de mouton et la graisse de bœuf sont fondues et vendues séparément.

Le chandelier est obligé de faire refondre ces suifs

pour les épurer, les mélanger selon les proportions convenables, dont la meilleure est parties égales de chacune de ces deux sortes de graisses.

Le Chandelier fabrique deux sortes de chandelles; l'une se nomme *chandelles plongées*, ou *chandelles à la broche*, ou *à la baguette*, parce qu'on les fabrique en plongeant à plusieurs reprises les mèches suspendues à une baguette, dans le suif fondu. Les autres portent le nom de *chandelles moulées*, parce qu'on les fabrique dans des moules.

Nous décrirons chacune de ces opérations dans autant de paragraphes différents.

ARTICLE Ier — **Fonte des graisses pour faire des chandelles.**

Nous n'imiterons pas ici les auteurs qui ont écrit avant nous sur l'art du chandelier, en décrivant les mauvais procédés que des ouvriers sans délicatesse ont introduit dans leurs ateliers, et nous nous attacherons à donner ce que nous connaissons de plus parfait; les mauvaises manipulations ne se propagent que trop promptement, et il est inutile, il serait même préjudiciable de les consigner dans un ouvrage que nous n'avons entrepris que pour concourir au perfectionnement d'une industrie importante.

Après que le chandelier a pesé parties égales de suif de mouton et de suif de bœuf, selon la capacité de la chaudière qu'il emploie, il le donne au *dépéceur* qui le coupe en morceaux sur une table qu'on nomme *dépéçoir*.

Le *dépéçoir* est une forte table dont le dessus est rectangulaire, ou carré long; elle est entourée de liteaux de 16 centimètres de large, excepté un espace de 32 centimètres sur le devant pour la facilité du travail. Dans cet espace est fixée une grande lame tranchante disposée comme un couteau de boulanger, semblable à celui que nous avons décrit (p. 37). Cet ouvrier porte sur le *hachoir* le suif en gros pains, ou en grosses mottes, tel qu'on le tire des futailles, il le coupe en petits morceaux afin qu'il s'arrange mieux dans la chaudière, et soit plus facilement fondu. Ceci est très-important; car le suif ne fond que par les surfaces, et si les morceaux étaient gros ils ne fondraient que lentement, et le fluide prendrait une couleur plus ou moins brunâtre, ce qu'il faut surtout éviter, la blancheur du suif formant une des qualités essentielles aux bonnes chandelles. Par conséquent plus les morceaux sont petits, moins on est exposé à brûler le suif.

Au fur et à mesure que les morceaux sont coupés, le *dépéceur* les fait tomber dans une manne ou une corbeille placée sous la table au niveau du bord. Cette corbeille pleine, on l'apporte auprès de la chaudière qu'on nomme *poêle au suif* ou *à chandelles.*

Beaucoup de chandeliers, et surtout ceux dont la fabrique n'est pas considérable, placent tout bonnement leur chaudière sur un trépied et font feu dessous. C'est une mauvaise manière d'opérer, la fumée qui s'élève pendant la combustion vient noircir le suif; les cendres légères emportées par le courant d'air viennent se déposer sur le suif et le salissent; enfin le feu peut se communiquer au suif et causer un incendie. On ne saurait avoir trop de propreté et trop de précautions dans des manipulations de cette nature.

Les bons chandeliers ont une chaudière en cuivre, montée sur un fourneau en briques. Cette chaudière, de la forme de celle que nous avons décrite (page 38) pour la fonte des *suifs en branches*, a un large rebord incliné du dehors au dedans pour faire retomber dans la chaudière le suif qui pendant les manipulations pourrait tomber sur les bords. Le fourneau est construit contre un mur derrière lequel on puisse passer, et c'est dans cette pièce adjacente qu'est placée la porte du fourneau par laquelle on introduit le combustible. Par ce moyen on n'a jamais de fumée dans l'atelier, point de fuliginosités, point de dangers pour l'incendie, et les ouvriers manipulent sans être fatigués par la chaleur que donne la porte du fourneau.

Vers le fond de la chaudière et à une hauteur de 6 à 8 centimètres, c'est-à-dire au-dessus des saletés présumables, est placé un tuyau par lequel on puisse sans danger faire couler le suif épuré. Ce tuyau est fermé par un robinet, ou mieux par un bouchon.

On place dans la chaudière le suif coupé en petits morceaux; on y verse en même temps une certaine quantité d'eau de source ou de rivière bien limpide qu'on nomme *filet*, et l'on allume ensuite le feu. Les chandeliers varient beaucoup sur la quantité d'eau qu'ils ajoutent; les uns n'en mettent qu'un quart de litre, d'autres y en ajoutent jusqu'à un litre lorsqu'ils destinent le suif à des chandelles moulées. Nous nous sommes fait les deux questions suivantes : Cette eau est-elle nécessaire, 1° pour empêcher le suif de brûler par son contact immédiat avec le fond de la chaudière qui est directement exposé au feu, et par conséquent de le brunir? c'est ce que l'on doit surtout éviter; 2° Est-elle nécessaire pour servir à l'épuration, aussi complète qu'il est possible par ce moyen, des suifs pendant leur fusion ? Il paraît que les substances étrangères et qui se trouvent suspendues dans le suif, par le peu de soin que l'on a apporté lors de leur première fonte, se précipitent en vertu de leur gravité, et resteraient au fond de la chaudière mêlées avec du suif, ce qui en ferait perdre une assez grande quantité, au lieu que ces saletés se précipitent au fond de l'eau, et le suif en est d'autant plus pur.

La première question n'est pas difficile à résoudre ; on remédie aujourd'hui à ce grave inconvénient en fondant les suifs à la vapeur. Voici la manière d'opérer : on prend une chaudière en cuivre A (fig. 10, pl. 1) à larges bords inclinés du dehors au dedans, pour les raisons que nous avons indiquées plus haut ; on l'enferme dans une seconde chaudière en tôle B, bien ajustée, et d'un diamètre de 8 à 10 centimètres plus grande que la première, et de 8 centimètres plus profonde. Le fond de cette chaudière est concave en dehors ; ces deux chaudières sont hermétiquement ajustées dans leur partie supérieure. Un trépied I, qui s'appuie sur le fond de la chaudière en tôle, sert à supporter le poids de la chaudière intérieure. A un point le plus commode du fond de la chaudière de tôle est placé un tuyau qui traverse la maçonnerie qui la supporte, et est armé à sa sortie d'un robinet D, pour évacuer l'eau condensée. Cette chaudière porte vers sa partie supérieure un tuyau E, dont on verra l'utilité. La chaudière intérieure porte deux tuyaux armés chacun d'un robinet. Le tuyau E, à environ 5 centimètres du fond, sert à soutirer le suif au-dessus des crasses ; le tuyau F, qui est au niveau du fond, sert à faire sortir toute l'eau sur laquelle on fond le suif, en entraînant avec elle les crasses.

A côté de la double chaudière que nous venons de décrire, et sur la même maçonnerie, est construit un fourneau qui contient une chaudière à vapeur K, placée sur un foyer N. Cette chaudière, dont l'ouverture est en L, a un tuyau M qui s'ajuste avec le tuyau H, et qui porte la vapeur dans la chaudière de tôle. Sur le bord supérieur de ces chaudières est placée une soupape de sûreté G, à levier, dont on règle la pression à l'aide du poids curseur *a*. Une autre soupape semblable est placée sur le couvercle L de la chaudière à vapeur K. On voit en O le cendrier de la chaudière à vapeur. L'orifice du fourneau est placé de l'autre côté du mur, par les raisons que nous avons déjà exposées.

La fig. 11 représente sur une plus grande échelle les soupapes de sûreté. La soupape *b* porte une tige fixée au levier du troisième genre *d, f*, par une fourchette qui l'embrasse et par une goupille. Le point fixe du levier est en *d* sur une tige *a, d*, placée à demeure sur le bord incliné de la chaudière; et sur le couvercle de la chaudière à vapeur, le poids curseur *c* sert à donner à la soupape une pression plus ou moins forte, à volonté.

La seconde question présentait des difficultés d'une autre nature : N'y a-t-il aucun inconvénient à fondre le suif sur une quantité considérable d'eau, ou bien n'en doit-on mettre qu'une petite quantité? Des auteurs, qui ont écrit sur cette matière avant nous, ont prétendu qu'il fallait employer une petite quantité d'eau, et par les raisons suivantes : « L'eau sur laquelle on a fondu du suif éprouve divers changements; elle devient trouble, elle contracte un goût « étranger, qui prouve que certaines particules du suif se mêlent avec elle, et il est très-probable que ce sont celles qui donnent de la fermeté au suif. Par conséquent, il serait à craindre qu'un suif mêlé de beaucoup d'eau ne devînt trop mou : à peu près comme le suif des tripes, qui n'est si mollasse que parce qu'il a été fondu avec beaucoup d'eau. »

Ce n'est pas dans le siècle où nous vivons que l'on ieut s'en tenir à des probabilités pour baser sur elles es fondements d'une théorie qui paraît contraire à a vérité. Les expériences seules peuvent fixer l'opiion à cet égard.

J'ai tenu en fusion, pendant quarante-huit heures, la chaleur de l'eau bouillante, du suif de mouton, ans l'agiter, ce qui est important; au bout de ce emps j'ai laissé refroidir, le pain de suif pesait 1 kiogramme, il n'a pas diminué de 1 gramme; l'eau ur laquelle il reposait était de 2 litres, elle s'est un ieu troublée, avait contracté un goût de graisse, lle contenait au fond des substances étrangères du oids d'un 1/2 gramme; l'eau que j'ai analysée conenait environ un 1/4 de gramme d'oléine; le pain de uif était très-pur.

J'ai répété la même expérience sur 1 kilogramme le la même graisse et 2 litres d'eau; mais lorsque la raisse a été fondue je l'ai retirée du feu et je l'ai battue fortement avec l'eau, jusqu'à ce que le tout it été entièrement froid. La graisse a absorbé envion 1 litre d'eau, elle était très-molle, mais d'un blanc éclatant. Je l'ai placée sur un papier brouillard dans un tamis pour la laisser égoutter. Au bout de vingtquatre heures j'ai pesé cette graisse, son poids a été de 1 kil.852 grammes, par conséquent la graisse avait absorbé 852 grammes d'eau; elle a été fondue sur

2 litres d'eau nouvelle et tenue en fusion pendant quarante-huit heures. On a agité avec un bâton, pendant la première heure, afin de faire détacher les saletés.

J'ai laissé refroidir le tout pendant vingt-quatre heures; j'ai ensuite retiré le pain de suif, et son poids s'est trouvé de 1 kilogramme moins 1 gramme. Il est donc évident que la graisse qui avait absorbé une si grande quantité d'eau avec laquelle elle avait été battue, avait déposé cette eau pendant sa longue fusion, et que pas un atome d'eau n'était resté en combinaison avec elle. J'ai donc été autorisé à conclure de ces expériences, qu'on peut ajouter autant d'eau qu'on le jugera convenable, sans craindre qu'elle puisse être nuisible à la fabrication des chandelles, pourvu qu'on ait soin de soutirer toute la graisse avant d'arriver jusqu'à l'eau sur laquelle elle repose.

J'ai examiné et analysé l'eau, elle contenait une petite quantité d'oléine que j'ai retirée, et dont la séparation d'avec le suif, par l'intermède de l'eau, a rendu ce suif plus solide.

Je conclus de ces expériences qu'on doit mettre au fond de la chaudière A, fig. 10, la hauteur de 3 centimètres d'eau, afin que tout le fond en soit bien recouvert; on aura soin que le tuyau E prenne naissance à 6 à 7 millimètres plus haut, et alors il n'y aura plus à craindre qu'il sorte la moindre goutte d'eau par le robinet E : et si l'on a la précaution de n'ouvrir ce robinet qu'après six heures de repos, en entretenant toujours la fluidité par la vapeur de l'eau bouillante, le suif sera très-pur, toutes les saletés se seront déposées au fond de l'eau inférieure.

Avant de remettre du suif en fonte, il faut bien faire évacuer toute l'eau, et bien laver la chaudière en ouvrant le robinet F; mais afin de perdre le moins de suif possible, à l'aide d'un entonnoir dont le bec est assez long pour atteindre le fond de la chaudière, et taillée en bec de flûte à son extrémité, on l'introduit sous la couche de suif liquide qui reste après qu'on a fait sortir tout le suif qu'on a pu par le robinet E, on introduit 1 litre d'eau froide ou mieux chaude, si l'on en a à sa disposition. Cette eau fait élever la couche de suif qu'on a soin de tenir encore en fusion, et au bout d'une heure, lorsque tout est bien reposé, on ouvre le robinet E, on reçoit la liqueur mélangée de suif et d'eau, on laisse refroidir, le suif se solidifie à la surface, et on le mêle à une seconde fonte pour opérer comme nous l'avons dit. Cela fait, on ouvre le robinet F, et l'on peut jeter tout ce qui en sort, qui ne contient que de l'eau et des saletés; l'oléine peut, si on veut, en être extraite.

Pendant que le suif se fond, on remue de temps en temps avec un bâton et on l'écume assez souvent, afin d'enlever les saletés qui s'élèvent à la surface, et qui sont plus légères que le suif; les autres se déposent au fond.

Il faut avoir l'attention de ne jamais verser de l'eau froide sur le suif lorsqu'il est fondu, et surtout lorsqu'il est très-chaud, on le ferait monter considérablement, et il courrait le risque de se déverser. Le suif ne doit jamais bouillir, la chaleur ne doit pas s'élever au-dessus du terme de l'eau bouillante, c'est une sottise que d'en élever beaucoup plus la température; ce degré de chaleur est plus que suffisant pour donner la fluidité convenable pour toutes les opérations nécessaires au chandelier; un trop grand excès de chaleur ne peut tendre qu'à colorer le suif en brun.

Lorsque le suif est fondu et qu'il est resté assez longtemps en digestion pour donner le temps à toutes les parties hétérogènes de se précipiter, on le transvase très-chaud dans la *caque* ou *tinette*, au travers d'un tamis de crin fort serré. La *caque* est un vase de bois cerclé en fer, de la forme et de la hauteur d'une futaille sciée en deux; elle est élevée sur un escabeau placé à côté du fourneau. Cet escabeau est assez haut pour qu'on puisse introduire à l'aise sous le robinet placé au bas de la *caque* ou *tinette*, un vase pour recevoir le suif prêt à travailler, et le transporter auprès des ouvriers.

Les chandeliers ne sont pas dans l'usage de prendre tant de précautions pour les chandelles plongées, aussi sont-elles toujours malpropres.

Il n'est pas toujours prudent de laisser le suif sur le feu dans la chaudière, après qu'il a été fondu, afin qu'il y dépose des impuretés, car cette méthode peut donner lieu à des inconvénients. Ainsi on court le risque de surchauffer le suif, et les dépôts ne se forment pas comme il convient. D'ailleurs, dans une marche régulière, il ne faut pas paralyser le service de la chaudière qui doit fonctionner d'une manière continue. Nous proposerons en conséquence de faire usage d'une tinette chauffée à l'eau ou à la vapeur, dans laquelle on verse le suif aussitôt qu'il est complétement fondu, afin qu'il y dépose, s'y éclaircisse, et où on peut le puiser ou l'extraire à mesure des besoins.

La tinette dont nous conseillons l'usage, et qui est représentée en élévation dans la figure 3, pl. 7, et en coupe sur la longueur dans la figure 4, se compose d'une grande caisse en bois A, A de forme carrée ou oblongue, coiffée d'un couvercle B, B fermant hermétiquement. Dans cette tinette sont renfermées une, deux ou un plus grand nombre de caques C, C, qui sont des espèces de seaux ou tonnes en zinc dont le fond est incliné vers l'un des petits côtés de la caisse. Ces caques reposent sur des tasseaux D, D où elles sont arrêtées par des moyens quelconques. Elles portent deux robinets E et F qui traversent la caisse. Le premier, à une certaine hauteur au-dessous de leur fond, pour sortir le suif et le recevoir dans les burettes de moulage, l'autre F pour évacuer les résidus. Le suif est amené de la chaudière où il a été mis en fusion par un tuyau ou par une rigole G, G qui le verse par des ajutages H, H traversant le couvercle de la tinette et armés de robinets dans chacune des caques. Enfin un serpentin I placé sur le fond de cette tinette, et percé de trous, amène la vapeur nécessaire pour chauffer les caques et maintenir le suif dans un bon état de fluidité.

On peut à volonté chauffer les caques avec la vapeur seule ou bien charger la tinette jusqu'à une certaine hauteur d'eau dont on élève la température par la vapeur.

La manœuvre de cet appareil est fort simple. Le suif, après qu'il a été fondu dans une chaudière placée à une plus grande élévation que la tinette, est évacué de celle-ci et s'écoule, dans la rigole et par les ajutages, dans chacune des caques autour desquelles on a déjà fait arriver la vapeur ou dont on a chauffé l'eau à une certaine température convenable. Dans ces capacités, le suif, tout en se maintenant dans un état convenable de fluidité, se purifie, laisse déposer ses impuretés, et plus on prolonge cette période de repos, plus le suif est pur et propre à obtenir de beaux produits. Quand arrive le moment de le mettre en œuvre, on le soutire dans l'abîme ou les burettes, et on procède à la fabrication des chandelles. Dès qu'on a épuisé les caques du suif propre à cette fabrication, on évacue par les robinets F les résidus qu'on peut filtrer s'ils sont bien fluides, ou mettre en presse s'ils sont compactes et solides, pour en retirer le bon suif.

M. C. Taulet a pris, en 1823, un brevet pour un moyen de parvenir à une épuration plus prompte et plus pure du suif et à une fabrication plus facile et plus économique de la chandelle dont voici un extrait :

Description de la chaudière destinée aux préparation, cuisson et fonte (à la vapeur) des suifs propres à faire de la chandelle. — Fig. 25, pl. 5. Premier corps de la chaudière pour servir à contenir l'eau. *a*, fond en cuivre de forme concave. *b*, robinet en cuivre pour vider l'eau. *c*, corps en cuivre de forme ronde. *d*, collet en cuivre auquel est adapté un entonnoir de même métal pour introduire l'eau.

Deuxième corps de la chaudière pour contenir le suif et le fondre. *e*, fond en cuivre, de forme plate, pour recevoir le suif fondu. *f*, robinet en cuivre pour épuiser le suif. *g*, corps en cuivre de forme ronde. *i*, collet devant s'adapter sur le premier corps et le fermer hermétiquement.

Troisième corps de la chaudière, destiné à la fois à se

servir de ladite chaudière et à exécuter, par le mécanisme intérieur, la fonte du suif. *j*, corps de forme ronde pour servir de couvercle. *k*, partie supérieure de forme convexe. *l*, ouverture en forme de porte de poêle pour introduire les matières à fondre. *m*, barre de fer pour tenir les spatules du haut et du bas. *n*, spatules en fer et en bois. *o*, cheminée en cuivre, fermée par le haut et trouée dans les côtés. *p*, roue couchée au-dessus du couvercle et servant à faire mouvoir les spatules. *q*, seconde roue destinée à faire mouvoir la précédente. *r*, barre de fer pour supporter la seconde roue. *s*, manivelle de la seconde roue. *t*, tenon en fer, armé d'une roue, appliqué au plancher, et devant servir à élever ou abaisser le couvercle au besoin.

Description d'une nouvelle chaudière destinée aux préparation, cuisson et fonte du suif propre à fabriquer la chandelle. — Fig. 26. Premier corps de la chaudière pour contenir le suif et le faire fondre. *a*, fond en cuivre de forme plate pour recevoir le suif fondu. *b*, robinet pour faire écouler le suif fondu. *c*, double fond en cuivre percé de trous, et destiné à faire passer le suif lorsqu'il entre en fusion. *d*, corps en cuivre de forme ronde, adapté par le bas au premier fond et soudé avec le second. *e*, collet en cuivre adhérant au corps ci-dessus et devant s'adapter sur le fourneau.

Deuxième corps de la chaudière, destiné à la fois à servir de couvercle et à éviter la fonte du suif par le mécanisme intérieur. *f*, corps de forme ronde, en cuivre, pour servir de couvercle. *g*, partie supérieure de forme convexe, adaptée au corps ci-dessus. *h*, ouverture en forme de porte de poêle, pratiquée sur le côté et devant servir à introduire les matières à fondre. *i*, ressort en fer pour assujettir la spatule et lui opposer un point d'arrêt au sommet. *j*, spatule en fer armée de deux branches propres à la faire mouvoir en sens inverse. *k*, tenons en fer avec gorges pour recevoir et soutenir le moteur de la spatule. *l*, mécanisme en fer, servant de conducteur à la spatule. *m*, barre de fer armée de roues, destinée à être suspendue au plancher par un tenon, et à faire mouvoir la spatule dans l'intérieur du couvercle au moyen des susdites roues qui sont en fonte ou en cuivre. *n*, tenons en fer, pris dans le plancher et armés d'une roue pour élever ou abaisser le couvercle de la chaudière. *o*, fond en cuivre de forme concave. *p*, robinet en cuivre pour vider l'eau. *q*, tuyau en cuivre pour introduire l'eau.

Description d'un pressoir à rouage, destiné à presser et à préparer le suif propre à la fabrication de la chandelle. — Fig. 27. *a*, plateau en bois destiné à supporter l'appareil. *b*, seau en fonte, percé de trous, destiné à recevoir le résidu du suif. *c*, presse à cran, en fonte, mise en mouvement par le moyen des roues ci-après. *d*, roues à dents, en fonte, pour faire mouvoir la presse. *e*, roues plus petites, servant à faire mouvoir les précédentes. *f*, roues en bois pour imprimer le mouvement aux quatre désignées par les lettres *d*, *e*. *g*, solives en bois, destinées à supporter les axes des roues. *h*, montants en fonte pour soutenir toute la partie supérieure de l'appareil. *i*, manivelle en bois devant servir, au moyen d'une forte corde, à faire marcher le pressoir. *j*, réservoir en cuivre pour recevoir le suif provenant du résidu.

Passons maintenant aux différents modes de fabriquer les chandelles.

ARTICLE II. — **Des chandelles plongées ou à la baguette.**

Les chandellles *à la baguette* sont les plus communes que font les ouvriers; on les appelle *à la baguette* parce qu'après avoir distribué un certain nombre de mèches à distances égales le long d'une baguette de bois, on les couvre de plusieurs couches successives de suif, en les plongeant dans un baquet de suif fondu.

Le baquet dont on se sert pour plonger les chandelles se nomme *abîme*. C'est une *auge*, fig. 12, pl. 1, en bois de noyer, solidement assemblée, afin de ne laisser échapper aucune goutte de suif. Sa forme est prismatique à quatre faces inégales. Les deux grands côtés *a* sont inclinés l'un vers l'autre dans le bas, et assemblés dans une planche de 8 centimètres de large. Ces deux grands côtés sont rectangulaires, ils ont 65 centimètres de haut, sur 95 centimètres de long; on les nomme les *joues*. Elles sont éloignées par le haut de 32 centimètres, et de 8 centimètres par le bas. Les deux petits côtés *b*, qui assemblent les joues, ont une forme trapézoïde des mêmes dimensions que nous venons de donner; ces deux planches trapézoïdes se nomment les *têtes du moule;* elles sont verticalement placées. Une poignée en bois, fixée à chacune de ces têtes, sert à transporter le *moule à plonger* ou l'*abîme* d'un lieu à un autre. Cette auge est fixée sur un patin de bois qu'on nomme *pied* ou *sabot du moule*. Le bord de ce patin est en plan incliné afin que le suif qui tombe dessus puisse couler facilement dans l'auge de la tablette qui est placée dessous. Un couvercle se pose sur le moule à plonger, lorsqu'on ne travaille pas, afin d'empêcher les ordures et la poussière de tomber dans le suif fondu.

Le chandelier commence par remplir le *moule à plonger* avec du suif chaud, il y plonge d'abord les mèches, en suivant les manipulations que nous allons indiquer. Il prend 10 à 12 baguettes chargées de mèches, comme nous l'avons dit; il les plonge toutes à la fois dans le suif, afin de les bien imbiber. L'on sent qu'il est nécessaire que le suif soit un peu chaud, pour que l'imbibition soit plus complète. Cette imbibition n'est pas la seule raison qui exige que le suif soit chaud pour la première plongée. La mèche sèche pénètre plus aisément dans le suif bien chaud, bien fluide, et par conséquent plus coulant. La mèche s'y dresse parfaitement, ce qui est le contraire lorsque le suif est plus épais; la mèche qui est flasque en y entrant, éprouve de la résistance, elle se replie sur elle-même, se recourbe, et reste dans cette position, ce qui présente des chandelles défectueuses. L'ouvrier dépose ce paquet de baguettes sur le bord du moule, et il les prend ensuite l'une après l'autre pour les examiner. Il dispose les mèches sur la broche, à égale distance, dans le cas où elles se seraient dérangées, et il les porte à l'*égouttoir* qui est à côté de lui, et qu'on voit fig. 13, pl. 1.

Cet *égouttoir* est un assemblage de menuiserie formé de quatre pieds verticaux, et de traverses horizontales qui le rendent solide. L'ouvrier pose les baguettes sur les traverses *a*, *b*, *c*, et le suif qui n'est pas figé tombe dans l'auge *d*, qui est au-dessous.

Pendant que l'ouvrier arrange les mèches sur la baguette au-dessus du moule, le suif a le temps de se figer, de sorte qu'il en coule peu dans l'auge de l'égouttoir. Il humecte de la même manière toutes les mèches qu'il a apprêtées pour mettre à profit tout le temps que le suif se refroidit jusqu'au moment où il est arrivé au point de refroidissement nécessaire pour plonger les chandelles. Si le suif était trop chaud, la couche qui s'attacherait serait trop mince, et la chandelle serait mauvaise, elle serait *tavelée*, comme disent les ouvriers, c'est-à-dire tachée. Si le suif n'était pas assez chaud, il s'attacherait au contraire en grumeaux, la chandelle serait toute raboteuse et perdrait de sa blancheur par places. L'on connaît que le suif est parvenu au point de chaleur convenable, lorsqu'il commence à se figer au bord du moule, où il forme une pellicule dentée et très-mince. Lorsque pendant l'opération le suif vient à se refroïdir trop fortement, on y ajoute du suif chaud, et l'on presse le tout avec un bâton rond de 40 millimètres de diamètre, et 54 centimètres de long. Par cette agitation qu'on renouvelle de temps en temps, on maintient le suif dans le moule au même degré de chaleur et de liquidité.

Ce bâton, qui porte le nom de *mouvette* ou *mouvoir,* sert aussi à nettoyer le fond et les angles de l'*abîme,* et lorsqu'à son extrémité il s'attache du suif figé, chargé de saletés, l'on doit le gratter avec une truelle de cuivre et le déposer dans un vase à part, afin de le purifier dans une autre fonte. La même truelle sert à ramasser tout le suif qui se fige sur les bords, ou sur les joues de l'abîme, sur les tables, etc.

Nous connaissons des chandeliers qui disposent leur moule à plonger d'une manière à pouvoir placer au-dessous une cassolette pleine de braise, afin de tenir le suif dans un degré de fluidité convenable.

Nous n'ignorons pas que cet usage n'est pas généralement adopté; nous ne le blâmons cependant pas pourvu qu'il soit employé avec modération, c'est-à-dire, qu'on ne donne pas au suif une trop grande fluidité, qui pourrait être préjudiciable à la fabrication pendant les diverses plonges qui suivent la première. Les ouvriers qui ne l'adoptent pas prétendent que c'est parce que le suif se clarifie mieux, la boulée tombant plus facilement au fond. Nous pensons précisément le contraire; la boulée se précipite d'autant plus vite que le suif est plus liquide. Ils pourraient au moins mettre la braise pendant le temps qu'ils suspendent leur travail.

Lorsque les mèches ont été toutes plongées avec les précautions que nous avons indiquées et qu'elles sont bien refroidies, l'ouvrier prend les broches deux à deux et quelquefois trois à trois, afin de hâter son travail; soit qu'il les prenne deux à deux ou trois à trois, il les sépare toujours avec ses doigts de manière à ce qu'elles ne puissent pas glisser pour se rapprocher l'une de l'autre, il tourne la paume de la main en haut, il presse la première baguette sous le pouce, le restant appuie sur la paume de la main; il passe la seconde sous l'index, le restant appuie sous les trois doigts. S'il en prend trois, il passe la troisième sous l'index et le doigt du milieu, de sorte que l'index et le médius sont par-dessus; l'annulaire et le petit doigt sont par-dessous.

Cette disposition généralement adoptée est fatigante pour l'ouvrier. Nous avons conseillé à un fabricant d'employer un instrument que nous lui fîmes construire, dont il reconnut de suite la commodité, que tous les ouvriers ont adopté avec reconnaissance et qu'ils appellent *main à plonger*. En voici la description, que la figure 14, pl. 1 indique; elle est vue ici par un des bouts.

Un fort liteau *a*, *b*, en bon bois de sapin, de 76 centimètres de long, puisque les baguettes en ont 81, d'une largeur de 54 millimètres, lorsqu'on ne veut travailler que trois baguettes à la fois, et de 81 millimètres, lorsqu'on veut en travailler quatre; le liteau a 27 millimètres d'épaisseur vers les deux bouts et au milieu. On cloue sur les bords deux crochets *c*, *f* en fer, et sur le milieu de la largeur on place un ou deux autres crochets *d*, *e*, à pointes, qu'on fixe fortement dans le bois, selon qu'on lui a donné 5 ou 8 centimètres de large. Ces crochets se trouvent par ce moyen à 25 millimètres de distance l'un de l'autre.

L'ouvrier engage chaque baguette par les bouts et par le milieu dans trois crochets, et il travaille avec facilité quatre baguettes à la fois; il les pose de même sur l'égouttoir sans y porter la main; en appuyant seulement les baguettes par leurs bouts sur les liteaux de l'égouttoir, les crochets se dégagent d'eux-mêmes.

L'ouvrier secoue les baguettes pour séparer les mèches qui auraient pu s'attacher l'une à l'autre; il les enfonce verticalement dans le suif, et donne de petites secousses vives aux broches afin de séparer les mèches qui auraient pu se toucher, c'est ce qu'on appelle *plonger*. Cette opération est délicate, et demande de l'adresse et de l'habitude, car si deux mèches venaient à se coller l'une contre l'autre pendant que le suif se refroidit, on perdrait plus de temps que le travail ne vaudrait, pour leur faire prendre la direction convenable, et les chandelles auraient toujours une forme désagréable. Après cette plongée, l'ouvrier place les broches sur les étages inférieurs de l'égouttoir, afin que les gouttes de suif qui peuvent s'écouler pendant le temps qu'il se fige ne tombent sur aucune autre chandelle plus avancée, ce qui les endommagerait, surtout si ces gouttes tombaient sur celles qui sont prêtes à être terminées.

Après cette première plongée, on donne successivement les autres, dès que la température du suif est descendue au point convenable, ainsi que nous l'avons expliqué plus haut. La seconde plongée se nomme *retournure*, elle est plus facile à faire que la première, parce que les mèches ayant pris de la consistance, elles s'enfoncent mieux dans le suif. Lorsqu'on a plongé une fois, on soulève la broche et on sort les chandelles entièrement hors du suif; on laisse écouler un moment, on les plonge de nouveau en entier. Le suif se ramasse vers le fond et formerait là une grosseur désagréable, alors on enfonce à deux ou trois reprises la chandelle jusqu'au tiers ou au quart de sa longueur, afin de faire fondre le suif excédant jusqu'à ce qu'elle soit à peu près cylindrique. Cette opération s'appelle *ravaler;* elle exige du soin et de l'adresse. S'il arrivait que le suif ne fût pas assez chaud pour fondre ces masses qui se réunissent au bas des chandelles pendant qu'on ravale, il faudrait les promener dans l'abîme afin de rendre l'action du suif plus active sur celui des chandelles.

Il est impossible de fixer le nombre des plongées que l'on doit donner aux chandelles, cela dépend de la grosseur qu'on veut leur faire prendre et de la température du suif. L'avant-dernière plongée se désigne par ces mots, *mettre près*, et la dernière, *ache-*

ver. L'habitude indique à l'ouvrier le moment où la chandelle est terminée; cependant de temps en temps il en pèse quelques-unes.

A la dernière plongée l'ouvrier *collette*, c'est-à-dire forme le collet de la chandelle. Pour cela, il la plonge plus avant dans le suif, qui en s'attachant à la partie supérieure de la mèche qui n'avait pas trempé, y forme un petit cône et laisse apercevoir deux petites mèches qui donnent deux lumignons lorsqu'on les allume.

Nous ne répéterons pas ici qu'à chaque plongée l'ouvrier porte ses baguettes chargées de chandelles sur l'égouttoir, et qu'il les place sur les étages les plus élevés, au fur et à mesure qu'il approche plus du terme de toutes ses opérations.

On doit concevoir que lorsque toutes les plongées sont très-minces, la chandelle va en pointe par le bas, en dépassant souvent de beaucoup la longueur de la mèche. Dans tous les cas, une chandelle doit être coupée net par le bout, cependant ce n'est pas avec un couteau qu'on leur donne cette forme. Une lame tranchante, quelque bien affilée qu'elle fût, ne couperait pas assez proprement; on emploie un instrument qu'on nomme *rognoir* ou *rogne-cul*, dont voici la description :

Le *rognoir* ou *rogne-cul*. Dans la partie supérieure d'un fort pied de table A, assemblé à tenons et mortaises, et dont la figure 16, pl. 1, indique suffisamment la forme, est ajustée une espèce de trémie sans fond B. Entre les jambes du pied de la table, et sur les traverses inférieures C, repose une plaque de tôle à bords relevés D; on place un petit caisson carré E en tôle forte, dans lequel on met de la braise pendant le travail. La plaque de tôle D supporte, par quatre petites colonnes G, G, une platine de cuivre H, I, un peu inclinée vers I. Cette platine a un bord relevé de 15 millimètres tout autour, excepté du côté I où elle se termine par un goulot I, qui puisse verser dans la bassine K le suif, sans crainte de le répandre au dehors.

La trémie B ne sert à autre chose qu'à garantir le corps de la chandelle de l'impression de la chaleur; mais elle pourrait réunir un autre avantage : ce serait de ne rogner les chandelles que d'une hauteur déterminée, ce qui serait facile en construisant la machine de manière qu'elle pût s'enfoncer plus ou moins dans le pied, pour donner à volonté une distance de la partie supérieure à la surface de la platine de cuivre H, I, relative à la différente longueur que l'on voudrait donner aux chandelles. Cela serait aisé en perçant sur les deux petits bouts étroits de la trémie des trous à différentes hauteurs, et deux trous dans chacune des traverses supérieures du pied. A l'aide de chevilles, on la placerait au point le plus convenable; quelques expériences suffiraient pour cela.

L'ouvrier prendrait une ou plusieurs baguettes de chandelles, comme il le fait pour les plonger, et lorsque les baguettes reposeraient par leurs bouts sur les bords supérieurs de la trémie, il serait averti que son opération est achevée.

C'est ici où se terminent ordinairement les opérations des chandelles plongées; il ne s'agit plus que de les enfiler dans des *pennes* ou ficelles pour en former des paquets ou les livrer pour le débit. Comme ces opérations sont les mêmes que pour les chandelles moulées, nous renvoyons le lecteur à la fin du chapitre relatif aux chandelles moulées.

Je ne terminerai pas ce paragraphe, sans consigner ici un moyen que j'ai conseillé à un habile chandelier des départements méridionaux, et qui donne à des chandelles plongées une apparence qui les rapproche beaucoup des chandelles moulées. J'avais observé, et tout le monde l'avait observé comme moi, que presque toutes les chandelles plongées présentent des inégalités souvent considérables dans leur longueur, et qu'il est extrêmement rare d'en trouver qui approchent de la forme cylindrique qui est la plus agréable. Après plusieurs essais, j'y suis parvenu à l'aide du procédé que voici.

Dans une planche de buis, de 25 à 30 centimètres de long, de 5 centimètres de large et 19 à 20 millimètres d'épaisseur, ce qui n'est pas difficile à trouver, je perce à un bout un trou bien rond, du diamètre d'une chandelle moulée des cinq, car je suppose que cette filière est pour les chandelles de cinq au demi-kilogramme, et j'ai une filière semblable pour chaque grosseur de chandelles différentes. Je pratique ensuite sur la longueur de la petite planche huit à dix trous semblables, espacés entre eux d'environ 15 centimètres. La figure 15, pl. 1, montre cette filière. Ces trous varient entre eux de diamètre, le second a un demi-millimètre de plus que le premier, le troisième un demi-millimètre de plus que le second, et ainsi de suite jusqu'au dixième, qui a par conséquent environ 4 millimètres et demi de plus que le premier. Il est très-difficile de penser qu'un bon chandelier ait mis une différence aussi grande en plongeant ces chandelles, la perte serait énorme s'il continuait longtemps d'après de semblables écarts.

Ces trous étant ainsi pratiqués, on les ébiselle avec soin, sur une face, d'environ 2 millimètres de diamètre, laissant le trou presque tranchant sur l'autre face, et on polit bien ces bords. Voilà une filière faite, on en fait une semblable pour chaque grosseur de chandelle. Voici comment on opère :

Lorsque les chandelles sont bien sèches, et par une température assez froide, on fixe la filière, par son épaisseur, entre les jumelles d'une presse à deux vis, posée à plat sur une table, de manière que les trous soient au-dessus de la jumelle, et que la partie ébiselée soit de mon côté. On présente le bout de la chandelle dans le trou le plus grand, la mèche en avant vers l'opérateur ; on l'accroche avec un crochet de fer, enfoncé dans un manche de bois ; on la tire par le crochet ; elle dépose sur les parois du trou des éminences de suif qui n'ont pas pu passer ; de suite on la passe dans le trou suivant, et on continue jusqu'à ce qu'on soit parvenu au plus petit, où elle achève d'arriver à la grosseur voulue : elle est alors parfaitement cylindrique, et plus agréable à la vue qu'avant cette opération, qui est l'affaire d'un instant. Le chandelier est bien payé du temps qu'il y emploie, par le suif qu'il en retire, et par la réputation qu'il se fait de fabriquer de jolies chandelles. Cela n'augmente pas leur bonté, mais cela satisfait davantage l'œil de l'acheteur.

Il y a certains états, tels que celui du cordonnier, qui permettent aux ouvriers de travailler autour d'une table, et ils auraient besoin d'une chandelle ordinaire chacun. Pour éviter cette dépense, on réunit deux et quelquefois trois chandelles après la troisième plongée ; on les plonge ensemble ; elles se soudent entre elles, et finissent par n'en former qu'une seule, qui a deux ou trois mèches, qu'on peut moucher toutes à la fois : ce moyen est économique dans beaucoup de circonstances.

ARTICLE III. — **Procédés divers de fabrication des chandelles à la baguette.**

On a essayé à plusieurs reprises de perfectionner le procédé de fabrication des chandelles à la baguette; mais celui du moulage ayant reçu lui-même des améliorations considérables qui l'ont rendu plus économique, tend à se substituer au premier; néanmoins, comme celui-ci est encore en usage, nous décrirons ici quelques-uns des procédés proposés.

Section I. — MACHINE DE FUCHS.

M. J.-B. Fuchs, fabricant à Colmar, a proposé, en 1822, une machine à fabriquer la chandelle trempée ou à la baguette, et une machine à rogner la chandelle, dont voici la description :

Fig. 1, pl. 4, vue en perspective d'une partie de la machine.

a, arbre vertical à pivot, portant, près de son sommet, une grande zone horizontale en bois *b*, divisée en vingt parties égales par des cordes *c*, passant sur des poulies *d*, et portant à leurs extrémités, des cadres suspendus *e*, munis chacun de vingt baguettes de chandelles et se faisant réciproquement équilibre pour chaque corde, et seulement pour un même poids; mais ceci étant insuffisant pour éviter à l'ouvrier de lever par sa propre force le nouveau poids que prennent les chandelles portées par chaque cadre que l'on veut tremper, on a établi en *f*, derrière la place où se tient l'ouvrier et tout près de lui, une balance *g*, suspendue à une corde *h*, jouant également sur deux poulies, et ayant, à l'extrémité opposée à la balance, un crochet *i*, que l'on accroche à volonté dans une des ouvertures d'une platine carrée en fer *k*, à laquelle est suspendu le cadre; cette disposition permet, au moyen d'un second contre-poids, de pouvoir rétablir l'équilibre qui, sans cela, serait rompu par le poids que prennent les chandelles qui sont à tremper dans le suif.

Cette opération terminée, il est de toute nécessité de remplacer le crochet dont on vient de parler, par un crochet *l*, suspendu au-dessus du cadre; car, sans cela, les chandelles que l'on vient de tremper étant plus lourdes que celles qui les contre-balancent, ne manqueraient pas de descendre jusqu'à terre. Le cadre suspendu à ce nouveau crochet doit être tiré vers le pivot, afin de mettre l'ouvrier à même de remplir de suif la forme *m*; cette opération se fait en tirant une corde, dont l'un des bouts est attaché au cadre portant les chandelles, et l'autre passant dans l'une des poulies dont les chapes sont vissées contre le pivot, pour ensuite venir s'adapter au moyen d'un anneau *n*, à un crochet qui se trouve au-dessous de la platine de fer carrée *k*. Après avoir tiré à lui cette corde, l'ouvrier l'accroche par son anneau *n*, au crochet *o*, le plus bas qui se trouve dans la colonne *f*, placée derrière lui.

Une roue dentée *p*, fig. 2, est placée vers l'extrémité inférieure de l'arbre *a*; cette roue, qui est en cuivre ou en fer, peut être en bois; elle sert, à l'aide d'une seconde petite roue *s*, dans laquelle elle engrène, à faire tourner l'arbre à pivot *a*, d'un vingtième de tour à la fois. Cette opération s'exécute à la volonté de l'ouvrier, qui n'a qu'à presser légèrement 'une main sur le cliquet adapté à l'arbre qui orte la seconde petite roue *s*, dont on vient de parer, et à appuyer de l'autre main sur une des six ranches de la manivelle A, fig. 3, qui se trouve lacée au bout de l'arbre de couche de la petite roue *s*, t derrière ce même cliquet. Cet arbre, s'allongeant usque sur le devant de la bassine *q*, dans laquelle e trouve le suif, l'ouvrier ne quitte point sa place our la faire tourner.

L'arbre horizontal qui porte la petite roue ou pignon *s*, est terminé par un pivot à chacune de ses xtrémités. Ces pivots sont supportés par deux pièces e bois ou de fer, fig. 2 et 5, solidement fixées sur e plancher, à une hauteur égale, afin que l'arbre oit horizontal. A une extrémité de cet arbre de couhe est fixé le pignon *s*, de manière qu'il engrène vec la roue dentée *p*, comme le montre en partiulier la figure 2. A l'autre extrémité, ce même arre de couche porte 1° le crochet avec le cliquet à essort dont on voit la disposition en particulier en , fig. 5; 2° par devant, enfilé sur le même arbre, le ourniquet A, à six branches, que l'on voit par-deant ou de face, fig. 3. Ces deux pièces sont solidement ajustées à carré sur l'arbre et fixées, ainsi que e pignon *s*, par des écrous. Ce tourniquet sert à faire ourner l'arbre à la main, il est placé près de l'ouvrier, à 1 décimètre au moins de la place où pouvait escendre le cadre qui porte les chandelles.

La figure 4 montre en coupe verticale, la forme *m*, ans laquelle on trempe les chandelles, la bassine *q*, t le fourneau *v* qui chauffe cette bassine.

Fer à rogner la chandelle. — Ce fer, qui fait partie e la machine précédente et que l'on voit en *y*, fig. 6, se chauffe par la vapeur au moyen du fourneau z, au lieu de le chauffer, comme de coutume, avec de la braise ardente. Il offre non-seulement l'avantage de ne jamais brûler ou brunir le suif, mais encore celui d'accélérer l'ouvrage des trois quarts.

Ce fer doit se placer à côté et tout près de la roue à cliquet.

Au moyen de la machine que l'on vient de décrire, l'auteur affirme qu'un seul ouvrier peut, avec la plus grande facilité, fabriquer journellement, dans les saisons froides, 800 baguettes de chandelles formant ensemble 800, 1,000 ou 1,200 kilog., selon que ces chandelles sont de 8, de 6 ou de 5 au 1/2 kilog.

Section II. — AUTRE MACHINE A FABRIQUER LA CHANDELLE DITE A LA BAGUETTE.

Cette machine, que les figures 13 et 14, pl. 4, représentent de face et de profil, est formée de la manière suivante : *a*, chariot glissant sur les jumelles *b*, au moyen du mouvement de rotation imprimé, à l'aide d'une manivelle *c*, à une roue dentée *d*, engrenant avec les dents d'une crémaillère horizontale *e*, appliquée contre le dessous du chariot. *f*, 10 cadres en bois, portant chacun 20 baguettes, à chacune desquelles sont suspendues 15 mèches préparées pour être trempées; ces cadres sont suspendus au moyen des cordes *g*, passant sur des poulies *h*. *i*, conducteurs formés de 4 montants en bois et d'un cadre mobile *k*, qui tendent toujours à remonter, à cause du contre-poids *l*. *m*, tonneau ou caisse en bois, posé sur galets, pour desservir la machine.

Voici comment se fait la trempe :

Après avoir disposé les mèches sur les cadres,

l'ouvrier, au moyen de la manivelle *c*, dirige le premier cadre au-dessus des conducteurs et le fixe sur le châssis mobile à l'aide de petits taquets; alors, en pesant sur le cadre, il le fait descendre verticalement dans la caisse *m*, et ayant ainsi opéré la trempe, il laisse remonter le cadre et suit ainsi l'opération jusqu'à son terme. La corde placée au milieu du cadre sert à fixer la plus ou moins grande course que l'on veut faire parcourir au cadre. Au moyen de cette machine, un ouvrier peut, en un seul jour, dans les saisons fraîches, tremper 1000 kilogr. de chandelles des 12 au kilogr.

Section III. — MACHINE A FAIRE DES CHANDELLES TREMPÉES OU A LA BAGUETTE, DE M. J.-C.-L. LEUBEL, DE PARIS.

Le principe de cette machine consiste à attacher les mèches destinées à former le cœur des chandelles sur des baguettes, que l'on place dans des châssis mobiles, suspendus, au moyen de cordes, au-dessus de deux bassines placées l'une dans l'autre, et dont la plus grande contient du suif chauffé par un fourneau à 30 à 35° de chaleur, pendant que le suif renfermé dans la plus petite bassine n'a qu'une température de 12 à 15° C. Un ouvrier plonge et replonge successivement les mèches de chaque châssis, qu'il fait monter et descendre alternativement avec la main, jusqu'à ce que les chandelles soient arrivées à la grosseur qu'on veut leur donner.

Explication des figures. — Pl. 4, fig. 6 et 7. Elévation de face et de profil de cette machine.

Fig. 8. Une partie de cette machine vue en plan.

Le bâti de cette machine est formé de 5 montants *a*,

en bois de chêne, portant chacun, près de son sommet, deux arcs-boutants *b*, qui s'assemblent dans les longues traverses d'un châssis horizontal *c*, ayant dans sa longueur 5 petites traverses, dans chacune desquelles est ajusté à tenon et mortaise l'un des montants *a* du bâti.

d, chapes en fer fixées sur les côtés des longues traverses du châssis *c*, et portant chacune deux poulies en cuivre; l'assemblage d'une de ces chapes contre le châssis se voit en détail de face et de profil, et sur une plus grande échelle, fig. 9 et 10. Chaque poulie reçoit une corde *f*, au bout de laquelle est suspendu un petit châssis rectangulaire *e*, en bois, ayant intérieurement deux feuillures pour recevoir les baguettes qui portent les chandelles.

g, manches de bois attachés à des cordes, et ayant chacun un crochet qui s'enfile dans un trou pratiqué au milieu d'une petite plaque rectangulaire en fer *i*, à laquelle sont attachées les cordes des poulies et des châssis *e*.

h, longue traverse ayant de chaque côté une coulisse, qui sert à conduire et à diriger un fourneau *k*, que l'on voit en coupe verticale, fig. 4; ce fourneau est porté par quatre roulettes, qui servent à le changer de direction; il est muni de deux portes pour le service du petit réchaud *l*, qui contient du charbon de bois, destiné à maintenir à l'état de fusion le suif *m*, qui est renfermé dans une grande bassine en cuivre rouge étamé, logée dans le fourneau; le suif est entretenu dans cette bassine à une température de 30 à 35° C., chaleur nécessaire pour conserver au suif *n* disposé dans une seconde bassine aussi en cuivre rouge étamé, contenue dans la première, une température de 12 à 15°, qui est celle qu'il faut donner au suif pour qu'il soit *grenelé*, et qu'il puisse se prendre aux chandelles *o*, fig. 5, chaque fois qu'on les trempe dedans.

Sur le bord de la grande bassine est un égouttoir *p*, en tôle, sur lequel tombe le suif non encore pris des chandelles d'un châssis que l'on vient de descendre dans la petite bassine, et lorsqu'on a changé de direction pour tremper les chandelles d'un châssis opposé ou placé de l'autre côté. Le suif qui tombe des chandelles sur cet égouttoir, se rend de lui-même, et par l'effet de la pente de l'égouttoir, dans la grande bassine.

Le fourneau a, de chaque côté, un courant d'air *q*, que l'on ouvre ou que l'on ferme suivant le besoin. Des crochets à bascule *r*, s'engagent dans la coulisse de la traverse *h*, pour conduire le fourneau d'un châssis de chandelle à l'autre.

Manière d'opérer avec cette machine. — On remplit les deux bassines, disposées sur le fourneau, de suif que l'on chauffe aux degrés indiqués plus haut; on place le fourneau sous l'un des châssis *e*, auxquels sont suspendues les mèches destinées à former le cœur des chandelles; l'ouvrier descend, à bras, ces mèches dans la petite bassine, où il les plonge et replonge successivement, jusqu'à ce que la chandelle ait atteint la grosseur qu'on veut lui donner; parvenues à ce point, on lève le châssis, qui demeure suspendu aussitôt qu'on a engagé le crochet du manche *g*, dans le trou du milieu de la pièce *i*. Lorsque les chandelles d'un châssis sont terminées, et pendant qu'elles refroidissent et durcissent, on change le fourneau de côté, on le reporte sous le châssis placé en face de celui sur lequel on vient d'opèrer, et l'on recommence la même opération.

Section IV. — MACHINE DE M. J.-C. GARIN, DE VALENCE.

Figure 15, pl. 3. Vue de face de cette machine.

a, chaudière vue dans sa longueur. *b*, caisse placée dans la chaudière et renfermant les moules. *c*, chandelles. *d*, baguettes rondes en bois qui portent les chandelles; elles sont au nombre de dix et placées à une même distance l'une de l'autre sur un même plan horizontal, comme le montre la figure 16. *e*, deux porte-baguettes, dont un se voit de profil, fig. 16; ils sont dentelés pour recevoir les extrémités des baguettes *d*, et les maintenir dans leur écartement sans leur permettre de se déranger. Chacun de ces porte-baguettes est armé d'un crochet *f* qui s'accroche à chaque extrémité d'une barre de fer *g*, dont chaque bout est ployé verticalement en équerre terminée par un crochet qui permet de suspendre cette barre de fer à deux cordes *h i*. La corde *h* a son extrémité supérieure attachée à la circonférence d'une poulie à deux gorges *k*, et se tient dans l'une de ces gorges. La corde *i* est également attachée, à son extrémité supérieure, dans la gorge du milieu d'une poulie à trois gorges *l*, que l'on voit sur le plat, fig. 17. *m*, deux autres cordes dont les extrémités supérieures sont attachées, l'une à la seconde gorge de la poulie *k*, l'autre à la gorge intérieure de la poulie *l*. Les deux extrémités inférieures de ces mêmes cordes portent, par leurs deux bouts, une barre de fer *n*, le long de laquelle on accroche des poids *o* au fardeau porté par les deux cordes *h i*. *p*, autre corde passant dans la gorge de devant de la poulie *l*, et dans la gorge d'une autre poulie *q*, fig. 17, dont l'unique objet est de guider cette corde et de l'écarter pour la faire passer à côté de la chaudière. *r*, arbre horizontal sur lequel sont fixées les deux poulies *k*, *l*; ses tourillons sont reçus dans deux supports *s* solidement attachés au plancher. La poulie *q* est suspendue par une chape *t* également fixée au plancher. L'arbre *r* forme, au milieu de sa longueur, un double coude ou manivelle, à laquelle est suspendu un balancier à crochet *u*, ayant un poids à son extrémité inférieure. *v*, anneau ou bague mobile, monté et roulant sur le bout de la manivelle, et portant un crochet pour recevoir le crochet du balancier *u*.

Pour faire fonctionner cette machine, il suffit qu'un homme tire, d'un bout et de l'autre alternativement, avec les mains la corde *p*; ce mouvement fait tourner les poulies *k*, *l*, et par conséquent monter ou descendre le porte-baguettes *e*, qui plonge les chandelles dans la caisse *b*, et qui les en retire alternativement. Le balancier *u* a pour objet de faciliter ce mouvement en entraînant la manivelle après qu'elle a passé la verticale, et la barre *n*, formant contre-poids, tend à établir l'équilibre.

A l'aide de cette machine, on peut en tout temps se livrer à la fabrication de la chandelle, tandis que par les procédés ordinaires on est obligé d'attendre des saisons propices.

Elle permet, suivant l'auteur, d'acquérir en trois mois les connaissances nécessaires pour fabriquer la chandelle, qu'on n'apprenait auparavant qu'en deux années au moins.

Enfin elle procure une économie de main-d'œuvre et de temps, car un seul ouvrier, par la seule force de ses bras, peut fabriquer douze quintaux de chandelles par jour, tandis que par les anciens procédés, on n'en pouvait obtenir que le tiers dans le même temps.

Avec cette machine, on fabrique 120 chandelles à la fois, puisque le châssis porte 10 baguettes qui portent chacune 12 chandelles. L'ouvrier qui travaille à la main porte au plus trois baguettes, il ne peut donc faire dans un jour le tiers de l'ouvrage de celui qui emploie cette machine.

Section V. — MACHINE DE M. PRON, A ELBEUF.

Figure 2, pl. 8. Elévation ou projection verticale du mecchérion.

Figure 3. Projection horizontale de sa partie inférieure.

Figure 4. Vue de face de l'excentrique avec le levier et son support.

a, pièce de bois ou semelle de la machine. *b*, arbre principal. *c, c, c, c*, règles verticales communiquant le mouvement aux balanciers *f, f*, qui le transmettent aux châssis *h, h*. *d, d*, guides des règles *c, c*. *e, e*, supports des colonnes *g, g* ; ils servent aussi de guides aux règles *c, c*. *g, g*, colonnes supportant les balanciers *f, f*. *h, h*, châssis munis de baguettes porte-mèches. *i*, bâche à suif liquéfié. *j*, manivelle motrice. *k*, arbre de la manivelle motrice *j*, sur lequel est montée une vis sans fin *l*. *l*, vis sans fin adaptée à l'arbre *k*. *m*, arbre horizontal portant les trois roues d'angle *n, o, p*, montées sur l'arbre *m*. *q*, roue d'angle montée sur l'arbre horizontal *r* de l'excentrique *s*. *s*, excentrique monté sur l'arbre *r*, et commandant la pédale *t*. *t*, pédale ou levier agissant sur les règles *c, c*. *u*, support du levier *t*. *v*, roue d'angle de l'arbre principal *b*, *x*, cercle métallique à encoche fixé à la partie inférieure de la machine, et ne permettant le mouvement qu'à une seule règle à la fois. *z*, crapaudine de l'arbre principal.

Section VI. — MACHINE DE M. BÉJOT-GANDEL.

Les chandelles à la baguette sont celles, comme on le sait, qui se font en mettant sur une baguette en bois de noisetier bien arrondie, des mèches dont le nombre varie depuis 15 pour les chandelles de 5 au demi-kilo, jusqu'à 16 et 18 pour celles de 6 et de 8 au demi-kilo, puis, en prenant deux de ces baguettes ainsi garnies, avec les deux mains, en ayant soin de les tenir suffisamment séparées l'une de l'autre entre les doigts, et en plongeant dans une auge appelée *abîme*, et remplie de suif, les mèches qu'on couche d'abord deux ou trois fois sur le suif, en les relevant verticalement à chaque fois au-dessus de l'abîme, pour leur donner le temps de prendre suif et de l'égoutter.

Cette immersion, qui se répète jusqu'à trois fois, ne doit se faire qu'après avoir laissé le suif se bien raffermir.

Après le refroidissement de la dernière trempe dite *colletage*, parce que la chandelle a été plongée dans l'abîme, de manière que le suif monte entre les deux portions de la boucle de la mèche appelée *collet*, on les coupe de longueur en les appliquant sur la platine, suffisamment chaude, du rognoir. Enfin, on les expose au grand air sur leurs baguettes pour bien les faire sécher et blanchir, et on les livre ensuite au commerce par demi-kilog.

D'après cet ancien système un ouvrier ne peut

confectionner que 100 à 125 kilogr. de chandelles par jour, et on lui reproche les inconvénients qui suivent :

L'ouvrier, pour tremper ses mèches en les tenant écartées, a beaucoup de peine, et son corps est toujours dans une position très pénible, surtout quand il veut arriver à cette quantité journalière; car alors il est obligé de prendre quatre baguettes entre ses mains.

Cet ouvrier, à l'instant de la dernière trempe, a beau ne prendre que trois ou deux baguettes seulement, ce à quoi il est obligé par suite du poids que les trempes successives donnent aux chandelles, il ne peut, quels que soient ses soins et ses précautions, empêcher ces chandelles de coller très-souvent l'une contre l'autre.

M. Béjot-Gandel, fabricant à Verdun-sur-le-Doubs (Saône-et-Loire), croit avoir remédié à ces inconvénients en fabriquant les chandelles trempées au moyen de l'appareil représenté dans les figures 10 et 11, pl. 8.

C'est, comme on le voit, un manège (B) faisant mouvoir une couronne (D) portant à sa circonférence des châssis (C) pouvant être chargés chacun de huit baguettes, sur chacune desquelles on peut placer 15 chandelles.

En tournant le manège, l'ouvrier fait arriver tour à tour chacun des châssis jusqu'à lui, au-dessus de l'abîme (A). Alors, au moyen d'une corde ou commande, il le fait descendre jusque dans l'abîme, où il exécute ses trempes sans fatigue et avec bien plus de régularité que par les baguettes à la main.

Ce procédé présente des avantages importants :

En effet, un ouvrier peut seul, et sans se fatiguer, tremper 300 kilogr. de chandelles, en y comprenant l'écartage et l'impression ou rognage des mèches. Il peut, étant assis commodément, surveiller son abîme et son suif, ainsi que le manège tout entier. Les chandelles, conduites ainsi régulièrement, ne se collent jamais, ce qui présente un avantage d'autant plus important que c'est un des points essentiels pour que cette sorte de chandelles soit bien faite. Enfin, le manège étant garni seulement de 50 châssis portant chacun 8 baguettes chargées elle-mêmes chacune de 15 chandelles de 5 au demi-kilogr., présente un ensemble de 120 chandelles ou de 12 kilogr. par châssis, et, pour les 50 châssis, de 600 kilogr. de chandelles, auxquelles on peut donner les trois trempes en deux jours.

Ce manège, ainsi organisé, permet bien à l'ouvrier de donner aisément, et sans se fatiguer, leurs trois trempes à ses 6,000 chandelles ; mais, de plus, M. Béjot-Gandel l'a perfectionné encore de manière à égaliser les bouts de ses chandelles pour qu'elles aient toujours le poids voulu.

Il a obtenu ce résultat en remplaçant le moule à rogner les chandelles par un fourneau recouvert d'une plaque de cuivre, et en chargeant en contre-bas chacun des châssis d'un poids de 11 kilogr. pour les chandelles des 5 au 1/2 kilog., et plus ou moins suivant les grosseurs.

Il résulte, de cette modification, que l'ouvrier fait descendre le châssis sur cette plaque; alors les chandelles, retenues par le contre-poids, s'égalisent pour ainsi dire seules, car les plus longues se brûlent les premières, et quand elles sont toutes à égale longueur, le contre-poids enlève le châssis.

Cette méthode d'égaliser les chandelles est bien plus commode que l'ancienne, et, de plus, ce contrepoids a l'avantage de donner la dernière trempe appelée lissage, de manière à pouvoir être assuré que toutes les chandelles attachées ainsi à ces châssis auront juste le poids qu'elles doivent avoir exactement, qu'il est si difficile d'obtenir avec les baguettes à la main, car, par cet ancien système, les chandelles sont ou trop fortes ou trop faibles, ce qui contrarie beaucoup l'ouvrier et le consommateur.

Cette machine peut également servir aux ciriers, pour leur permettre de faire, sans aucune fatigue, le trempage économique de leurs cierges.

ARTICLE IV. — **Des chandelles moulées.**

Le nom de *chandelles moulées* indique assez qu'elles diffèrent des chandelles *plongées* que nous venons de décrire : celles-ci ne prennent la grosseur qu'on veut leur donner, que par des couches successives de suif, qu'on applique les unes sur les autres, tandis que les chandelles moulées sont faites tout d'un coup, à l'aide d'un moule qu'on remplit de suif fondu, après qu'on a disposé convenablement la mèche au milieu du moule.

Section I. — PROCÉDÉ VULGAIRE.

On concevra plus facilement la manière dont on s'y prend pour mouler les chandelles par les moyens anciens et encore assez généralement en usage, après que nous aurons décrit les divers instruments dont on se sert.

Nous ne dirons rien de la chaudière à fondre le suif, elle est semblable à celle que nous avons décrite au § 1er du chap. III, p. 37; elle est montée sur un fourneau en briques : à côté est placée la *tinette* (fig. 17, pl. 1) ou *caque* de bois *b*, cerclée en fer. Cette caque est placée sur un escabeau, assez élevé pour qu'on puisse loger au-dessous du robinet *c* la burette *d* (fig. 19), qu'on remplit de suif fondu, en la tenant à la main, au milieu du *baquet f*, destiné à recevoir les gouttes de suif qui se répandent. L'ouvrier est élevé sur un gradin, qui lui donne la facilité de puiser dans la chaudière avec le pot à suif H (fig. 5), pour le verser sur le tamis *i*. Ce tamis est une espèce de chaudron, dont le fond est percé de petits trous; il y a deux anses, diamétralement opposées, dans lesquelles on passe un bâton qui, reposant sur le bord de la caque, tient le tamis suspendu.

La table à moules est formée d'un dessus en chêne *a* (fig. 18), de 70 à 80 millimètres d'épaisseur, et de 650 millimètres de large. Il est percé dans toute sa longueur de quatre rangs de trous, dans lesquels les moules, qui sont légèrement coniques, entrent aisément jusqu'au culot. Le dessus de ces tables n'est supporté que par les deux bouts, par deux forts madriers verticaux *b*, ajustés à tenons et à mortaises, tant dans le dessus que dans la semelle *c*, qui est un morceau de bois très-épais, qui forme le socle de cette table. Le dessus de cette table doit être très-fort, par rapport à son étendue, et par le poids considérable des moules qu'il a à supporter. Au-dessus des semelles, et entre les pieds de la table, sont placées des auges ou égouttoirs *d*, destinées à recevoir le suif qui tomberait par un accident quelconque de dessus les tables.

D'après ce que nous venons de dire sur la construction de ces tables, il est facile de concevoir qu'on doit en avoir pour chaque grosseur de chandelle que l'on fait, puisque la grosseur des moules est relative au nombre de chandelles que la livre contient.

La burette (fig. 19) sert à verser le suif liquide dans les moules. On la remplit en la plaçant sous le robinet *c* de la caque (fig. 17).

Les moules (fig. 20, 21, 22) sont des tubes légèrement coniques. Ils sont en fer, ou en bronze, ou en plomb, ou en étain, ou en un alliage de ces deux derniers métaux, ou quelquefois, mais rarement, en ferblanc : on en fait aussi en verre, et ce sont les meilleurs; ils réunissent toutes les qualités désirables, ils n'ont contre eux que la fragilité de la matière.

Mais MM. Wilson, Hatcher et Austen ont pris en 1853 un brevet pour ces moules à chandelles en verre qu'ils revêtent de gutta-percha, de caoutchouc ou de mélanges de ces substances, puis ils coulent du métal autour de ces tubes, métal qui se compose d'étain, de plomb ou d'un alliage de ceux-ci, de manière que le verre se trouve doublement garanti par l'enveloppe en métal et l'interposition d'une matière élastique.

On sent bien qu'il faut être approvisionné d'un grand nombre de moules : 1° A cause de la variété de la grosseur et de la longueur des chandelles : on en jugera par le petit tableau qui va suivre; et l'on conçoit qu'il faut des moules différents pour chaque sorte de chandelles; 2° il faut une assez grande quantité de moules de la même espèce, surtout dans une fabrique assez considérable; car on ne peut déplacer les moules, et en retirer les chandelles qu'après que le suif est parfaitement figé, et que le moule est entièrement froid, ce qui exige encore un temps assez long.

Tableau des longueurs des chandelles et de leurs diamètres, selon leurs différentes qualités.

Chandelles moulées au demi-kilog.	Longueur des chandelles.	Diamètre près du collet.	Diamètre au bas.
	millim.	millim.	millim.
Des 5	298	22	24
Des 6	284	20	22
Des 8	257	18	20
Des 10	244	16	18

Nous aurions pu étendre davantage ce tableau, si es dimensions qu'il renferme étaient invariables; ce ont celles qui sont suivies par beaucoup de fabriants; mais comme elles n'ont point de règles fixes, t que les manufacturiers sont les maîtres de les hanger à leur gré, nous les avons données comme les à peu près, et seulement pour prouver que leur orme doit être très-légèrement conique.

Chaque moule est formé de deux pièces, la *tige* et e *culot*. La figure 20 montre ces deux parties séparées. a tige *a*, *a* est déprimée en *b* à sa partie inférieure, ui est destinée à mouler le *collet* de la chandelle. e moule est percé en *b* d'un trou suffisant, pour aire passer juste la mèche. La tige *a*, *a* est évasée sa partie supérieure en *c*, pour recevoir la douille *n* du *culot d*. Ce culot est une espèce d'entonnoir vasé, dans lequel on verse le suif. La fig. 21 fait oir ces deux pièces réunies. La figure 22 montre ces leux pièces en coupe, afin qu'on puisse bien distinguer la position de la mèche, avant de remplir le moule de suif.

On remarquera deux choses essentielles dans le moule : 1° Nous avons fait observer qu'il a un diamètre plus grand vers le culot que vers le collet; cela est indispensable afin que le moule *soit de dépouille*, c'est-à-dire que la chandelle puisse sortir facilement lorsqu'elle est moulée et refroidie ; 2° dans la partie supérieure du culot, on remarque un petit crochet *n*, en fer, soudé sur le côté, et quelquefois soutenu par un petit triangle, en cuivre ou en fer *o*, soudé sur la paroi intérieure du culot, et qui soutient le crochet *n*, afin qu'il résiste mieux à la tension de la mèche. Ce crochet doit être placé parfaitement dans l'axe du moule, afin que la mèche se trouve également enveloppée de suif dans toute sa longueur.

Lorsque les moules sont tous placés sur la table, et qu'ils reposent bien sur l'évasement qui sert à recevoir le culot, il s'agit de placer les mèches. En décrivant la manière de les préparer, dans le chap. IV, p. 229, nous avons indiqué le moyen en usage pour les faire toutes d'une longueur déterminée ; elles sont aussi, pour une même force de chandelle, de la même grosseur, puisqu'on se sert toujours de coton filé de même manière ; mais ce que nous n'avons pas encore dit, c'est la manière dont on prépare les mèches pour les chandelles moulées.

Les mèches des chandelles plongées n'ont besoin que d'un seul anneau ou ganse, pour les enfiler dans les baguettes qui doivent les supporter pendant les plonges ; elles se tendent naturellement pendant le travail ; les mèches des chandelles moulées ont au ontraire besoin d'être fortement tendues dans le moule, afin qu'elles ne puissent pas se déranger pen-ant l'opération. Il faudrait pour cela que les mèches ussent avoir un anneau ou boucle à chaque bout. n doublant le coton, comme nous l'avons indiqué, n a une de ces boucles; on est donc obligé d'en rap-orter une autre à l'autre bout. Voici comment on père :

Les chandeliers achètent des tisserands les *pennes*, 'est-à-dire les bouts de fils qu'ils coupent au bout de eurs pièces de toile. Ces bouts de fils, qui ne sont uère propres qu'à cet usage, leur coûtent beaucoup noins que du fil en écheveaux, qu'ils seraient obli-és de couper par petits morceaux. Ils prennent un le ces fils, ils nouent les deux bouts ensemble, et orment un grand anneau *a* (fig. 25); ils replient en-uite le bout de cet anneau opposé au nœud, comme n le voit en *c*, et forment par là deux anses *d*, *d*, dans esquelles ils passent le bout de la mèche opposé à 'anse ou boucle du lumignon, ou du haut de la chan-lelle, et en serrant le nœud coulant, la mèche se rouve terminée par une anse de fil, que la figure 26 représente en *f*; et ils ont, par ce moyen, prati-qué une anse postiche, qui leur sert à bien tendre la mèche dans le moule.

Nous n'ignorons pas que quelques Chandeliers ne rapportent pas l'anse de la même manière que nous venons de l'indiquer. Ils font servir l'anse naturelle de la mèche, par le doublement du coton, du côté du *culot*; mais comme la mèche serait trop grosse pour être retenue par le petit crochet dans l'axe du moule, ils sont obligés d'ajouter toujours une anse postiche; ils n'économisent par conséquent ni temps ni matière, et ils ont le désagrément de ne pouvoir pas suspendre leurs chandelles, soit pour les faire sécher, soit pour les faire blanchir ; nous ne décrirons donc pas les procédés qu'ils emploient et qui sont défectueux : les meilleurs fabricants se servent de ceux que nous venons de décrire.

Nous supposons donc que toutes les mèches ont été préparées comme nous venons de l'indiquer; voici comment on les fixe dans les moules. Une aiguille *a*, *a*, (fig. 23), suffit pour cette opération. Cette aiguille, qui est en fil-de-fer fort, mais assez petit cependant pour passer librement avec son crochet *b*, dans le trou inférieur de la tige du moule, a, comme nous venons de le dire, un crochet *b*, pratiqué à l'un de ses bouts; l'autre extrémité est recourbée en anneau, dans lequel on peut passer librement l'index, pour opérer avec facilité.

Cette aiguille est de plusieurs centimètres plus longue que la longueur entière du moule.

L'ouvrier plonge le petit crochet de son aiguille dans l'intérieur du moule, et le fait sortir par le trou inférieur *b* (fig. 20, 21, 22); il accroche l'anse de fil, et attire la mèche dans le moule, jusqu'à ce que son anse naturelle déborde de 18 à 20 millimètres, et il accroche l'anneau ou anse de fil au petit crochet *n*, alors la mèche doit être suffisamment tendue, si le tout a été bien préparé.

Toutes les mèches ayant été ainsi fixées, il ne reste plus qu'à remplir les moules de suif fondu, ou, pour nous servir de l'expression des ouvriers, *à jeter des chandelles*. Pour bien réussir, il faut qu'après avoir versé le suif sur le tamis, on lui ait donné le temps de se bien épurer dans la tinette, et qu'il ne soit ni trop chaud ni trop froid quand on le jette dans les moules. Lorsqu'il est trop chaud, il échauffe trop le moule, le suif fait corps avec lui, et les chandelles ont beaucoup de peine à sortir du moule, ou bien lorsqu'elles en sortent, elles sont tachées ou *tavelées*, selon l'expression des ouvriers. Lorsque cela arrive, on plonge le moule par le culot, dans de l'eau chaude, et la chandelle se détache. On a soin, dans ce cas, de tenir la chandelle par l'anse de la mèche qui est au-dessus du lumignon, afin qu'elle ne se mouille pas. Si le suif est trop froid, les chandelles ne sont pas unies, et présentent une infinité de grumeaux. Le moment le plus convenable pour jeter, c'est lorsqu'on aperçoit que la surface du suif commence à se figer vers les bords qui touchent la tinette.

On se sert de la burette (fig. 19) pour jeter les chandelles; on la remplit par le robinet *c* de la caque (fig. 17). A l'aide de cette burette, on remplit aisément les moules ; car le trou du collet étant exactement fermé par la mèche, le suif ne peut pas sortir par là.

Chaque fois que la burette est vide, et avant de la remplir de nouveau, l'ouvrier, appuyant la main gauche sur le collet du moule, tire la mèche par en bas, pour la redresser avant que le suif ne soit figé, dans le cas où elle serait dérangée.

Tous les corps se dilatent par la chaleur ; on ne doit pas être surpris que le suif occupe moins d'espace au fur et à mesure qu'il se refroidit, et que par cette raison, le culot ne soit pas aussi plein qu'il l'était d'abord : on doit y ajouter du suif pour remplacer l'espace laissé vide.

On ne doit toucher aux moules pour sortir les chandelles, que lorsque le suif est entièrement refroidi, figé, et même durci dans le moule; alors les chandelles sortent bien facilement en élevant le culot. Quelques chandeliers les coupent au ras du tuyau du culot, et c'est le mieux. On n'a qu'à tordre, à ce point, la chandelle en la sortant du moule, elle se casse facilement à cet endroit, parce que c'est à peu près là qu'est la naissance de l'anse de fil. La figure 24 montre la disposition de la chandelle lorsqu'on la sort du moule.

Section II. — PERFECTIONNEMENTS DANS LA FABRICATION DES CHANDELLES MOULÉES.

Nous avons décrit dans la section précédente, les procédés vulgaires et encore assez généralement en usage pour fabriquer les chandelles moulées, mais depuis un certain nombre d'années, ce mode de fabrication a pris de très-grands développements et on a cherché avec succès, tant par des perfectionnements apportés dans le procédé en lui-même que par l'invention de machines ingénieuses à mouler de bons produits avec une remarquable économie. Ce sont ces procédés et ces machines que nous nous proposons de décrire dans cette section.

§ 1. *Machine de M. J.-B. Fuchs, de Colmar.*

Cette machine, à l'aide de laquelle l'inventeur prétend qu'un seul ouvrier suffit pour couler six cents chandelles dans l'espace de six minutes, et peut les retirer toutes de leurs moules en deux secondes, est représentée de face et en coupe de profil par les figures 7 et 8, pl. 4; elle a la forme d'une table à six pieds, d'une longueur de 2^{m}.25. Sa surface supérieure consiste en un plateau de bois dur *a*, de 36 millimètres d'épaisseur, percé de six cents trous ronds dans lesquels sont placés les moules à chandelles qui, au moyen de deux petites pattes qu'ils portent à 10 millimètres au-dessus de leur grande ouverture, sont fixés, sur ledit plateau, par deux vis.

A 0m.24 au-dessous de ce premier plateau, il s'en trouve un second *b*, qui porte la même quantité de trous et dans lesquels passe une partie de chacun des moules : ce dernier plateau ne sert uniquement qu'à maintenir les moules bien verticalement.

Enfin un troisième plateau *c* couvre la table et contient six cents entonnoirs qui correspondent avec les moules renfermés dans cette table. La surface de ce dernier plateau est divisée en quatre parties égales par des cadres en fer sur lesquels sont posées des baguettes qui suspendent les mèches qui passent dans les moules à chandelles. On coule dans ces cadres, au moyen d'un entonnoir fait exprès, la quantité nécessaire de suif pour remplir le nombre des moules qui se trouvent en dessous de ces mêmes cadres.

Pour pouvoir élever et abaisser ce plateau, et pour qu'on puisse, par ce moyen, tirer ensemble toutes les chandelles de leurs moules, se trouvent fixés sur les extrémités supérieures six crics en fer *e*, ayant la hauteur de 0m.48, qui sont adaptés contre les six pieds de la table. On fait agir ces six crics en tournant la manivelle *f*; dans ce mouvement, la roue à gorge *g*, montée sur l'axe de l'une des roues du cric, enroule la corde *h*, et fait monter le plateau ; alors les chandelles, tirées de leurs moules, se trouvent suspendues en l'air, et on les coupe avec une lame très-mince.

Au moment où l'on voudra dégarnir le plateau *c* des chandelles qu'il contient, et du suif superflu qui y aura été versé en coulant les chandelles, on placera, sur le plateau *a*, une caisse qui couvrira tous les moules vides et empêchera qu'il ne tombe dedans du suif ou d'autres corps étrangers.

Les sieurs Goursac, Ernst et Clément, acquéreurs de la propriété de ce brevet, y ont apporté les perfectionnements qu'on va lire.

Fig. 15, pl. 4, vue de face de la nouvelle machine.

Fig. 16, plan de cette machine.

a, table supérieure dont on voit le plan, fig. 17, et dont la figure 18 montre la coupe horizontale et longitudinale.

b, table inférieure que l'on voit en plan, fig. 19, et en coupe horizontale, fig. 20. Ces deux tables sont percées de trous, ceux de la table inférieure reçoivent les moules *c*, ceux de la table supérieure ont des culots en étain *d* mobiles qui, pénétrant dans l'orifice des moules, empêchent, lors du coulage, l'épanchement du suif sur la table inférieure.

Les moules sont arrêtés sur la table inférieure par des croissants en fer *e*, fig. 20, qui se posent avec des vis dont on voit les têtes fendues, fig. 19. On a laissé une distance entre la table et les croissants, afin que, lors du tirage de la chandelle, le moule étant détaché retombe par son propre poids, et laisse sans résistance échapper la chandelle.

Les mèches se passent sur des baguettes ou tringles en fer *f*, fig. 16, affleurant la table supérieure; ces tringles sont garnies de petites entailles qui indiquent la place des mèches. Chaque mèche est pourvue d'une aiguille en fer et donne, par ce moyen, la faculté d'enfiler autant de mèches à la fois qu'il y a de moules dans la largeur de la table.

Le tirage des chandelles s'opère par le moyen d'un treuil *g* adapté au pied de la machine, et sur lequel s'enroule une corde *h*, qui passe sur des poulies et vient prendre une chaîne *i* fixée aux quatre angles et au milieu de la table supérieure.

Pour éviter le mouvement d'oscillation aux quatre angles de la table inférieure, on a établi quatre colonnes en fer *k* qui passent dans quatre manchons en cuivre fixés sur la table supérieure.

Pour opérer la coupe des chandelles, on élève la table supérieure de manière à pouvoir passer sous les chandelles un châssis *l* en bois, posant sur un plateau *m* également en bois, dont l'effet est d'empêcher qu'il ne s'introduise des morceaux de suif ou d'autres corps étrangers dans l'intérieur des moules.

Lorsque ce châssis est posé, on baisse la table supérieure et chaque chandelle se trouve prise dans un carré *n* formé de ruban de fil, pour qu'à l'instant où toutes les chandelles se trouvent coupées, elles ne puissent tomber les unes sur les autres et se briser.

Le couteau *o*, fig. 15, qui sert à cette opération, glisse sur deux bandes de fer *p* placées à la hauteur convenable, et se retire après l'opération.

Pour pouvoir retirer la chandelle des moules avec facilité et en toute saison, les moules se trouvent renfermés dans une caisse formée entre les pieds de la machine, et au moyen d'un tuyau *q* qui est introduit par l'un des côtés de la caisse et qui y règne dans toute la longueur, percé de trous également espacés, on fait entrer un air froid qui tend à détacher la chandelle du moule. Ce procédé n'est mis en usage qu'en été et dans les saisons humides.

A l'aide de cette machine, un seul homme peut couler quatre cent seize chandelles dans l'espace de quatre à cinq minutes, et peut les retirer toutes ensemble en une ou deux minutes.

Cette machine est supposée construite en tôle de la plus forte épaisseur ; on peut l'établir en bois de chêne choisi, en observant bien les dimensions et les ferrements nécessaires pour empêcher le bois de travailler : dans ce dernier cas, ces deux tables ne doivent contenir que deux cents trous.

On peut aussi faire cette machine pour quatre cents trous de la manière suivante : la table inférieure en bois de chêne et la table supérieure en forte tôle.

Au lieu du treuil *g*, des colonnes en fer *k* et des manchons en cuivre qui glissent le long de ces colonnes, on peut, pour tirer la chandelle des moules, adapter aux quatre angles de la table inférieure quatre montants en bois et à coulisses, à hauteur convenable, dans lesquels, au moyen de deux cylindres en bois, placés aux deux côtés opposés, dirigés par des cordes passant sur des poulies disposées au sommet de ces montants, et mues par une manivelle en bois, on élèvera et descendra également la table supérieure. Ce dernier moyen est applicable à une machine qui serait construite tout en bois.

Les moules, au lieu d'être arrêtés sur la table inférieure par des croissants en fer *e*, peuvent être retenus par des baguettes en fer, de la largeur de la table, et qui seraient fixées par des vis.

Au lieu de baguettes ou tringles en fer *f*, pour recevoir la mèche, on peut faire usage de culots mobiles à crochets.

Par le moyen de ces machines, on peut également faire descendre la table inférieure avec tous les moules qu'elle renferme, de manière à ce que les chandelles ne changent pas de place, ce qui serait l'opposé du procédé ci-dessus décrit, puisque ce sont les moules qui restent immobiles et que les chandelles montent. A cet effet, on établit l'équilibre par un contrepoids de la pesanteur des moules.

Ces machines peuvent être mues par toute espèce de moteurs.

§ 2. *Machine de M. J. C. Leubel, à Paris.*

Cette machine est disposée de manière à pouvoir fabriquer trois cent quatre-vingt-seize chandelles à la fois dans un pareil nombre de moules enfilés dans des trous pratiqués régulièrement dans l'épaisseur d'une table en bois, au-dessus de laquelle est établie une seconde table en fonte avec rebord, percée d'autant de trous que la table en bois; dans chacun de ces trous est logé un godet en forme d'entonnoir, auquel est attachée la mèche qui descend dans les moules. Cette table en fonte est disposée de manière qu'on peut, à l'aide d'une manivelle qui fait marcher des engrenages et des crémaillères, la faire monter, descendre à volonté. Lorsqu'on veut couler la chandelle, on descend la table de fonte jusqu'à ce que les godets soient engagés dans la partie supérieure des moules; alors on verse sur cette table le suif fondu, qui se rend, par les godets, dans les 396 moules; aussitôt que le suif est pris, on relève la plaque de fonte avec la manivelle, et à l'aide d'un long couteau dirigé sur des tringles, on coupe toutes les chandelles d'un seul coup. Dans les temps chauds, on refroidit tous les moules à la fois, en élevant, au moyen de deux manivelles et d'engrenages, une bassine pleine d'eau froide, assez haut pour que tous les moules remplis de suif plongent dans l'eau de cette bassine.

Explication des figures. — Figure 1, 2 et 3, pl. 3. Elévation de face, plan et coupe de cette machine.

A, bâti en bois de chêne. *b*, table également en chêne, montée sur les pieds et sur les traverses supérieures du bâti ; elle est percée de 396 trous, 33 sur la longueur, sur 12 de largeur, destinés au passage des moules en étain *c*; on voit un de ces moules représenté, sous la même lettre *c*, en élévation, en coupe verticale et par les bouts, dans les figures de détails. *d*, plancher établi pour supporter la bassine en cuivre rouge *e* pleine d'eau, destinée à rafraîchir les moules remplis de suif liquide. *f*, table en fonte, percée, sur toute sa surface, de 396 trous régulièrement espacés et correspondant à ceux de la table en chêne *b*, comme on le voit par la déchirure faite à l'un des angles de la table *f*, fig. 2; les trous de la table de fonte sont destinés à recevoir les godets ou culots *g* en étain, dont chacun est ajusté dans les trous de la table *f*, comme on le voit en coupe par le milieu, fig. 4, de manière à ne pouvoir passer au travers des trous, et à être retenu par une portée au moment du tirage des chandelles.

La table de fonte *f* est montée sur les extrémités supérieures de quatre crémaillères *i* coulant dans des boîtes en cuivre *k*, fixées au bâti par des brides en fer *l*; ces crémaillères sont mises en action pour monter et descendre au moyen de la manivelle dont l'axe porte un pignon d'angle qui engrène dans deux roues d'angle *n*, dont chacune est fixée à l'un des bouts des deux arbres de couche *o*, dont chacun porte, à l'autre bout, une vis sans fin *p*, engrenant dans une roue *q* à dents obliques, au centre de laquelle est un pignon qui commande la roue *r*, dont l'axe *s*, fig. 3, porte deux pignons *t* qui engrènent dans les dents des crémaillères *i*, et leur imprime le mouvement qui les fait monter ou descendre selon que l'on veut élever ou abaisser la table de fonte *f*, et selon que l'on tourne la manivelle *m* dans un sens ou dans l'autre.

Lorsqu'on veut rafraîchir les moules *c*, on fait monter la bassine *e*, remplie d'eau, à l'aide des deux manivelles *u*, dont les axes *v* portent chacun deux pignons qui engrènent dans les chaînes à la Vaucanson *x*, dont les bouts sont fixés à la base de la bassine.

y, châssis en fer formant un rebord sur la table de fonte *f* pour retenir le suif lorsqu'on le verse sur cette table.

z, deux plaques en fer retenues horizontalement par deux vis avec écrous à oreilles 1, et servant de guide au couteau 2, qui, lorsque les chandelles sont tirées hors des moules, les coupe toutes au-dessous des godets *g*.

Dans le moment du tirage de la chandelle, il est nécessaire que les moules se tiennent fixes sans cependant être à demeure, et qu'il ne soit besoin de rien démonter, pour les retirer à volonté lorsqu'on veut les nettoyer : on dispose à cet effet, à demeure, de petites plaques en fer que l'on visse sur la table de fonte *f*, en laissant au-dessous un intervalle pour le passage des oreilles des moules, de manière que si l'on veut avoir un moule qui est à sa place, on peut, en le prenant par la tête, lui faire faire un demi-tour pour faire échapper les oreilles de dessous les petites plaques de fer et les retirer ensuite.

Manière de travailler avec cette machine. — On commence par placer les moules dans les 396 trous pratiqués dans la table de bois de chêne *b*, et les godets dans ceux de la table de fonte *f*; on descend ensuite cette dernière table en faisant tourner la manivelle *m*, dans le sens convenable, jusqu'à ce que les godets *g* soient tous descendus dans la partie supérieure et évasée des moules *c*; on ajuste, suivant la méthode accoutumée, les mèches *g*, fig. 4, retenues du côté du culot par le crochet qui se trouve au milieu de chacun de ces culots; les mèches une fois enfilées, on verse le suif fondu sur la table de fonte *f*, et il coule de lui-même dans chacun des moules. Quand la matière est refroidie et durcie, soit, dans les temps froids, par l'air atmosphérique, soit dans les saisons chaudes, par l'eau des bassines, on lève la table de fonte à laquelle les chandelles sont inhérentes, et on les coupe, avec le grand couteau, qui se retire à volonté.

L'opération terminée, on enlève les godets pour les plonger dans l'eau et les nettoyer avant de recommencer l'opération.

Il est important pour la parfaite réussite de l'opération, que la table de fonte *f* soit toujours assez chaude pour maintenir le suif dans un état liquide suffisant. Pour y parvenir, on tient cette table de 8 centimètres plus large et plus longue sur chaque côté que la table en bois, et l'on place sur cet excédant une boite en fer-blanc de 5 centimètres de hauteur. On introduit continuellement de la vapeur d'eau dans cette boîte, à un des angles de laquelle on a ménagé un petit tuyau pour laisser échapper l'eau condensée qu'on reçoit dans un vase suspendu par un crochet à la table en fer. Cette disposition est facile à concevoir sans figures. La chaleur communiquée à la table de fonte et suffisante pour entretenir la fluidité du suif.

§ 3. *Machine de M. Moinier.*

Dans la plupart des systèmes imaginés pour fabriquer en grand la chandelle moulée, on place la mèche dans des moules avant de couler le suif. Cette opération entraîne une grande perte de temps. De plus, il arrive souvent que la chandelle adhère au moule; il faut le frapper pour la faire sortir; de là encore une perte de temps, déchet dans la fabrication et détérioration du matériel.

M. Moinier a cherché, en 1848, à remédier à ces inconvénients de la manière suivante : chaque moule est garni, à sa partie inférieure, d'un culot mobile ou piston, qui repousse la chandelle de 6 à 8 millimètres quand elle est refroidie, afin de détruire l'adhérence. Au-dessous de chaque moule existe une bobine garnie d'une mèche continue qui passe par un trou réservé au culot ou piston et va atteindre un tambour horizontal prismatique à quatre faces placé à l'étage supérieur. Le tambour, par un quart de tour, attire la chandelle hors du moule, lequel se trouve, par le même mouvement, garni d'une mèche neuve fournie par la bobine correspondante.

La figure 21, pl. 4, est une coupe verticale transversale de la machine.

La figure 22, une coupe verticale longitudinale.

A, table en bois ou en métal garnie de 50 moules disposés sur 2 rangs. Trois entailles longitudinales ou rigoles sont pratiquées, ainsi que la figure 21 le représente, pour recevoir le trop plein des moules; B, tablette percée d'autant de trous que la table dans le but de maintenir tous les moules dans une position invariable; C, C, deux jumelles reliées par trois petites traverses C', C', C'. Ces jumelles, placées exactement au-dessous des moules, ont pour but de pousser les pistons qui doivent faire sortir les chandelles de leur moule de quelques millimètres seulement. Elles sont percées chacune de 25 trous de 4 à 5 millimètres de diamètre, dans les prolongements des axes des moules pour le passage des mèches continues; D, D', E, E', traverses et montants de la table; F, F' prolongements des montants D et traverses supérieures pour les consolider.

G, G, deux tambours prismatiques à bases carrées, formés de planches de 0m.40 d'épaisseur, vissées sur les doubles fonds G'. Chaque face du tambour un peu plus large que la longueur de la chandelle fabriquée, contient autant d'entailles qu'il y a de moules dans la rangée et de la forme exacte de la coupe longitudinale intérieure d'un moule, de manière que les chandelles s'y logent. N, N, arbres en fer des tambours; ces arbres sont à tourillons dans des coussinets fixés aux montants F, F, et à double embase d'un bout, afin que les entailles *i, i* soient toujours parfaitement au-dessus de leurs moules respectifs; H, H, croisillons à quatre bras pour faire tourner les tambours à la main.

I, I, chandelles; J, J, moules; L, L, L, trois excentriques pour élever les deux jumelles C, C; *l*, arbre en fer des excentriques, maintenus dans des coussinets fixés sur les traverses D, D'; M, 50 bobines indépendantes les unes des autres, garnies chacune d'une mèche continue; *m*, *m*, deux broches en fer ou axes, sur chacune desquelles 25 bobines tournent librement; *n*, *n*, 50 mèches continues; O, volant pour faire tourner à la main l'arbre *l*; P, P, deux leviers pour donner aux deux jumelles C un mouvement longitudinal d'une course de 5 à 6 millimètres; P', plancher du premier étage percé d'une ouverture rectangulaire pour le passage des chandelles V; *v*, *v'*, glissières en fonte des jumelles C, qui guident le mouvement vertical qui leur est imprimé par les excentriques L et celui longitudinal imprimé par le levier P.

Fig. 24, détail du bout inférieur des moules; J, J, moule en étain; *j*, *j*, bout en fonte étamée, alésé, soudé au corps du moule; la saillie qu'il forme vient buter contre la tablette B, fig. 21 et 22, et empêche le moule de remonter; *o*, culot ou piston en fonte, étamé, tourné, ajusté à glissement doux dans son enveloppe *j*; ce culot est percé d'un trou *n''* pour le passage de la mèche *n*; on lui donne à l'intérieur la forme du bout de la chandelle par où la mèche dépasse; *n'*, trou percé d'outre en outre dans la jumelle C pour le passage de la mèche; *q*, *q*, deux crochets qui attirent le piston *o* quand la jumelle redescend; *z*, garniture en cuir.

Les 50 bobines étant garnies de leur mèche continue, on passe celles-ci dans les trous des jumelles C et des pistons ou culots *o*, *o*; on les attache aux tambours G dans chacune des entailles correspondantes *i*, les points d'attache étant exactement dans le prolongement de l'axe des moules.

On conçoit que pour passer ainsi les mèches dans les jumelles C et dans les pistons *o* qui les touchent, fig. 24, il faut que les trous *n'* et *n''* se correspondent, c'est-à-dire, se trouvent sur la même ligne; mais si on les laissait ainsi, le suif versé dans les moules s'échapperait par ce passage; il faut qu'il soit bouché pendant le versage. Pour cela, il suffit, au moyen du levier P, de faire avancer les jumelles C de quelques millimètres dans le sens de leur longueur, ainsi que le représente la fig. 24; les trous ne se correspondent plus, le passage est obstrué. Une bande de cuir gras *x*, fixée sur les jumelles, rend plus complet le contact de ces dernières avec les pistons et empêche tout échappement du suif.

On coule le suif dans les moules par les moyens connus; le trop plein tombe dans les rigoles de la table, où il est facile de l'enlever.

Les moules étant remplis, on fait arriver au moyen d'un ventilateur un courant d'air froid dans le conduit X, fig. 21, formé par la table A, la tablette B et les deux traverses longitudinales du bâti. On hâte de cette manière le refroidissement des moules d'autant plus rapidement, que la masse d'air lancé par le ventilateur est plus considérable et plus fraîche.

Quand on juge que le refroidissement est suffisant, on ramène les jumelles C, pour que les trous *n* et *n'* se correspondent; on fait tourner les excentriques L d'un demi-tour au moyen du volant *o*. Par ce mouvement les deux jumelles s'élèvent de quelques millimètres et poussent les pistons *o*, lesquels chassent de la même étendue les chandelles hors des moules; l'adhérence est détruite; on fait alors tourner les tambours de l'étage supérieur d'un quart de tour;

ils enlèvent les 50 chandelles au-dessus de la table, et attirent la mèche du même coup dans les moules. Tout alors est disposé pour recommencer une nouvelle coulée. Les ouvriers des étages supérieurs coupent les chandelles à mesure qu'elles leur arrivent par le mouvement de rotation des tambours.

M. Moinier a aussi cherché à activer la fabrication au moyen d'un mécanisme particulier représenté en coupe transversale dans la fig. 23, qui hâte le versement du suif dans les moules.

R, bâche ou réservoir en tôle d'une longueur égale à l'écartement des montants F, F, et d'une largeur moindre que l'écartement des deux rangées de moules. Le fond de cette bâche parfaitement dressé est percé sur chacun de ses deux grands côtés d'autant de trous ou orifices *t*, *t* qu'il y a de moules dans chaque rang, et de manière qu'ils se correspondent parfaitement. La bâche étant supposée au milieu de la table, on la remplit de suif fondu; dans cette position, les orifices *t* sont obstrués par les glissières *a*, et le suif ne peut s'échapper; mais à l'aide du pignon *z* engrenant dans une crémaillère fixée sur le fond de la bâche, on la fait avancer perpendiculairement à la longueur, bientôt les orifices d'un des grands côtés de la bâche se trouvent au-dessus d'un des deux rangs de moules, et le suif se verse à la fois dans tous les moules de ce rang; quand ceux-ci sont remplis, on ramène la bâche toujours à l'aide du pignon *z*, jusqu'à ce que l'autre côté se trouve au-dessus de l'autre rang de moules dans lesquels on verse de la même manière. Ce mécanisme exige que les moules soient à fleur de la table.

La pression opérée par le mouvement des pistons

sur les chandelles en moule leur donne, suivant M. Moinier, plus de densité, de cohésion, et le temps qu'elles ont pour sécher au sortir du moule avant d'être touchées par les ouvriers, est aussi très-favorable à une bonne fabrication.

Le conduit qui sert à diriger un courant d'air froid autour des moules peut être utilisé pour assurer un courant d'air chaud si dans quelques circonstances on le juge utile, comme dans la fabrication de la bougie, soit même un courant d'eau chaude ou froide.

§ 4. *Machine de M. Furaud.*

Dans un brevet de 15 ans pris le 17 novembre 1851, M. Furaud, à Aigre (Charente), s'est proposé de construire une nouvelle machine, permettant de placer 600 mèches dans les meilleures conditions possibles en 30 minutes, travail qui, par les moyens ordinaires, exigerait deux heures et demie de la part d'un ouvrier.

L'appareil se compose de 2 montants verticaux inférieurs A, B, fig. 16 à 20, pl. 8, et de deux autres montants C, D, extérieurs aux premiers, à l'extrémité supérieure desquels sont deux appuis E supportant une barre horizontale F, G, à laquelle, par suite de sa jonction avec deux autres pièces H, semblables à E, et sur lesquelles elles glissent, on peut imprimer un mouvement horizontal parallèle au plan des têtes des moules. Cette barre remplit les fonctions de coulisseau, et sur sa face supérieure est pratiquée une rainure longitudinale dans laquelle se meut un petit chariot. Ce chariot se compose de deux plaques rectangulaires I, en forte tôle, liées entre elles au point d'intersection de leurs diagonales par un petit arbre rivé et deux autres arbres équidistants du premier et servant d'axe aux deux petites roues du chariot, d'un rayon plus grand que la profondeur de la rainure et s'y trouvant engagées. A ces plaques verticales est adaptée une chape Z en tôle, à l'extrémité de laquelle est un crochet d'où pend un entonnoir P destiné à contenir la matière liquide servant à la fabrication des chandelles. Dans la partie supérieure de cet entonnoir sont percés deux trous diamétralement opposés dans lesquels sont engagées les deux extrémités d'une anse R,S que l'on jette sur le crochet au bas de la chape.

On comprend que l'entonnoir participe à la fois au mouvement du chariot et de la barre, c'est-à-dire, qu'il a le mouvement longitudinal du premier, afin de remplir 15 moules placés sur la même ligne, et le mouvement de la seconde qui est transversal, afin de remplir quatre moules placés également en ligne droite.

Le reste de l'appareil se compose d'une planche servant d'appui aux moules, et au-dessous de celle-ci, d'une autre planche parallèle semblable, toutes deux percées de trous correspondants en nombre égal à celui des moules qui sont arrêtés en place par deux ergots de 8 à 10 millimètres au-dessous de la tête, à la retraite produite par le changement de diamètre, ergots qui s'engagent dans des rainures longitudinales pratiquées dans la planche supérieure en suivant la ligne des centres des moules qui ne peuvent ainsi occuper qu'une seule position.

Afin de bien établir les projections verticales et horizontales, cette dernière surtout, il existe des fils de fer parallèles assujettis à leurs deux extrémités sur un cadre K, L, M, N, superposé à la planche servant d'appui aux moules, et joint à elle par deux charnières O au côté opposé desquels sont 2 crochets qui, au moyen de 2 anneaux, servent à fixer d'une manière immuable le cadre sur la planche d'appui. Ce cadre peut donc s'élever et s'abaisser à volonté. On le suppose ici abaissé et crocheté, tel qu'il est quand on opère la coulée des chandelles. Dans cette position, sa hauteur étant à peu près celle des têtes des moules, il s'ensuit que les fils de fer, au moyen d'une légère flexion, viennent s'engager dans des rainures pratiquées à la tête même des moules. Les fils ne passent pas rigoureusement par le centre des 4 moules qu'ils rencontrent, ils sont placés un peu de côté, afin que la mèche, s'appuyant sur ces fils, se trouve parfaitement sur une ligne fictive parallèle aux fils et passant exactement par le centre des moules.

La position de la mèche est encore indéterminée, mais si on suppose que cette mèche dépasse le moule d'une longueur de 2 centim. environ, et qu'on la prenne par cette extrémité, on la couchera en l'appliquant sur le fil de fer en la faisant entrer dans une troisième rainure pratiquée également dans la tête du moule et dans un sens perpendiculaire à la direction des deux autres.

La pose des mèches exige donc trois opérations : 1° Les pendre du côté droit de l'ouvrier et à les engager dans une aiguille très-fine recourbée à l'une de ses extrémités et un peu plus longue que les moules; 2° à faire passer cette aiguille par la partie supérieure du moule ; lorsque la mèche apparaît à 'autre extrémité, retirer immédiatement l'aiguille; ;° à prendre l'extrémité supérieure de la mèche, ;insi qu'on l'a dit, à la tendre suffisamment, à la ;ouler sur le fil de fer et à la rentrer dans la rai-ıure dont il a été question.

Voici maintenant quels sont les avantages de ce noyen de poser les mèches. Le moule se terminant ›ar un trou cylindrique de 2 millimètres de diamètre ur une hauteur de 6 à 8, la mèche une fois entrée lans ce trou et tirée par son extrémité supérieure ›our la tendre et l'assujettir, éprouve une difficulté ı sortir, et par son frottement dans le trou résiste à 'effort de traction qu'on exerce sur elle. Il devient lonc superflu de faire un nœud à l'extrémité infé-ieure ou d'y placer en travers un clou pour l'empê-her de sortir, lorsqu'on la tire dans le haut afin de a fixer.

Cette opération se répète ordinairement à l'extré-nité supérieure où l'on ne fait pas de nœud, lequel ›st remplacé par un clou, la mèche étant doublée. Mais il arrive fréquemment que cette mèche ne se rouve ainsi ni parfaitement tendue, ni au centre du noule, inconvénients auxquels remédie ce nouveau noyen.

Pour faciliter l'écoulement de la matière dans l'en-onnoir P, on emploie un morceau de bois cylin-lrique K, passant par le milieu d'une traverse X, Y, ıyant ses deux extrémités appuyées sur le bord de ›et entonnoir, d'un diamètre égal à la partie supé-ieure de celle-ci, et d'une largeur de 4 centimètres. Au milieu de cette traverse existe un trou par lequel on fait passer ce cylindre, dont l'extrémité inférieure, arrondie un peu en dessous, et d'un diamètre un peu plus grand que celui de l'orifice inférieur de l'entonnoir, repose sur cet orifice. Ce cylindre ressort d'environ 30 à 35 centimètres au-dessus d'un plan passant par les bords de l'entonnoir, et c'est par cette partie extérieure qu'on le prend pour s'en servir, il est traversé en cet endroit par une petite tige horizontale.

Dans les machines ordinaires, la tête des moules ne ressort pas, ainsi que cela a lieu dans ce système, et ne fait qu'affleurer la surface supérieure de la planche; or, voici les inconvénients graves qui en sont la conséquence : les moules étant trop pleins, l'excès de matière déborde et se répand sur toute la surface, de telle sorte que ces têtes de moules sont après un petit nombre de coulées, engagées dans cette matière alors congelée et qu'un nettoyage devient indispensable, afin de dégager l'orifice supérieur de ces moules. Dans le nouveau système, ce nettoyage est aussi utile, mais au lieu de le faire après deux ou trois coulées, on ne le fait qu'après vingt, ce qui est une grande économie de temps. D'ailleurs, pour recueillir cette matière provenant du trop plein, on place au-dessous des moules et à une certaine distance, une boîte, faisant partie du système, et dans laquelle on dépose la matière obtenue par les nettoyages.

§ 5. *Machine de MM. Leroy et Durand.*

MM. Leroy et Durand ont imaginé un petit appareil de moulage des chandelles qui permet de remplir six moules à la fois et avec une grande rapidité. Les moules sont disposés sur deux rangées de six sur de fortes tables en chêne O, ainsi qu'on le voit dans la figure 21, pl. 6; chacun des bords de cette table porte une bande de fer jouant le rôle de rails sur lesquels vient rouler, au moyen des galets R, R, une caisse prismatique en tôle remplie de suif fondu. Le fond de cette caisse porte six trous correspondants à chacun des six moules C, C d'une rangée. Ces trous sont à l'état de repos, bouchés par des bouchons en métal fixés sur un système de châssis que la tige T met en mouvement par la bascule M.

Pour faire usage de cet appareil, la cuve contenant la quantité de suif nécessaire pour la moitié d'une table, on l'amène au-dessus de la première rangée de moules; au moyen de la bascule M, on soulève les bouchons et le suif s'écoule dans les six moules C, C placés au-dessous; lorsque ceux-ci sont pleins, on fait rouler vivement la cuve jusqu'à la rangée suivante que l'on remplit de même, et ainsi de suite.

En Angleterre, on se sert d'une machine construite par M. Morgan, dont le principe est inverse de celui de MM. Leroy et Durand. Le suif fondu est contenu de même dans une caisse percée de trous et portant une bascule, mais cette caisse est fixe, et ce sont les moules qui, portés par des châssis, roulant au nombre de 15 à 20, se présentent successivement sous la caisse pour être remplis. La manœuvre de cet appareil paraît seulement un peu plus compliquée que dans le précédent.

§ 6. *Fabrication mécanique des chandelles de M. Fievet.*

M. Fievet a pris, en 1858, un brevet pour une fabrication mécanique de la chandelle. Le but de ce brevet, dit-il, est d'effectuer d'une manière automatique, complète et continue, la fabrication des chandelles. A cet effet, le suif en branches sortant de la boucherie est engagé dans des cylindres alimentaires qui le soumettent soit à l'action d'une râpe, soit d'un hache-paille; de là, les morceaux tombent dans un cylindre à claire-voie, entouré d'une double enveloppe chauffée par la vapeur perdue de la machine, de manière que le tissu qui emprisonne la matière grasse est rejeté au-dehors dans une presse continue ou autre par un pas de vis disposé à l'extrémité de ce cylindre comme dans les laveurs de betteraves, tandis que le suif fondu va à la partie inférieure de l'enveloppe, après avoir passé à travers les mailles d'un crible.

La râpe peut aussi, lorsqu'elle est chauffée intérieurement à la vapeur, rejeter la matière divisée dans une presse continue à trois ou cinq cylindres semblable à celle des fabriques de sucre. Une toile sans fin interposée entre les cylindres, empêche les cretons de tomber avec le suif fondu. Ce suif est alors reçu dans un réservoir où l'on entretient sa fluidité, sans cependant élever trop sa température.

Le suif fondu passe ensuite dans la machine à mouler, et M. Fievet indique pour cela deux systèmes différents.

Dans le premier, des pompes aspirantes et foulantes, au nombre de trois pour mieux régulariser l'injection du suif et munies en outre d'un réservoir à magasin d'air, refoulent la matière dans un serpentin entouré d'eau froide renouvelée continuellement par la pompe du puits, l'eau froide arrivant à la partie inférieure et le suif chaud à la partie supérieure. La longueur du serpentin est calculée pour que le suif arrive solidifié à l'extrémité; il reçoit alors dans son axe une mèche provenant d'une machine continue et passe avec cette mèche dans un mandrin qui lui donne la forme circulaire. De là, des galets mouleurs ayant chacun entre eux la forme d'une demi-chandelle dans leur développement, finissent la chandelle en lui donnant la forme convenable. Ce chapelet de chandelles tiré en ligne droite par un hexagone, est conduit dans la machine à couper les mèches, puis ces chandelles se placent une à une dans une caisse convenablement manœuvrée par la machine à empaqueter.

Dans le second système de moulage, le suif arrive dans une vis sans fin à axe creux portant aussi la mèche au centre du mandrin. Le cylindre-enveloppe est entouré d'eau froide qui se renouvelle constamment, et le suif est conduit au moyen d'un cône au mandrin mouleur après avoir parcouru une distance assez longue en contact avec le liquide froid pour arriver à l'état solide. L'axe creux pourrait même être disposé pour que l'intervalle où ne passe pas la mèche reçoive aussi de l'eau froide. Le reste de l'opération est identique avec la précédente.

§ 7. *Machine américaine.*

On a inventé aux Etats-Unis un appareil à mouler les chandelles et les bougies qui, dans l'état où il est parvenu en Europe, présentait quelques défauts et des difficultés dans les manipulations, et qu'il a fallu, pour en mettre à profit le principe et l'utiliser, modifier dans ses dispositions principales, tout en en conservant le principe. Un constructeur de machines, **M. C.-G. Riedig**, à **Reudnitz**, en Saxe, et **M. C. Haffner** fils, fabricant de chandelles à Thann (Haut-Rhin), ont tenté dans ces derniers temps avec succès, d'améliorer cette ingénieuse machine, et nous allons faire connaître par des descriptions détaillées les modifications heureuses qu'ils lui ont fait subir.

1° *Machine de M. C.-G. Riedig.*

Les principes sur lesquels doivent être établis les appareils de moulage des chandelles, sont, d'après M. Riedig, les suivants :

1° On doit pouvoir y mouler et démouler en même temps un grand nombre de chandelles ;

2° Pouvoir employer des mèches embobinées, qui, une fois engagées, doivent être, sans plus de travail, tirées et tendues par l'appareil ;

3° Il faut, sans difficulté, sur le même appareil, pouvoir mouler à volonté des chandelles plus ou moins longues, dans des limites d'environ 5 centimètres sans qu'il y ait perte de mèche ou de matière de moulage ;

4° Indépendamment de la célérité qu'on obtient dans le moulage, il faut que l'appareil rende aussi peu prolongée qu'il est possible la durée du temps d'une opération, en abrégeant considérablement le temps du refroidissement.

Ce dernier point s'applique en particulier, avec beaucoup d'avantage, à la fabrication des chandelles, car on sait que, dans le moulage à la main ordinaire, il se passe un temps prolongé, même dans la saison froide de l'année, avant que les chandelles puissent être extraites des moules, et que dans l'été il est absolument impossible de procéder à leur moulage. Avec l'appareil dont on donne ici la description, on peut, même dans les mois les plus chauds, mouler et démouler toutes les 30 à 40 minutes.

On sait que dans la fabrication des bougies d'acide stéarique il faut, pour pouvoir opèrer, que les moules soient chauffés, ce qui se fait assez communément en les plongeant dans l'eau bouillante. Dans l'appareil en question, les moules restent invariablement en place et sont très-commodément chauffés à la vapeur, tandis qu'indépendamment de l'eau froide qui arrive, un courant d'air vient favoriser le refroidissement.

Dans la description qui va suivre de cet appareil et de la manière de s'en servir, on l'appliquera plus particulièrement à la fabrication des chandelles, parce qu'employé à celle des bougies de stéarine, il n'en diffère que par un tuyau adducteur de vapeur, et un robinet de vidange de l'eau.

Cet appareil a été représenté sous divers aspects et dans quelques-uns de ses détails dans les figures 1 à 11 de la planche 2.

Deux auges en fonte A, A à minces parois, sont boulonnées sur deux tréteaux ou chevalets B, B également en fonte, ainsi qu'on le voit dans les figures. La structure de ces auges est facile à comprendre à l'inspection des figures 3 et 5, qui les représentent en coupe verticale, prise transversalement, et en coupe horizontale. Elles sont closes sur tous les côtés et présentent seulement sur les faces supérieure et inférieure des orifices correspondants, dans lesquels on insère bien verticalement des moules à chandelles C, composés d'un alliage d'étain et de plomb, qui, au moyen de rondelles de caoutchouc, indiquées dans les figures, qui entourent les moules dans leurs orifices respectifs, sont rendus étanches, d'après le principes des boîtes à étoupes, attendu qu'un écrou *a*, qui se visse sur un filetage à l'extrémité inférieure du moule, produit le tirage nécessaire. Chaque auge contient sur deux rangs 50 moules, et par conséquent l'appareil entier renferme 100 moules.

Ces moules diffèrent de ceux en usage jusqu'à présent en ce qu'ils constituent un tube qui n'est que très-faiblement conique, ouvert aux deux bouts dans lequel un bouchon *b* de même alliage, peut, comme un piston, monter et descendre. On donnera à cette pièce, qui contient une cavité pour la formation du bout ou tête de la chandelle, le nom de culot.

On a représenté en coupe, dans la figure 11, les pièces en question sur une plus grande échelle. Le culot est vissé par la queue dans la douille en laiton *c*, queue au moyen de laquelle on presse en même temps sur une rondelle de caoutchouc insérée dans cette douille, et qui rend étanche le trou par lequel passe la mèche, afin qu'il ne puisse pas s'écouler de matière grasse. De même, un anneau de caoutchouc, inséré dans une rainure qui règne tout autour du culot, détermine la fermeture hermétique de celui-ci dans le moule. Deux fentes pratiquées en regard l'une de l'autre dans la douille, servent à introduire et tirer la mèche. Ces douilles, à leur tour, sont assujetties sur des tiges en gros fil de fer *d*, et l'extrémité inférieure de ces dernières est fraisée et insérée dans un trou correspondant sur les bords du support E, qui est en forme de T, de manière à ne constituer qu'un tout avec la tige, les deux supports glissant dans de longues coulisses pratiquées dans les tréteaux.

Lorsqu'on tourne la manivelle D, calée par l'arbre F, il arrive au moyen des pignons G et des crémaillères H, établis des deux côtés de l'appareil, crémaillères qui, par le levier transversal *f*, sont assemblées avec les deux supports E, que les deux systèmes de culots peuvent être remontés ou descendus dans les moules. La vis *g*, qui sert à ajuster de hauteur les crémaillères, est destinée, suivant que les chandelles doivent être plus longues ou plus courtes, à enfoncer plus ou moins profondément le culot, tandis qu'à l'aide d'un boulon *i*, placé entre les dents du pignon dans le tréteau au-dessus, les culots peuvent, au besoin, être maintenus relevés. Le galet *e* sert de conducteur à la crémaillère.

Le tuyau à deux branchements K, qui est boulonné sur les deux auges et dont on doit se représenter l'orifice principal en communication par un robinet avec un réservoir, introduit de l'eau refroidie à 10 à 12° C. dans la capacité de ces auges, de façon que les moules sont entièrement plongés dans cette eau froide. Afin que la distribution de cette eau soit bien uniforme, elle ne pénètre pas directement du tuyau double dans les auges, mais par un tube *h* qui règne sur le fond entre les moules, et dont elle s'échappe par un grand nombre de petits trous. L'eau qui s'est échauffée au contact des moules s'écoule par un bec L, sur lequel on adapte un boyau qui la conduit où on le juge à propos.

Au-dessus de chaque auge est placée une cuvette en fonte *k*, d'une faible hauteur, qui embrasse les orifices de tous les moules et dans laquelle on verse le suif en fusion. Sur les côtés de cette cuvette sont boulonnées des cornes *l*, *l* qui servent d'appui aux pinces placées au-dessus, dont les boulons carrés *n*, passés transversalement, reposent dans une fourchette des cornes. Ces pinces se composent d'un système de barres en bois *m* (que pour leur donner plus de fermeté on garnit de légers fers d'angle *p*) qu'on peut rapprocher par couple de deux et au moyen desquelles on maintient fermement les chandelles *r* qui passent entre ce barres dans des trous ronds garnis de pluche.

La construction de ces pinces, dont le service correct est d'une grande importance pour l'usage de l'appareil, peut être facilement comprise à l'inspection du plan de la figure 4, où l'un des systèmes de pinces, celui supérieur, est ouvert, et l'autre, celui inférieur, où elles sont fermées. Chacun de ces systèmes, posé sur l'une des auges, est constitué par une couple de barres en bois posées sur les boulons *n*, dont il a été question ci-dessus, et maintenu ainsi tant dans le sens de la longueur que dans celui vertical, mais pouvant glisser dans celui transversal.

Aux deux barres intérieures se rattachent fermement des fers d'angle *q*, enserrés sur les boulons *n* au moyen de crampons *o*, de manière à constituer une fonte de cadres longs et étroits dans lesquels les barres en bois extérieures peuvent librement être mues vers celles intérieures.

De petits ressorts à boudin *s*, placés en divers points entre les barres et qui sont engagés dans le bâti, les tiennent constamment écartées l'une de l'autre, c'est-à-dire maintiennent les pinces toujours ouvertes. Pour fermer ces pinces, on se sert des barres de fer plates *u* qui sont pourvues de plusieurs entailles, formant autant de petits plans inclinés, s'appliquant sur les galets conducteurs *v*, tandis que le dos en droite ligne de ces barres glisse sur les fers d'angle *q*, et est maintenu en position correcte par de petites pinces *t*.

Lorsque les pinces sont ouvertes, les galets *v* reposent dans les points les plus profonds des entailles ou au bas des plans inclinés. Si alors on saisit les deux poignées *x* qui sont placées au milieu sur les barres *u* et qu'on les fasse mouvoir en direction opposée sur la longueur, il en résultera que puisque les plans inclinés glissent sur les galets, que les barres en bois se rapprocheront l'une de l'autre jusqu'à ce qu'enfin les galets arrivant sur les parties droites, les pinces se trouveront fermées. Des pointes, placées entre les barres sur les boulons *n*, permettront d'arriver à une position correcte au-dessus des moules. Le mouvement en sens contraire de chacune des poignées est réglé de façon que l'ouvrier puisse fermer les pinces sans avoir à redouter qu'elles s'ouvrent d'elles-mêmes lorsqu'elles sont chargées de chandelles, qu'on saisit par les poignées et enlève le tout de l'appareil, et qu'on puisse les ouvrir sans les poser sur une table.

Les boulons à vis *j* qu'on remarque dans les figures jouent librement dans les barres, et n'ont d'autre objet que de maintenir le châssis formé par les fers d'angle, afin que, quand on ferme les pinces, il ne fasse pas ressort.

Il est facile de voir que, puisque les chandelles ont besoin d'être maintenues ni trop faiblement ni avec trop de fermeté pour ne pas les endommager, la position des barres en bois doit être très-exactement déterminée. En conséquence, les galets ne sont pas assujettis invariablement sur les barres, mais afin que, suivant le besoin, l'appareil de serrage puisse être aussi ajusté de la manière la plus précise.

Les détails spéciaux relatifs à cet objet sont représentés en élévation et en coupe transversale sur une plus grande échelle dans la figure 10. Le galet *v* se meut dans la châse *w* qui, de son côté, est assujettie sur le fer d'angle *q* par un rivet *y* sur lequel elle peut jouer. De l'autre côté, une vis de calage *z* sert à avancer ou reculer chacun de ces galets.

Dans l'espace entre les chevalets sont disposées les bobines à mèches N dont la disposition est, sans autre explication, facile à concevoir à l'inspection des figures 1 et 3, seulement il convient de faire remarquer, parce qu'on ne l'a pas représenté dans les dessins, que l'espace dans lequel sont logées les bobines est doublé de tous les côtés en bois ou en fer-blanc, afin de garantir les mèches contre toute malpropreté. A partir de ces bobines, la mèche qui se déroule en-dessous passe par un petit trou percé dans la barre P, afin de séparer chacune d'elles, ensuite, comme le fait voir la figure 3, s'engage sous des rouleaux de guide R, R, puis remonte à travers un trou du support E le long des tiges *d* vers la fente de la douille *c*, enfin, au moyen d'un crochet de fil-de-fer, est tirée à travers le percement du chapeau pour remonter dans le moule.

Si on suppose maintenant que les mèches aient été tirées ainsi qu'on vient de l'expliquer, voici quelle est la marche de l'appareil :

On tourne la manivelle pour faire remonter le culot dans les moules, on arrête l'extrémité de la mèche sur une barette en bois posée sur le cuvette, on fait redescendre le culot à l'aide duquel la mèche qui ne passe qu'avec un peu de force à travers son percement, se trouve tendue et l'appareil est prêt pour couler. Une bassine à deux becs, que l'on voit en élevation de côté et en plan dans la figure 7, sert à verser simultanément le suif fondu dans les deux cuvettes jusqu'à ce qu'il forme une couche de 6 à 7mm. au-dessus des moules remplis, couche qu'après le refroidissement partiel on enlève avec une pelle, représentée dans la figure 9, après toutefois avoir coupé l'extrémité superflue des mèches. Les extrémités courtes des mèches qui restent dans cette couche de suif se rabattent au passage de la pelle et s'appliquent sur le bout des chandelles.

Pendant que les chandelles sont refroidies dans les moules, chose qu'on favorise par l'introduction de l'eau froide, ainsi qu'on l'a expliqué plus haut, on pose les pinces à l'état ouvert. Alors, en tournant la manivelle, on enlève toutes les chandelles de leurs moules en les faisant glisser à travers les pinces. Lorsqu'elles ont été soulevées à une hauteur suffisante, on introduit le boulon entre les dents du pignon *j* afin que les culots et les chandelles ne retombent pas, et on ferme l'une après l'autre les pinces, tandis que l'ouvrier reste sur le côté de l'appareil pour relever les rangs de chandelles et mouvoir les poignées avec les deux mains dans les directions convenables. Dès que les chandelles sont de cette manière maintenues avec fermeté, on fait tourner la manivelle en sens inverse, on déroule et tend de nouveau des mèches, et pendant que les chandelles qu'on vient de mouler sont encore dans les pinces et que la nouvelle mèche est fermement maintenue dans le haut (état pour lequel l'appareil est représenté dans les figures), on coule de nouveau du suif ainsi qu'on l'a expliqué plus haut.

Aussitôt que la couche de suif est figée, on pose à l'une des extrémités de la cuvette un couteau à deux tranchants fixé sur un long manche qu'on a représenté fig. 8, sous deux aspects, en le faisant glisser vivement sur la couche de suif entre les chandelles pour qu'il coupe le double rang des mèches ; alors, saisissant les pinces par les poignées et les tenant fermées, on les enlève de l'appareil avec les chandelles pour laisser tomber celles-ci des pinces sur une table dressée à cet effet.

De cette manière on procède au moulage et au coupage des mèches, opérations dans lesquelles un homme suffit pour le service de 10 appareils.

On fera remarquer ici que l'appareil est disposé pour fabriquer aisément deux sortes de chandelles à la fois, en remplaçant une des caisses par un autre d'un modèle différent, avantage qui a une certaine importance pour les petites fabriques ou pour fabriquer certaines chandelles dont le débit n'est pas très-étendu.

2° *Machine de M. C. Haffner.*

Le moulage des chandelles, ainsi qu'on l'a vu précédemment, s'est pendant longtemps opéré au moyen d'appareils qui n'en produisaient qu'un petit nombre à la fois, mais on a imaginé en Amérique une machine qui accélère beaucoup le travail, le rend d'une grande rapidité et s'applique aussi bien au moulage des bougies qu'à celui des chandelles.

La machine américaine, telle qu'elle nous est parvenue en Europe, présentait quelques défauts et des difficultés dans les manipulations, et il a fallu pour l'utiliser lui faire subir des modifications importantes qui, sans en altérer le principe dont on a reconnu le mérite, ont permis enfin d'en faire un appareil pratique.

Plusieurs tentatives de ce genre ont été faites en France, en Suisse et en Allemagne, mais un des appareils qui paraît avoir été modifié d'après les meilleurs principes est celui de M. C. Haffner fils, fabricant de chandelles à Thann, sur lequel M. Auguste Dollfus a fait, le 25 mai 1864, un rapport au nom du comité de mécanique à la société industrielle de Mulhouse, rapport inséré dans le Bulletin de cette société (t. 34, p. 473) et auquel nous emprunterons quelques détails et la description de l'appareil.

« Les inconvénients des modes ordinaires de moulage, dit le rapporteur, sont surtout le temps considérable exigé par le refroidissement des moules, et l'achèvement d'une levée, et la presque impossibilité de travailler pendant les mois de mai à septembre, à moins d'employer le secours de la vapeur pour la sortie des chandelles des moules. La production pendant cette période est toujours fort restreinte, en même temps que les chandelles prennent difficilement de la consistance et ne donnent qu'une marchandise de qualité inférieure et coulant facilement. Les moules, de plus, se détériorent promptement par les maniements auxquels ils sont soumis et par l'emploi du crochet qui sert à enfiler les mèches et qui les raie facilement.

« Voici maintenant la disposition de la machine

employée par Haffner; disons tout de suite que cette machine n'est pas de son invention, elle est d'origine américaine, et il a tiré de la Suisse la première qui ait fonctionné chez lui; mais par une série de perfectionnements intelligents, il est arrivé à en assurer le bon fonctionnement et à éviter les inconvénients que son emploi présentait à l'origine.

« La machine, avec laquelle on peut fabriquer cent chandelles à la fois, se compose d'une auge en fonte dont le fond est percé d'une série de trous, dans lesquels viennent s'emboîter exactement des moules verticaux en alliage d'étain et de plomb. Ces moules cylindriques sont clos à leur partie inférieure par des culots de même alliage, destinés à former la partie conique, la tête de la chandelle. Ces culots peuvent monter et descendre dans les moules à frottement doux. Le tout est contenu dans une caisse en fonte remplie d'eau froide, à la partie inférieure de laquelle les moules sont vissés; l'eau est renouvelée à volonté dans la cuve suivant les indications du thermomètre.

« Lorsque le suif est bien figé, au moyen d'une manivelle et de roues dentées agissant sur des crémaillères verticales adaptées à un chariot horizontal, placé à une certaine distance au-dessous de la caisse à eau froide, on soulève une série de tiges creuses fixées à la pointe des culots; on met ainsi tous les culots en mouvement, ce qui fait sortir les chandelles par le haut. La mèche est livrée d'une façon continue par autant de bobines placées sous la machine qu'il y a de moules; les mèches passent dans les tiges creuses qui servent à soulever les chandelles de ces tiges dans les culots et dans les moules. Quand une oulée est figée, le mouvement ascensionnel des chandelles attire les mèches pour la coulée suivante; orsque celle-ci est figée à son tour, on coupe les nèches à leur partie supérieure et on enlève la coulée récédente.

« Au moyen d'un système longitudinal de pinces arnies de futaine, on maintient à leur sortie toutes es chandelles, de façon que la mèche reste en dessous, bien dans l'axe du moule pour la coulée suiante.

« On comprend facilement que l'emploi de cette nachine évite les inconvénients que nous avons sinalés de l'ancien procédé de moulage.

« On gagne, en effet, tout le temps employé autreois pour disposer les moules, enfiler et fixer les mèhes, mais surtout, grâce à l'emploi de l'eau froide, e refroidissement des moules est accéléré au point qu'une demi-heure au plus suffit pour solidifier le uif entièrement et permettre de sortir les chandeles; tandis que l'ancien système demandait plusieurs heures. Il est, en outre, devenu possible de travailler pendant toute l'année, et les chandelles fabriquées pendant les mois chauds de mai et de septembre, ne le cèdent en rien à celles fabriquées en hiver. Enfin, les moules ne supportent pas les mêmes fatigues qu'autrefois, ils ne peuvent plus être rayés et détériorés aussi facilement, et une garniture a une durée pour ainsi dire indéfinie.

« Cette machine, d'invention américaine, nous l'avons dit, est aujourd'hui dans le domaine public; M. Haffner a le mérite de l'avoir le premier introduite dans notre département, et d'y avoir apporté une série de perfectionnements que nous allons passer successivement en revue.

« Dans les premières machines importées en France, les moules étaient vissés de haut en bas sur le fond de la caisse d'eau froide, et l'auge dans laquelle se verse le suif était rapportée au-dessus; il fallait un temps très-long pour adapter tous les moules à leurs trous, et de plus, si, par un accident quelconque, l'un des moules était mis hors de service, il fallait dessouder les cent moules, enlever l'auge supérieure, remplacer le moule défectueux et recommencer le travail pénible du raccord des cent moules. Aujourd'hui les moules sont introduits par dessous et vissés de bas en haut, et le pas de vis, fondu à même le moule, est suivi d'une embase qui vient s'appliquer contre la partie inférieure de la caisse à eau froide et assurer la fermeture hermétique de l'ouverture. Si un moule doit être remplacé, l'opération se fait on ne peut plus facilement, sans déranger les moules voisins de celui qui est avarié. C'est un perfectionnement de détail, fort simple à trouver, dira-t-on, mais qui n'en a pas moins son mérite.

« En voici un autre, qui a plus d'importance, en ce qu'il assure la régularité du jeu de la machine et lui donne une certaine souplesse fort utile dans bien des cas. Il peut arriver que, par suite des efforts que la machine a à supporter, le système du moule, du culot et de la tige creuse qui porte ce dernier, ne soit pas exactement vertical; ce qui, dans certains cas, peut occasionner des malfaçons et des déchirures des moules. Pour éviter cet inconvénient, M. Haffner a articulé le susdit système, en soudant au moulage, à la partie inférieure du culot, un petit tube en cuivre cylindrique dont l'extrémité inférieure est insinuée dans une petite capsule en fer par un trou assez grand pour permettre du jeu; puis, avec un poinçon, on écarte et on évase la partie inférieure du tube en cuivre, de façon que celui-ci ne puisse plus sortir de la capsule et y reste cependant librement articulé. La capsule de fer est vissée alors à l'extrémité supérieure de la tige creuse qui donne à la chandelle son mouvement d'ascension; l'application de deux écrous à la partie inférieure de cette tige, placés l'un au-dessus, l'autre au-dessous de la table du chariot, permet de la régler exactement à la longueur voulue.

« L'application au-dessous de la machine, sur le sol, d'une caisse divisée en autant de casiers qu'il y a de moules, et contenant chacun une pelote de mèches, pour remplacer l'ancien système qui consistait en bobines enfilées toutes sur une même tringle horizontale, est aussi un petit perfectionnement de détail qui permet de remplacer, sans perte de temps, les mèches épuisées.

« Dans la machine primitive, le système des pinces qui maintiennent les chandelles à leur sortie, était essentiellement défectueux; ces pinces, en effet, prenaient facilement du jeu, et l'on n'arrivait qu'avec peine à les maintenir immobiles, afin que les mèches entraînées par les chandelles qu'on venait de soulever restent bien dans l'axe des moules. Le nouveau système de pinces, imaginé par M. Haffner, ne présente plus cet inconvénient, il est d'une manœuvre plus facile que l'ancien, et a, en outre, l'avantage d'occuper moins de place, et de permettre l'application sur une machine de même largeur que les anciennes, de deux nouvelles rangées de 25 moules chacune, ce qui augmente de près de moitié la production de la machine. Ce nouveau système de pinces figure dans les plans qui accompagnent notre rapport, et il est facile, à la simple inspection du dessin, de se rendre compte de la manière dont il fonctionne.

« Enfin, une disposition additionnelle, dans le détail de laquelle nous n'entrerons pas, et qu'on trouvera dans la description des figures, permet de fabriquer, avec la même machine et en même temps, des chandelles de différentes longueurs.

« On voit que les perfectionnements apportés par M. Haffner à la machine américaine, n'ont rien changé d'essentiel à cette machine ni à son mode d'opérer; ils ne portent que sur des points de détail, mais ils ont leur importance, puisqu'en en facilitant le service, ils diminuent notablement les chances d'arrêt et augmentent par conséquent la production de la machine, tout en garantissant la bonne qualité de ses produits.

« Voici encore quelques détails qui feront mieux ressortir l'avantage de la substitution de la machine aux anciens procédés de moulage.

« Une machine de cent moules est vendue par M. Haffner, 800 francs, toute montée; elle n'occupe qu'un très-petit espace, et l'on peut, en l'employant, doubler et presque tripler, dans un espace donné, la production à laquelle les anciennes tables de coulée permettaient d'arriver. M. Haffner produit aujourd'hui facilement 400 kilogrammes de chandelles dans un local moitié en surface de celui qui ne lui permettait pas autrefois de dépasser 300 kilogrammes par jour; l'ancien matériel, représentant la production d'une machine de 800 fr., coûtait environ deux fois et demie davantage, et les moules, par suite des transports et des manipulations qu'ils exigeaient, se détérioraient souvent et demandaient des remplacements coûteux, à peu près complétement évités aujourd'hui. Le travail est devenu, en outre, moins pénible; un ouvrier, avec moins de fatigue, produit facilement le double de ce qu'il faisait autrefois, et la manœuvre même est tellement simple, qu'il est possible de la confier, sans danger de malfaçon, à de tout jeunes gens et même à des enfants.

« Le suif qu'on ne portait autrefois, afin d'éviter que les chandelles prissent une couleur marbré, qu'à 35 ou 40°, température strictement nécessaire pour permettre la coulée, est porté aujourd'hui, sans inconvénient pour la beauté des produits, à 55 ou 60°, ce qui a permis à M. Haffner de remplacer les grosses mèches en coton peu tordu par d'autres en fil tressé qui se pénètrent parfaitement de suif, par suite de la température élevée qu'il lui fait atteindre. Il réalise, tant par cette substitution que par l'absence de déchet résultant de ce que la mèche n'est livrée par la machine qu'à la longueur strictement voulue, une économie de mèche de 30 0/0 environ, qui influe peu, il est vrai, sur le prix de revient de la chandelle, mais vaut cependant la peine d'être pris en considération, aujourd'hui surtout. Nous ne voudrions pas encore nous prononcer d'une façon absolue sur le mérite de ce changement dans la forme des mèches, et dire s'il est ou non un avantage pour le consommateur, mais nous avons fait acheter dans un magasin de notre ville un certain nombre de chandelles de

M. Haffner, et nous les avons trouvées supérieures à d'autres de diverses provenances. On a reproché aussi aux premières chandelles que M. Haffner a livrées au commerce, de se casser facilement, ce qui les rendait très-défectueuses à l'emploi; cet inconvénient, qui était dû à un trop brusque refroidissement du suif, est complétement évité, aujourd'hui que l'on connaît parfaitement les conditions de température du suif et de l'eau qui sont nécessaires pour obtenir des produits parfaits.

« En résumé, avec trois machines, de cinq moules chacune, M. Haffner produit 7,000 à 7,500 chandelles par jour, alors qu'autrefois, avec un local double en surface, une main-d'œuvre à peu près double, un matériel d'une acquisition et d'un entretien plus coûteux, il n'arrivait pas à dépasser sensiblement 5,000 chandelles par jour; de plus, il travaille en toute saison, et sa production est la même en été qu'en hiver.

« M. Haffner a fait breveter tous les perfectionnements que nous avons passés en revue, et il fait construire aujourd'hui ses machines perfectionnées dans un atelier voisin du sien. C'est en 1862 qu'il a introduit la première de ces machines dans le département; il y a un an environ qu'il en a entrepris la construction, et 25 de ces machines ont été livrées déjà par lui à des fabricants de chandelles, il est en marché pour plusieurs autres, et espère donner à ses affaires une plus grande extension.

« On ajoutera que M. Haffner est arrivé d'autant plus facilement à perfectionner la machine américaine qu'il avait depuis longtemps l'idée d'en construire une de ce genre; nous avons vu dans ses ateliers un modèle ébauché de celle qu'il combinait, lorsqu'il a eu connaissance de l'existence de celle qu'il a ensuite introduite dans notre département.

« On dira aussi en terminant que la machine qu'on vient de décrire est employée, avec des modifications nombreuses et importantes, il est vrai, pour la fabrication de la bougie ; mais que cette application n'est, à notre connaissance du moins, que postérieure à l'introduction que M. Haffner a faite de la machine américaine dans notre département, dans lequel il n'existe pas, du reste, de fabrique de bougies.

« Votre comité de mécanique, Messieurs, considérant que M. Haffner a, par l'introduction de la machine à fabriquer les chandelles, et par les perfectionnements qu'il y a apportés, rendu des services notables à l'une des industries exploitées dans le département du Haut-Rhin, vous propose de lui décerner, à titre de récompense et d'encouragement, une médaille de bronze. Il vous propose, en outre, l'impression dans vos Bulletins du présent rapport, suivi des plans et de la description de ses appareils. »

Description de la machine à fabriquer la chandelle, perfectionnée par M. Haffner. — Fig. 15, pl. 2, élévation longitudinale.

Fig. 16, plan.

Fig. 17, élévation latérale.

Fig. 18, coupe transversale.

Fig. 19, détails de l'articulation de la tête du moule.

Fig. 20, vue en plan du système des pinces.

Fig. 21, coupe de la figure 20 suivant la ligne A, B.

Fig. 22, coupe transversale représentant une disposition particulière du chariot pour faire des chandelles de différentes longueurs.

Les mêmes pièces sont désignées par les mêmes lettres dans les différentes figures.

Description des figures 15, 16, 17, 18. — A, A, auges dans lesquelles est versé le suif en fusion; B, moules verticaux en étain adaptés au fond de l'auge A; C, culot ou moule de la tête mobile à frottement doux dans le moule B; D, caisse remplie d'eau froide; E, manivelle au moyen de laquelle on met en mouvement le pignon F, les roues G et les crémaillères verticales H; I, plate-forme horizontale mise en mouvement par les crémaillères H, et portant les tiges creuses verticales J articulées avec le culot.

L, mèche des chandelles; M, bobines sur lesquelles la mèche est renvidée.

N, chandelles achevées et maintenues par les pinces P. Ces pinces P (fig. 16) se composent de deux pièces de bois *a*, *b*, percées de trous circulaires garnis de futaine destinés à recevoir les chandelles. Des ressorts disposés de distance en distance tendent à écarter la pièce *b* de celle *a*; on les rapproche l'une de l'autre au moyen du levier *e*, que l'on manœuvre par la poignée *f* et qui met en mouvement les petits leviers excentriques *d*, tournant autour des axes *h*. Dans la position de la figure 16, les pinces sont serrées; elles sont desserrées lorsque les leviers *d* occupent la position diamétralement opposée.

g, embase fondue à même le moule et assurant la fermeture hermétique de l'ouverture par laquelle il pénètre dans la caisse à eau froide.

Description de la figure 19. — C, culot ou moule de la tête; *l*, tube en cuivre soudé au moulage ou culot; *m*, capsule en fer dans laquelle est insinuée l'extrémité du tube *l* qui est ensuite évasée; J, tige creuse livrant passage à la mèche et vissée sur la capsule *m*; au moyen du pas de vis qui termine la tige J, il est facile de régler à la même longueur toutes ces tiges, point essentiel pour la bonne marche de la machine.

Description des figures 20 *et* 21. — *a*, *b*, *a' b'*, mâchoires de la pince; Q, tringle longitudinale placée entre les pièces *a*, *b*, *a'*, *b'*, et armée d'une poignée R et de cames E qui serrent les pièces *a* et *b*, *a'* et *b'* l'une contre l'autre ou les laissent libres de s'écarter, suivant la position de la tringle Q. Les deux pièces *b*, *b'* font corps par le moyen des boulons S, S; *a* et *a'* font corps également par le moyen des boulons S', S'; K, K, ressorts à boudin enfilés sur les boulons S, S' et qui font écarter les pièces *a*, *b* et *a'*, *b'* l'une de l'autre, lorsque les cames E ne tendent pas à les rapprocher; T, charnière autour de laquelle la pince entière peut pivoter.

Description de la figure 22. — I, chariot portant les tiges creuses J; V, V', second chariot qui, par le moyen des vis X peut se régler à une hauteur plus ou moins grande au-dessus de celui I; ce chariot, dans sa position inférieure, est porté par les vis X; le chariot I montant, les nervures V' viennent, à un moment donné, poser sur les points Y et le chariot est soulevé. Les tiges J' ayant la même longueur que celles J, lorsque les chandelles N' sont saisies par les pinces P, leur extrémité inférieure est à la même hauteur que celle des chandelles N.

3° *Machine rotative de Black.*

M. A. Black, de New-York, s'est fait patenter en 1862 aux Etats-Unis pour une machine à mouler les chandelles dont on se formera aisément une idée par la description sommaire que voici :

L'appareil se compose d'une table horizontale circulaire qui peut tourner horizontalement et librement sur son axe, et qu'on peut rapprocher autant qu'on le veut de la chaudière où on a mis le suif en fusion.

Sur cette table se placent une série de râteliers ou de porte-moules mobiles ayant la forme de secteurs qui, lorsque cette table en est chargée, présentent un, deux ou trois rangs de moules disposés circulairement au-dessus du bord de celle-ci. Au-dessous de ce bord sont rangées des bobines qui portent les fils pour mèches, et au-dessus de ces bobines règne une planche circulaire percée de trous à des distances entre eux de même étendue qu'entre les moules.

Pour fabriquer des chandelles avec cette machine, on charge les râteliers de moules, on tire le fil de mèche sur les bobines, on les fait passer à travers les trous de la planche circulaire, on les remonte et arrête comme d'habitude dans les moules qui se trouvent placés au-dessus en saillie sur le bord de la table, et enfin on tend ces mèches dans ces moules en enfonçant des chevilles dans les trous de la planche.

Tout étant ainsi préparé par les ouvriers, on fait tourner la table et on amène les râteliers avec les moules chargés de mèche devant la chaudière remplie de suif fondu où l'on puise ce suif d'une manière quelconque pour le verser dans les moules.

Dès qu'un râtelier est coulé, on fait tourner la table pour passer au suivant sur lequel on opère de même, puis après que le suif s'est un peu coagulé dans le premier râtelier coulé et que celui-ci est arrivé sur la table au point opposé à la chaudière, on coupe les mèches, on enlève ce râtelier pour le transporter dans un endroit frais de l'atelier, et on le remplace par un autre chargé de moules vides où on recommence à passer des mèches.

Le moulage marche donc ainsi d'une manière continue tant qu'il y a du suif fondu dans la chaudière, et rien n'empêche d'avoir deux chaudières superposées, celle supérieure servant à mettre le suif en fusion qu'on coule dès qu'il est fondu dans celle inférieure. Puis, pendant qu'on moule avec cette dernière, on recharge celle supérieure de matière, de façon que le moulage peut marcher ainsi sans interruption jusqu'à épuisement des matières premières.

M. Black donne la préférence aux moules de deux pièces dans le sens vertical, qu'il réunit par des agrafes ou des pinces comme offrant plus de facilité pour l'introduction des mèches et les démoulages.

CHAPITRE VI.

DU BLANCHIMENT DES CHANDELLES.

Les chandelles, de quelque manière qu'elles soient fabriquées, soit à la *plonge*, soit au *moule*, sont toujours jaunes lorsqu'elles sont récemment faites; c'est en vieillissant qu'elles acquièrent de la blancheur. Jusqu'ici on n'est pas encore parvenu à donner au suif cette blancheur éclatante qu'on recherche avec empressement, et qui a beaucoup occupé les fabricants et les chimistes. Nous allons faire connaître d'abord les manipulations qu'emploient les manufacturiers; nous décrirons ensuite divers procédés qui ont été tentés.

Les chandeliers font toujours en sorte d'avoir des jardins à côté de leur habitation; ils y exposent leurs chandelles au grand air, à la rosée et au serein, dans des endroits à l'abri du soleil. Pour cela ils ont des hangars solidement quoique légèrement construits, sur lesquels ils étendent des toiles bituminées pour tenir lieu de couvertures. La blancheur que les chandelles acquièrent par ce moyen n'est que superficielle; la couche blanchie est très-mince, et bientôt, si l'on a employé du suif jaune, la couche intérieure ne tarde pas à percer. On doit donc employer le suif le plus blanc qu'on peut se procurer, ou bien tâcher de le blanchir, avant ou pendant la fonte, par les moyens que nous avons indiqués, soit au chapitre Ier, soit dans les paragraphes précédents.

Lorsqu'on a employé, pour la fabrication des chandelles, du bon suif et bien blanc, en exposant à l'air les chandelles fabriquées, on leur donne un degré de blancheur éclatant qui en relève la qualité. Les chandelles nouvellement faites ne sont jamais fort blanches, mais elles acquièrent de la blancheur en vieillissant. Celles qu'on n'emploie que quatre, six ou dix mois après leur fabrication, sont plus blanches, plus sèches, et durent plus longtemps. Le seul inconvénient qui résulte en gardant les chandelles longtemps, est qu'elles sentent mauvais. Le meilleur moyen, surtout quand on n'est pas pressé de vendre, c'est de les renfermer dans des caisses garnies de papier gris, bien fermées, ou mieux encore de les envelopper en paquets de 1, de 2 ou de 2 kil.500, dans du papier gris, et l'on conserve ces paquets bien ficelés dans des armoires qui ferment bien. La blancheur qu'elles acquièrent peu à peu, ainsi privées de la lumière, est plus durable que celle qu'on leur fait prendre à l'air.

Quelques chandeliers ont eu l'idée de mettre en pratique, pour blanchir les suifs, le même procédé que les ciriers emploient pour *grêler* la cire, en mettant les suifs en rubans et les étendant ensuite sur des toiles. Cette manière d'opérer blanchit très-bien les suifs; mais ils perdent de leur qualité et les chandelles coulent; ils ont été forcés de l'abandonner.

Il est étonnant que depuis que la chimie a fait tant de progrès, personne n'ait encore réussi à blanchir parfaitement les suifs, soit avant la fabrication des chandelles, soit lorsqu'elles sont entièrement confectionnées. Le gaz acide sulfureux est employé depuis longtemps avec succès au blanchiment des laines et des soies, ne serait-il pas propre au blanchiment des suifs? J'ai fait des essais qui m'ont donné quelque espérance de succès; mais la réussite n'a pas été assez complète pour que je puisse encore en publier le procédé.

Depuis longtemps on avait essayé le chlorure de chaux liquide; cette substance blanchit parfaitement le suif et la cire, leur donne une blancheur parfaite, mais la nature de ces corps est altérée, ils acquièrent trop de cassant et perdent toute espèce de ductilité. J'ai répété l'expérience de Davidson, consignée dans un journal anglais (*Repertory of patent invent.*), novembre 1826, page 259; je n'ai pas réussi dans plusieurs essais, cependant je n'ai pas perdu l'espoir d'arriver au but.

Je fis, il y a plusieurs années, quelques expériences, sur l'emploi du chlore gazeux, qui m'ont parfaitement réussi. Pour cela, on fait faire, en menuiserie et en assemblage, une forte caisse en bois blanc, d'une hauteur et d'une grandeur convenables à l'importance de la fabrication. Des liteaux supportent, par leurs mèches, les chandelles qui sont accrochées à des chevilles de bois, de manière à ce qu'elles ne se touchent pas. On met plusieurs rangs de chandelles les uns au-dessus des autres. Toutes les jointures, toutes les fentes sont couvertes en dedans et en dehors par du papier soigneusement collé. Le couvercle ferme hermétiquement au moyen de fortes agrafes et de lisières collées sur les bords de la caisse. Sur un des côtés, et à la hauteur la plus convenable, est pratiqué un trou de 25 millimètres ou plus, auquel est luté un tube de verre ou de porcelaine, qui communique à un appareil propre à dégager le chlore, lequel est placé au-dehors de la caisse. Lorsqu'on a eu soin de pratiquer à cette caisse deux fenêtres opposées, de 215 à 270 mill. en carré, garnies d'une vitre de verre blanc bien mastiquée par dehors, on peut voir, sans ouvrir la caisse, lorsque l'opération est terminée. Souvent, en vingt-quatre heures, les chandelles ont acquis une blancheur éclatante. Il n'est jamais arrivé que l'opération ait exigé plus de trois jours.

Une caisse de forme cubique, ayant intérieurement deux mètres dans chacune de ses dimensions, contient facilement plus de sept mille chandelles qu'on peut blanchir par une seule opération. C'est une économie très-importante pour une manufacture.

FIN DU TOME PREMIER.

TABLE DES MATIÈRES

CONTENUES

DANS LE TOME PREMIER.

MANUEL DU CHANDELIER.

Pages.

Introduction. 1

CHAP. I. Composition, caractères, commerce et sophistication des suifs. 3

Article 1. Composition des corps gras d'origine animale.. 4

Section 1. Principes neutres.. 4

§ 1. Stéarine. 4

§ 2. Margarine. 5

§ 3. Oléine.. 6

Section 2. Principes acides. 7

§ 1. Acide stéarique.. 7

§ 2. Acide margarique. 8

§ 3. Acide oléique. 9

Section 3. De la glycérine. 10

Article 2. Composition élémentaire.. 12

Article 3. Caractères des matières grasses.. . 12

Article 4. Commerce des suifs. 18

Article 5. Sophistication des suifs. 20

Section 1. Suif de mouton. 22

Section 2. Suif de bœuf. 24

Section 3. Suif de veau. 25

Article 6. Adipocire ou gras des cadavres.. . 27

Article 7. Matières grasses végétales. 29

CHAP. II. Du choix des matières grasses. . . . 32

CHAP. III. De la fonte des suifs et graisses.. . . 35

Article 1. De la fonte aux cretons. 35

Article 2. Procédés perfectionnés de traitement des suifs. 52

Section 1. Hachoirs. 53
§ 1. Machine Schwebel.. 53
§ 2. Machine Hainslen. 57

Section 2. Fonte des suifs. 59
§ 1. Fonte à la vapeur. 60
§ 2. Fonte à haute pression. 60
§ 3. Chauffage à vapeur. 62
1° Appareil Mollet et Bridgman. 63
2° Appareil Roehm. 65
3° Appareil Porchaire-Guérineau. 73
4° Appareil Leloup. 83
5° Appareil Riom.. 92
6° Appareil Morfit.. 94
7° Appareil Buff. 96
8° Appareil Moinier. 97
9° Appareil Changy. 99

Section 3. Blanchiment et désinfection des suifs. 100
Section 4. Fonte aux alcalis, terres alcalines, sel marin. 106
§ 1. Alcalis. 106
§ 2. Alcalis et eau. 111
§ 3. Alcalis et terres alcalines.. 118
§ 4. Sel marin. 122

Section 5. Fonte aux acides.. 127
§ 1. Acide sulfurique. 127
Procédé d'Arcet.. 128
§ 2. Acide sulfurique et réactifs. 143
1° Procédé Pugh. 143
2° Procédé Thibault et Perrot. 149
3° Procédé Pochon. 156
4° Procédé Masse et Tribouillet. 160
5° Procédé Boillot.. 164
6° Procédé Chiandi-Bey. 165
§ 3. Acide sulfurique et acide nitrique. . . 167
§ 4. Acide nitrique. 171

§ 5. Acide chromique. 174
§ 6. Acide sulfurique et bioxyde de manganèse. 179
Section 6. Fonte à l'acétate de plomb. . . . 180
Section 7. Fonte au charbon. 181
Section 8. Ventilation et décomposition.. . . 191
Section 9. Epuration au bisulfure de carbone. . 198
Section 10. Epuration par le chlore. 207
Section 11. Epuration au peroxyde de plomb. . 210
Section 12. Epuration par l'oxygène naissant. . 210
Section 13. Epuration par l'argile. 211
Section 14. Epuration à la colle de poisson. . . 212
Article 3. Rendement des divers procédés de fonte. 212
Article 4. Durcissement des suifs. 214
Section 1. Par refroidissement lent. 214
Section 2. Par turbinage.. 218
Section 3. Par voie chimique. 220
Section 4. Par l'acide hypoazotique. 224
Section 5. Par l'ammoniaque. 227
Section 6. Par le soufre et le phosphore. . . . 227
CHAP. IV. Des mèches. 229
Article 1. Nature et fonction des mèches. . . 229
Article 2. Substances propres à faire des mèches.. 230
Article 3. Manière de préparer les mèches. . 233
Article 4. Coupoir ou banc coupe-mèche. . . 239
Article 5. Perfectionnement dans l'apprêt et la fabrication des mèches. 243
Section 1. Appareil à couper les mèches. . . . 243
Section 2. Mèches creuses. 247
Section 3. Appareil à préparer les mèches. . . 248
Section 4. Mèches tressées. 254
Section 5. Mèches tressées creuses.. 259
Section 6. Mèches tressées et imbibées. . . . 261
Section 7. Machine à faire les mèches. . . . 264
Section 8. Métier à mèches. 266

Section 9. Mèches doubles. 269
Section 10. Mèches qu'on ne mouche pas.. . . 270
Section 11. Mèches tressées à cinq brins. . . . 271
Section 12. Mèches préparées. 272

CHAP. V. Fabrication des chandelles. 273
Article 1. Fonte des suifs.. 274
Article 2. Chandelles plongées à la baguette. . 287
Article 3. Procédés divers de fabrication à la baguette. 29
Section 1. Machine de Fuchs. 29
Section 2. Autre machine à fabriquer la chandelle dite à la baguette. 30
Section 3. Machine Leubel. 30
Section 4. Machine Garin. 30
Section 5. Machine Pron.. 30
Section 6. Machine Bejot-Gandel. 30
Article 4. Des chandelles moulées. 31
Section 1. Procédé ordinaire. 31
Section 2. Perfectionnement dans la fabrication des chandelles moulées.. 31
§ 1. Machine de M. Fuchs. 31
§ 2. Machine de Leubel.. 32
§ 3. Machine de Moinier. 32
§ 4. Machine de Furaud 33
§ 5. Machine de Leroy et Durand.. 33
§ 6. Fabrication mécanique des chandelles de M. Fiévet. 33
§ 7. Machine américaine. 33
1° Machine Riedig.. 34
2° Machine Haffner. 34
3° Machine de Black. 34

CHAP. VI. Blanchiment des chandelles. 3

FIN DE LA TABLE DU TOME PREMIER.

BAR-SUR-SEINE. — IMP. SAILLARD.